半导体与集成电路关键技术丛书

微电子与集成电路先进技术丛书

数字 SoC 设计、验证与实例

王卫江　薛丞博　高　巍　张靖奇　编著

机 械 工 业 出 版 社

本书聚焦于数字片上系统（SoC）设计领域，从数字集成电路的发展历程与基础知识入手，首先介绍了硬件描述语言 Verilog HDL 的设计规则和核心 EDA 工具 VIVADO 与 Design Compiler 的使用方法，随后详细讨论了数字 SoC 设计、验证过程中的关键技术，并对难点问题进行了归纳和总结。此外，本书提供了多个数字 SoC 设计、验证的实际案例，循序渐进地向读者展示了数字 SoC 从规划、设计、仿真、验证再到综合实现的全流程。

本书内容由浅入深，能使读者深刻了解数字 SoC 设计过程和基本方法，既适合作为微电子与集成电路专业的高年级本科生及从事数字 SoC 领域研究的研究生的教材，又可为从事相关技术的初期从业人员提供技术参考。

图书在版编目（CIP）数据

数字 SoC 设计、验证与实例/王卫江等编著. —北京：机械工业出版社，2023.7

（半导体与集成电路关键技术丛书 . 微电子与集成电路先进技术丛书）

ISBN 978-7-111-73243-3

Ⅰ.①数… Ⅱ.①王… Ⅲ.①集成电路–芯片–设计 Ⅳ.①TN402

中国国家版本馆 CIP 数据核字（2023）第 094897 号

机械工业出版社（北京市百万庄大街 22 号 邮政编码 100037）
策划编辑：江婧婧　　　　　　责任编辑：江婧婧
责任校对：梁　园　陈　越　　封面设计：鞠　杨
责任印制：邓　博
北京盛通商印快线网络科技有限公司印刷
2023 年 8 月第 1 版第 1 次印刷
169mm×239mm · 21.5 印张 · 442 千字
标准书号：ISBN 978-7-111-73243-3
定价：129.00 元

电话服务　　　　　　　　网络服务
客服电话：010-88361066　　机　工　官　网：www. cmpbook. com
　　　　　010-88379833　　机　工　官　博：weibo. com/cmp1952
　　　　　010-68326294　　金　书　网：www. golden-book. com
封底无防伪标均为盗版　　机工教育服务网：www. cmpedu. com

前　言

欢迎各位读者阅读本书。进入 21 世纪以来，以片上系统（System on Chip，SoC）为代表的数字集成电路技术进入了飞速发展阶段。SoC 技术经过工业界、学术界的深入研究与反复实践，其兼顾软件灵活性与硬件高效性的优势已经日益显著并获得了广泛认可。随着半导体制造工艺技术的进步，单颗 SoC 的晶体管集成规模不断扩大。与此同时，随着 SoC 技术的应用场景变得更为广泛，SoC 所需集成的功能日趋复杂化。因此，掌握复杂 SoC 的设计能力尤为重要。

近年来，我国半导体行业暴露出"缺芯少魂"的软肋。虽然历经数年的努力追赶，我国已经基本掌握了半导体行业的关键技术，但一些关键技术仍与世界先进一流水平存在差距，彻底实现我国半导体行业的完全"自主可控"道阻且长。与此同时，随着我国信息技术水平的不断深化与发展，集成电路产业已经成为我国国民经济持续增长、高新技术不断取得新进展的重要支柱。可以预见，在未来相当长的时间里，芯片技术仍是制约我国发展的"卡脖子"关键技术。然而，我国半导体行业面临技术水平相对落后、关键技术依赖国际产业链、国内现有从业人员技术水平参差不齐、国内相关人才储备不足的困境。在可预见的未来，我国面临半导体行业与世界半导体先进国家脱钩的风险。因此，加快我国半导体行业关键技术人才的培养迫在眉睫。

目前我国缺少以工程实践为导向的关于 SoC 技术的教材与参考书，基于多年来的科研与教学经验，我们发现国内高等院校中数字集成电路领域的理论知识与工程实践存在一定脱节。本书的编写初衷是在数字 SoC 设计领域，架构一座连接本科生、研究生教学课程至工业界成熟解决方案的桥梁，形成从理论知识到工程实践的清晰脉络。因此，本书所希望覆盖的读者人群包括完成微电子与集成电路专业基础课程学习的高年级本科生、从事数字 SoC 设计方向研究的研究生与相关领域的初期从业人员。

数字集成电路设计并非初学者可以在短时间内快速入门的专业，一方面，它既要求从业人员具备扎实的学科基础知识，以此来分析现有的设计案例，掌握成熟的电子设计自动化工具；另一方面，它又要求从业者具备丰富的实践经验，通过大量的工程实践不断加深对理论的理解。

本书的编写风格紧紧围绕以上理念展开。第 1 章对数字集成电路与 SoC 进行介绍，第 2~4 章关于数字 SoC 设计基础的内容主要面向刚刚进入本领域学习的人员，如本科生、低年级研究生。第 1 章针对行业发展历史与基础性知识进行了翔实的介绍，对高年级本科生专业课中与数字集成电路设计相关的内容进行了针对性的知识回顾。第 2～4 章针对数字 SoC 设计过程中必备的硬件描述语言与电子设计自动化工具进行了详细的入门介绍，已经具备数字集成电路基础知识的初学者可以参考其中的案例进行一定的初步摸索实践。第 5 章针对数字 SoC 设计中的关键步骤、难点内容进行了针对性的详细讲解。该章的知识性与技术性内容非常深入，不再赘述浅显的知识或常见的问题，因此该章适合高年级的研究生或具备一定开发经验的从业人员进行学习和参考。第 6 章与第 7 章讲述基于 FPGA 与 ASIC 的数字 SoC 设计，以简单的片上系统设计项目为案例，对数字 SoC 设计的流程进行了讲解。这两章内容适合已经完成前 5 章学习的研究生或具备 SoC 设计经验的从业人员进行学习和参考。

本书凝结了北京理工大学集成电路与电子学院微电子技术研究所 SoC 团队近 10 年的集体智慧与经验，全书由王卫江统稿，由王卫江、薛丞博、高巍、张靖奇共同执笔完成。感谢同事王兴华老师、高巍老师与薛丞博老师提供数字 SoC 设计领域丰富的工程实践经验总结与多年科研教学材料。感谢来自 SoC 课题组的博士研究生张靖奇，硕士研究生李泽英、朱翔宇、张拓锋、李志慧、宣卓、黄彦杰、何祥、陈任阳、孟庆旭、刘美兰、孔繁聪、蒲康然、李鸿烁、周炜然、蒋宇杰等同学对本书的编写和出版工作做出的积极努力。

由于篇幅有限，对于本书中提及与引用的参考文献作者无法一一列出致谢，他们的工作为本书提供了强有力的理论和工程实践的支撑。在此，向他们一并致以由衷的感谢！

由于时间仓促，不足与错误之处望读者批评指正！

王卫江

2023 年 3 月

目 录

第1章 数字集成电路与 SoC 介绍

1.1 数字集成电路技术

集成电路是一种微型电子器件或部件。采用一定的工艺,把一个电路中所需的晶体管、电阻、电容和电感等元器件及布线互连在一起,制作在一小块或几小块半导体晶片或介质基片上,然后封装在一个管壳内,成为具有所需电路功能的微型结构。其中,用数字信号完成对数字量的算术运算和逻辑运算的集成电路称为数字集成电路。

1.1.1 数字集成电路技术的发展历史

1. 早期半导体技术的发展

集成电路技术的根基是半导体的发现与应用。半导体是导电性介于导体和绝缘体中间的一类物质。与导体和绝缘体的发现相比,半导体材料的发现时间是最晚的。

半导体技术的发展可以从 19 世纪 30 年代的英国物理学家迈克尔·法拉第说起,他在研究硫化银晶体的实验中,发现该晶体的电阻阻值会随温度降低而减小这一现象,随着对晶体研究的不断深入,这一发现逐渐让人们对半导体有了进一步的认识。19 世纪 70 年代的德国物理学家费迪南·布劳恩在研究晶体和电解液的导电特性实验中发现了在金属探头和方铅晶体之间的单向导电性,他随即记录下这一实验现象并将其称为二极管的"触点式整流效应"。基于这个发现,越来越多的相关专利被申请,其中包括物理学教授博斯的基于导体晶体整流器的无线电波探测等。

随着对半导体技术的深入研究,在 20 世纪同样也有很多的发现和进展,1926 年美国物理学家朱丽叶通过场效应晶体管的三极性,结合了硫化铜的特性成功申请了专利,越来越多的人投入半导体行业的研究,不断被发现的半导体效应现象激发了人们对半导体器件的研究。几年后,物理学家艾伦·威尔逊基于半导体的特殊性质,通过量子力学的角度去解释说明,并且出版了《半导体电子理论》,这本书在当时起到了半导体知识的普及作用,并吸引更多的人进入半导体领域的基础研究,也为后续的研究提供了基础。1938 年,鲍里斯·达维多夫、内维尔·莫特和沃尔特·肖特基等人也分别解释了半导体的整流特性。同一时期,电化学家拉塞尔在进行雷达探测信号实验时,发现了硅整流器件的特殊表现,它的信号探测能力会随着硅晶体纯度的降低而减弱。而且在几年后的一次硅晶体测试实验中无意中发现了在强光的作用下，硅晶体的电流会随着光照强度增大而增大。基于这一意外发现，拉塞尔首次提出了 PN 结和光电效应理论，这两个概念在后续的物理学发展中起着至关重要的作用，更为后面的结型晶体管和太阳电池的发展提供了理论上的支持。

20 世纪 40 年代，威廉·肖克利成立了一个研究组，该研究组除了对固态物理的研究之外，还开展了与半导体相关的研究，他们在机电开关的研究中将真空管替换成半导体材料，这说明着半导体的使用越来越广泛。在同一年，该研究组想要基于硅锗技术构建一个放大器和开关，可惜实验并未成功，这说明了任何实验想取得成功绝非易事。一年后，一位搞理论的物理学家约翰·巴丁提出了在半导体表面的电子可能会在电场渗入材料的过程中起到阻拦作用，从而抵消了任何效应。这引起了众多科学家投入对其表面态特性的研究。其中包含约翰·巴丁与实验物理学家沃尔特·布拉顿，他们两个人通过使用一个塑料楔块，再将两个近距离的金属接触点固定在高纯锗的表面上，从而使得电流在一个接触点电压的调制作用下流向另一个点，在这个过程中，输入信号能够基于此特性放大百倍。在此过程中，半导体的发展被推向了另一个高度。

2. 现代数字集成电路的发展

1947 年，随着威廉·肖克利、约翰·巴丁和沃尔特·布拉顿成功地在贝尔实验室制造出第一个晶体管，人类进入了数字电路时代。1949 年，双极型晶体管（Bipolar Junction Transistor，BJT）被发明。1952 年，英国皇家研究所的达默首次提出了集成电路的概念，他认为随着晶体管技术的发展，大量的电子设备可被集成至一块由绝缘体、导体和半导体构成的固体块上，而不需要任何外部的连线。1957 年，八位曾与威廉·肖克利共事的年轻科学家共同在硅谷成立了人类数字集成电路历史长河中最传奇的企业——仙童半导体公司。1958 年，德州仪器的杰克·基尔比用锗材料制造了第一块混合集成电路。第二年，仙童半导体也制造出基于硅材料的集成电路。1962 年，人类第一个成功的晶体管 - 晶体管逻辑（TTL）集成电路正式发布。1963 年，仙童半导体的万利斯等人发明了 CMOS 逻辑门。直到 20 世纪80 年代，双极型晶体管牢牢统治着数字集成电路领域。但随着数字集成电路的规模不断增大，双极型数字逻辑电路功耗较大的缺点被不断放大，CMOS 技术开始引领数字集成电路的发展直至今天。

从集成度角度看，半导体的发展历史符合英特尔创始人之一戈登·摩尔的经验——摩尔定律，即集成电路上可以容纳的晶体管数目在大约每经过 18 个月到 24 个月便会增加一倍。然而摩尔定律是建立在半导体工艺特征尺寸不断缩小的事实之上的。半导体工艺技术在 2006 年进入 65nm 时代，2011 年进入 28nm 时代，2014 年进入 14nm 时代，2022—2023 年，全球最先进的半导体代工厂三星、台积电均宣布正式步入 3nm 量产时代。随着半导体工艺特征尺寸逐渐逼近理论极限，有关摩尔定律失效的争论已经在全球半导体行业内不断涌现。这是由于半导体晶体管的特征尺寸已经与晶体管的原材料——硅原子（直径约 0.25nm）相当，在此类情况下，量子隧穿效应会导致晶体管关键性能的衰减。同时，随着芯片集成度的提高，芯片的热问题也对摩尔定律构成了严峻挑战。

1.1.2　数字集成电路技术基础

1. 数字电路与模拟电路

现代数字电路与模拟电路在本质上都是由双极型晶体管或互补金属氧化物半导体场效应晶体管（Complementary Metal Oxide Semiconductor Field Effect Transistor, CMOSFET, 一般简称为 CMOS）搭建的电路结构。直观上讲，数字电路和模拟电路的区别是两者处理信号种类的不同——数字电路通常用数字信号完成对数字量进行算术运算和逻辑运算，数字信号均需要进行采样、量化，形成离散的数值；而模拟电路通常处理连续变化信号，即模拟信号，这种连续通常不仅体现在时域上的连续，还体现在频域中的延伸。本质上讲，数字电路和模拟电路的区别在于对晶体管的使用方法不同，晶体管的工作状态不同。模拟电路通常利用晶体管具备对小信号进行放大的特殊作用；而数字电路中，我们通常利用的是晶体管类似于开关的"导通、断开"作用。

由于数字电路具备结构简单，稳定可靠与功耗较低的优点，同时数字信号具备抗干扰能力强的特点，因此数字电路已在计算机、数字通信、数字仪器及家用电器等技术领域中得到广泛的应用，并快速发展。

2. 金属－氧化物－半导体场效应晶体管

双极型晶体管自 1949 年发明以来，在数字集成电路领域占据了长期的主导地位。而随着数字集成电路的规模不断扩大，双极型晶体管功耗高、面积大的缺点逐渐被放大。场效应晶体管（Field Effect Transistor, FET）有别于双极型晶体管，是另一种重要的微电子器件。与双极型晶体管相比，场效应晶体管具有噪声小、温度稳定性高、功耗小等优点。场效应晶体管可分为三大类：结型场效应晶体管（JFET）、金属－半导体场效应晶体管（MESFET）和绝缘栅型场效应晶体管（IGFET）。在不断提高的集成度需求的驱动下，金属－氧化物－半导体场效应晶体管（Metal－Oxide－Semiconductor Field－Effect Transistor, MOSFET）逐渐取代双极型晶体管，成为了现代数字集成电路中应用最广泛的基本器件。

3. MOSFET 结构及符号

MOSFET 是一种利用电场效应来控制流过电流大小的半导体器件，共有四个端口，分别为栅极、源极、漏极以及衬底。MOSFET 根据导电载流子的带电极性不同，可分为 N 沟道 MOSFET（N－Type MOSFET, 简称 NMOS）和 P 沟道 MOSFET（P－Type MOSFET, 简称 PMOS）。NMOS 晶体管以一块 p 型材料作为衬底，用扩散的方法在 p 型衬底中形成两块高掺杂的 n^+ 区，分别作为源区和漏区。然后在 p 型衬底表面生长一层氧化物绝缘层。最后，在氧化物绝缘层以及源区和漏区的表面上分别放置一块金属电极，即形成栅极、源极和漏极。与 NMOS 晶体管相反，PMOS 晶体管是在 n 型衬底上掺杂 p 型材料，形成两块高掺杂的 p^+ 区，作为源区和漏区。NMOS 晶体管和 PMOS 晶体管结构示意图如图 1.1 所示。

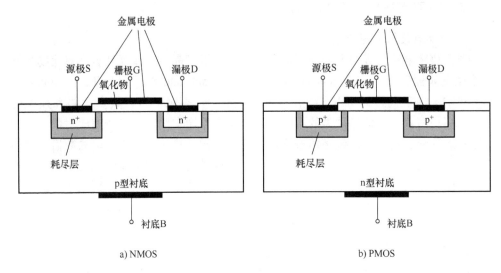

图 1.1　MOSFET 结构图

此外，根据导电沟道形成机制的不同，NMOS 和 PMOS 晶体管又可分别分为增强型（E 型）和耗尽型（D 型）两种。因此，MOSFET 共计可分为以下四种类型：增强型 NMOS 晶体管、耗尽型 NMOS 晶体管、增强型 PMOS 晶体管、耗尽型 PMOS 晶体管。分别对应图 1.2 中的 a、b、c 和 d。然而，在电路设计中，我们通常仅关注晶体管的极性，因此给出简化版的 NMOS 和 PMOS，如图 1.2e 和 f 所示。在后文中我们一律采用简化版的符号对电路结构进行描述。

4. MOSFET 工作原理

以增强型 NMOS 晶体管为例，简述 MOSFET 工作原理。

如图 1.3a 所示，当栅极没有外加电压时（即栅源电压 $v_{GS} = 0$ 时），源区（n^+）和衬底（p）以及衬底（p）和漏区（n^+）之间就形成了两个导通方向相反的 PN 结二极管，此时若在漏极和源极之间加上漏源电压 v_{DS}，无论电压大小和极性如何，漏源之间都无法形成导通电流，即 $i_D = 0$。

如图 1.3b 所示，当在栅源之间加上正向电压时（即 $v_{GS} > 0$ 时），栅极（金属电极）和 p 型衬底之间形成一个由栅极指向衬底的电场。该电场会将衬底中栅极附近的多子空穴排空，形成耗尽层，同时将衬底中的少子电子吸引到栅极下的衬底表面。当栅源间的正向电压足够大时，这些被电场吸引过来的少子电子会在衬底表面形成一个 n 型薄层，即反型层，这个反型层就充当了漏源极之间的 n 型导电沟道，将漏源极连通。将导电沟道恰好产生时的栅源电压称为阈值电压，或开启电

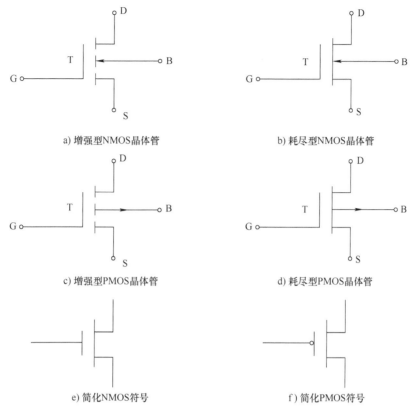

a) 增强型NMOS晶体管

b) 耗尽型NMOS晶体管

c) 增强型PMOS晶体管

d) 耗尽型PMOS晶体管

e) 简化NMOS符号

f) 简化PMOS符号

图 1.2　各种 MOSFET 的电路符号

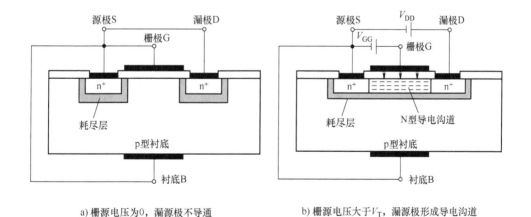

a) 栅源电压为0，漏源极不导通

b) 栅源电压大于V_T，漏源极形成导电沟道

图 1.3　增强型 NMOS 晶体管工作原理

压，用 V_T 表示。

　　当导电沟道出现，漏源极导通后，若在漏源极之间加上漏源电压 v_{DS}，则会在

沟道中形成漏极电流 i_D。可以推断，栅源之间的正向电压越大，栅极和衬底间的电场就越强，对衬底中的少子电子的吸引力就越大，被吸引到衬底表面的电子越多，反型层就越厚，漏源之间导电沟道的电阻就越小，则在漏源电压 v_{DS} 相同的情况下，漏极电流 i_D 也就越大。

如图 1.4 所示，在栅源电压超过阈值电压的条件下（即 $v_{GS} > V_T$），当外加漏源电压 v_{DS} 较小时，漏极电流 i_D 与漏源电压 v_{DS} 近似成正比关系，此时随着 v_{DS} 的增大，i_D 将迅速增大。而当 v_{DS} 增大到一定程度时，i_D 随 v_{DS} 增大的速度开始放缓，当 v_{DS} 超过一定值时，i_D 几乎不随 v_{DS} 继续增大，近似为一个固定值。

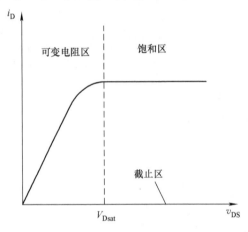

图 1.4   栅源电压大于阈值电压时，漏极电流随漏源电压的变化情况

上述现象出现的原因如下。当 v_{DS} 较小时，导电沟道内各处的电势都近似为 0，即栅极与沟道各处的电势差近似相等，因此沟道中各处的电子浓度也近似相等，即整个导电沟道的厚度基本一致。此时沟道近似为一个阻值与 v_{DS} 大小无关的定值电阻，因此 i_D 和 v_{DS} 近似为线性关系。如图 1.5a 所示，当 v_{DS} 增大时，漏极电流也随之增大，使得沟道中的电势逐渐增高，且越靠近漏极，电势越高，栅极与沟道的电势差也越小。随着电势差的减小，沟道中的电子浓度也将降低，沟道厚度也就随之减小，导电沟道的厚度不均匀而呈现为楔形，且靠近源极的部分较厚，越靠近漏极就越薄。此时，沟道相当于一个随着 v_{DS} 变大，阻值不断增大的可变电阻，i_D 随 v_{DS} 增大的趋势也就逐渐放缓。如图 1.5b 所示，当 v_{DS} 增大到一定值时，靠近漏极的沟道完全消失，形成夹断，继续增大 v_{DS}，夹断点会向源极移动，在夹断点和漏极之间形成一段耗尽区。将刚刚形成夹断时的 v_{DS} 称为夹断电压或饱和漏源电压，用 V_{Dsat} 表示（$V_{Dsat} = v_{GS} - V_T$）。然而，尽管沟道被夹断，但由于夹断区长度远远短于沟道长度，夹断处的强电场仍能将电子拉过夹断区，从而形成漏极电流。此时，若 v_{DS} 继续增大，增大的部分主要落在夹断区，而导电沟道的电压基本不变，因此 i_D 近似为一定值，基本不随 v_{DS} 而增大。

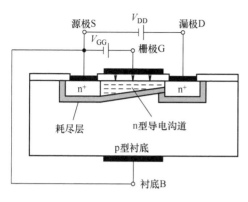
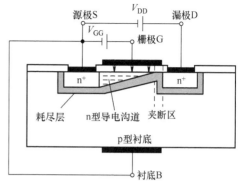

a) 晶体管可变电阻区工作示意图   b) 晶体管饱和区工作示意图

图 1.5 栅源电压大于阈值电压时，导电沟道随漏源电压的变化情况

5. MOSFET 电流电压特性

（1）输出特性

MOSFET 的输出特性是指在栅源电压 v_{GS} 一定的条件下，漏极电流 i_D 和漏源电压 v_{DS} 之间的关系。

如图 1.6 所示为增强型 NMOS 晶体管的输出特性曲线图，其输出特性可分为三个区域，分别如下。

1）截止区。当栅源电压 v_{GS} 小于阈值电压 V_T 时，导电沟道未形成，漏极和源极之间无法导通，此时无论漏源电压 v_{DS} 如何变化，漏极电流 i_D 均为 0，晶体管处于截止状态。

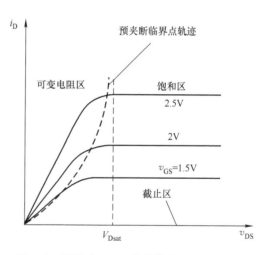

图 1.6 增强型 NMOS 晶体管输出特性曲线图

2）可变电阻区。当栅源电压 v_{GS} 大于阈值电压 V_T 后，随着漏源电压 v_{DS} 由 0 开始增加，漏极电流 i_D 也会随之增大。在 v_{DS} 未达到夹断电压时，即 $v_{DS} < V_{Dsat} = v_{GS} - V_T$，$i_D$ 随 v_{DS} 的变化趋势可近似表示为一个二次函数：

$$i_D = K_n \left[2(v_{GS} - V_T)v_{DS} - v_{DS}^2 \right] \tag{1.1}$$

其中，

$$K_n = \frac{K_n'}{2} \cdot \frac{W}{L} = \frac{\mu_n C_{ox}}{2} \left(\frac{W}{L} \right) \tag{1.2}$$

式中，$K_n' = \mu_n C_{ox}$（通常为常量）；μ_n 是反型层电子迁移率；C_{ox} 是氧化层单位面积电容；K_n 是电导常数，单位是 mA/V^2。

当 v_{DS} 较小时，可忽略其二次项，此时 i_{D} 随 v_{DS} 的变化趋势近似为一个一次函数：

$$i_{\mathrm{D}} = 2K_n(v_{\mathrm{GS}} - V_{\mathrm{T}})v_{\mathrm{DS}} \tag{1.3}$$

根据上式，当 v_{DS} 较小时，晶体管的输出电阻可计算如下：

$$r_{\mathrm{dso}} = \frac{\mathrm{d}v_{\mathrm{DS}}}{\mathrm{d}i_{\mathrm{D}}}\Big|_{v_{\mathrm{GS}} = 常数} = \frac{1}{2K_n(v_{\mathrm{GS}} - V_{\mathrm{T}})} \tag{1.4}$$

3）饱和区。当栅源电压 v_{GS} 大于阈值电压 V_{T}，且漏源电压 v_{DS} 超过夹断电压，即 $v_{\mathrm{DS}} > V_{\mathrm{Dsat}} = v_{\mathrm{GS}} - V_{\mathrm{T}}$ 时，MOSFET 进入饱和状态。此时可近似将 i_{D} 看作一个不随 v_{DS} 变化的恒定值。

将导电沟道夹断的临界条件，即 $v_{\mathrm{DS}} = v_{\mathrm{GS}} - V_{\mathrm{T}}$ 代入式（1.1）中，可得饱和区的漏极电流表达式：

$$i_{\mathrm{D}} = K_n(v_{\mathrm{GS}} - V_{\mathrm{T}})^2 = K_n V_{\mathrm{T}}^2\left(\frac{v_{\mathrm{GS}}}{V_{\mathrm{T}}} - 1\right)^2 = I_{\mathrm{DO}}\left(\frac{v_{\mathrm{GS}}}{V_{\mathrm{T}}} - 1\right)^2 \tag{1.5}$$

式中，$I_{\mathrm{DO}} = K_n V_{\mathrm{T}}^2$。

（2）转移特性

MOSFET 的转移特性是指在漏源电压 v_{DS} 一定的条件下，漏极电流 i_{D} 和栅源电压 v_{GS} 之间的关系如图 1.7 所示。

在饱和区内，由于 i_{D} 几乎不受 v_{DS} 变化的影响，因此饱和区内不同 v_{DS} 下的转移特性曲线基本一致。

实际 MOSFET 的电流电压特性并非上述的理想状态，还会受到一些实际效应的影响，讨论如下：

1）有效沟道长度调制效应。在理想状态下，当漏源电压 v_{DS} 超过夹断电压后，漏极电流 i_{D} 将不随 v_{DS} 的增加而继续变化。而实际上，由于 v_{DS} 对沟道长度的调制作用，随着 v_{DS} 的增加，i_{D} 仍会缓慢增大。

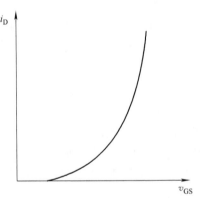

图 1.7　NMOS 晶体管转移特性曲线图

当漏源电压 v_{DS} 达到夹断临界值 V_{Dsat} 时，夹断点在漏极处，而随着 v_{DS} 继续增加，夹断点将会向源极移动，即有效沟道长度会随之缩短，这种现象即为有效沟道长度调制效应。此时，超过 V_{Dsat} 部分的漏源电压会加在夹断区的两端，而导电沟道两端的电压保持 V_{Dsat} 不断，而随着沟道长度变短，其电阻将减小，因此漏极电流 i_{D} 将会增大。

因此，在实际中饱和区的输出特性曲线会向上倾斜。如图 1.8 所示，将所有特性曲线反向延伸会交于横轴一点，该点所代表的电压的绝对值称为厄雷电压，表示如下：

$$V_A = \frac{1}{\lambda}$$

式中，λ 为沟道长度调制参数，用该参数对输出特性进行修正，结果如下：

$$i_D = K_n (v_{GS} - V_T)^2 (1 + \lambda_{v_{DS}}) = I_{DO} \left(\frac{v_{GS}}{V_T} - 1 \right)^2 (1 + \lambda_{v_{DS}}) \tag{1.6}$$

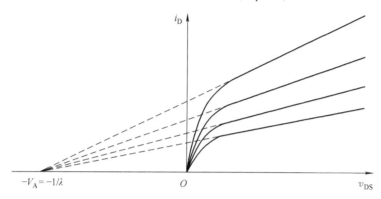

图 1.8　增强型 NMOS 晶体管考虑沟道长度调制效应时的输出特性曲线

2）衬底偏置效应（体效应）。通常情况下，不考虑衬底与源极之间的电压，即认为 $v_{BS} = 0$。但是当衬底与源极外加了偏置电压 v_{BS} 后，MOSFET 中的一些特性就会发生变化，这种现象即为衬底偏置效应，或称体效应。通常，为避免源 PN 结处于正偏，对于 NMOS 晶体管，所加的 $v_{BS} < 0$，而对于 PMOS 晶体管，所加的 $v_{BS} > 0$。

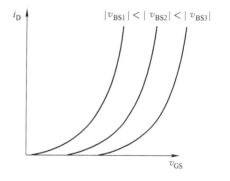

图 1.9　外加衬底偏置电压时的转移特性曲线

如图 1.9 所示，当外加衬底偏置电压 v_{BS} 后，转移特性曲线会随着 v_{BS} 绝对值的增大而向右平移。由于转移特性曲线在横轴上的截距表示阈值电压，则意味着阈值电压会随着 v_{BS} 绝对值的增大而增大，而与阈值电压相关的参数也将随之改变。

影响体效应的主要因素有栅氧化层厚度 T_{OX} 和衬底杂质浓度 N_A，栅氧化层厚度越厚、衬底杂质浓度越高，体效应越严重，即外加衬底偏置电压对阈值电压的影响越明显，如图 1.10 所示。

3）温度效应。阈值电压 V_T 和电导常数 K_n 都是关于温度的函数，且均随着温度的升高而减小。但由于 K_n 受温度的影响大于 V_T，由式（1.1）可知，当温度升高时，i_D 将随之减小。这种现象提供了一种反馈效应，限制了漏极电流，保证了 MOSFET 器件的稳定性。

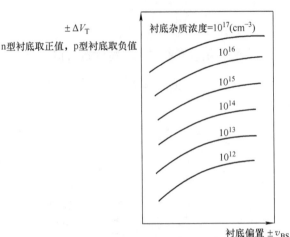

图 1.10　衬底偏置效应对阈值电压的影响

4）击穿效应。MOSFET 中可能发生多种击穿。首先，如果外加的漏源电压过大，可能导致漏极到衬底的 PN 结击穿，类似 PN 结的反向偏置击穿。其次，若栅源电压过大，导致氧化物中的电场过大，也可能发生击穿。

5）短沟道效应。前面章节的分析主要针对的是沟道长度在 $10\mu m$ 以上的长沟道模型。当 MOSFET 的沟道长度不断缩短时，许多在长沟道模型中可以忽略的效应逐渐变得显著，从而使 MOSFET 中出现了一些长沟道模型中不会出现的现象，这一系列现象被统称为短沟道效应。短沟道效应的产生主要源于以下两个因素：由于短沟道模型中的源漏极相互靠近，源漏结耗尽区尺寸相对扩大，使源漏区对沟道电势分布的影响更为显著，因此不能再使用缓变沟道近似。由于沟道内的电场强度过大，使自由载流子的漂移速度达到饱和，并产生热电子。常见的短沟道效应有小尺寸效应、迁移率调制效应、强电场效应等。

无论对于理想的还是实际的 MOSFET，其电流电压特性通常可以整理、归结为如下几个关键参数。

（1）直流参数

1）阈值电压 V_T。对于增强型 MOSFET 来说，当漏源电压 v_{DS} 为一固定值时，使 i_D 等于一个微小电流时的栅源电压为阈值电压，记为 V_T。

2）夹断电压 V_{Dsat}。对于增强型 MOSFET 来说，当栅源电压 v_{GS} 为一固定值时，i_D 刚刚趋于不变时的 v_{DS} 为夹断电压，记为 V_{Dsat}。有时，夹断电压也用来表示耗尽型 MOSFET 中，当漏源电压 v_{DS} 为一固定值时，使 i_D 等于一个微小电流时的栅源电压。

3）直流输入电阻 R_{GS}。在漏源之间短路的条件下，栅源之间施加一定电压时的栅源直流电阻就是直流输入电阻 R_{GS}。

（2）交流参数

1）输出电阻 r_{ds}。输出电阻反映了 v_{DS} 对 i_{D} 的影响，是 MOSFET 饱和区输出特性曲线上某点切线斜率的倒数。当不考虑沟道长度调制效应时，$r_{\mathrm{ds}} \to \infty$；当考虑沟道长度调制效应时，$r_{\mathrm{ds}}$ 可计算如下：

$$r_{\mathrm{ds}} = \frac{\partial v_{\mathrm{DS}}}{\partial i_{\mathrm{D}}} \Big|_{V_{\mathrm{GS}}} = \left[\lambda K_n (v_{\mathrm{GS}} - V_{\mathrm{T}})^2\right]^{-1} = \frac{1}{\lambda i_{\mathrm{D}}} \tag{1.7}$$

此时的 r_{ds} 为一个有限值。

2）低频互导 g_{m}。当 V_{DS} 为常数时，漏极电流的变化量和引起这一变化的栅源电压的变化量之比称为互导，即

$$g_{\mathrm{m}} = \frac{\partial i_{\mathrm{D}}}{\partial v_{\mathrm{GS}}} \Big|_{V_{\mathrm{DS}}} \tag{1.8}$$

互导反映了栅源电压对漏极电流的控制能力，相当于转移特性曲线上工作点切线的斜率，当选取的工作点不同时，互导也会不同。

对于增强型 NMOS 晶体管，互导可估算如下：

$$g_{\mathrm{m}} = \frac{\partial i_{\mathrm{D}}}{\partial v_{\mathrm{GS}}} \Big|_{V_{\mathrm{DS}}} = \frac{\partial \left[K_n (v_{\mathrm{GS}} - V_{\mathrm{T}})^2\right]}{\partial v_{\mathrm{GS}}} \Big|_{V_{\mathrm{DS}}} = 2K_n (v_{\mathrm{GS}} - V_{\mathrm{T}}) \tag{1.9}$$

由于 $i_{\mathrm{D}} = K_n (v_{\mathrm{GS}} - V_{\mathrm{T}})^2$、$I_{\mathrm{DO}} = K_n V_{\mathrm{T}}^2$，上式又可改写为

$$g_{\mathrm{m}} = 2\sqrt{K_n i_{\mathrm{D}}} = \frac{2}{V_{\mathrm{T}}}\sqrt{I_{\mathrm{DO}} i_{\mathrm{D}}} \tag{1.10}$$

互导反映了场效应管的放大能力。

（3）极限参数

1）最大漏极电流 I_{DM}。I_{DM} 是晶体管正常工作时漏极电流允许的最大值。

2）最大漏源电压 $V_{\mathrm{(BR)DS}}$。$V_{\mathrm{(BR)DS}}$ 表示将要发生雪崩击穿、i_{D} 开始急剧上升时的 v_{DS} 值。

3）最大栅源电压 $V_{\mathrm{(BR)GS}}$。$V_{\mathrm{(BR)GS}}$ 表示栅源间反向电流开始急剧增加时的 v_{GS} 值。

6. CMOS 数字集成电路中的反相器

上文简单介绍了 MOSFET 的工作原理和一些工作特性。在数字电路中，我们重点关注的是漏极电流和栅源电压之间的关系。

由上文的分析可知，当栅源电压为零或负值时，MOSFET 内部未形成反型层，漏极和源极被耗尽区相互隔开而无法导通，此时漏极电流为零。而当栅源电压超过某个值时，MOSFET 内部形成反型层，漏极和源极通过导电沟道导通，此时若外加漏源电压，MOSFET 内部就会有漏极电流流过。上述现象被称为 MOSFET 的"开关特性"，即可将 MOSFET 看作横跨在源极和漏极之间的"电压开关"，开关的开闭由 MOSFET 外加的栅源电压控制。

数字电路就是基于 MOSFET 的开关特性搭建的。以数字电路中最基本的逻辑

器件反相器为例，利用一个 PMOS 晶体管和一个 NMOS 晶体管，即可搭建出一个反相器，也即数字电路中的逻辑非门。当输入为高电平或低电平时，PMOS 晶体管和 NMOS 晶体管中有一个导通，而另一个处于截止状态，输出就会分别为低电平或高电平。反相器的详细原理会在后续章节介绍，并由此引出基于这种原理搭建的其他数字电路基本逻辑门和较为复杂的数字逻辑电路。

上述这种 PMOS 晶体管和 NMOS 晶体管成对出现的结构，即为目前最为常见的 CMOS 结构，其名称中的 Complementary 即用于形容这种 PMOS 与 NMOS 互补、成对出现的特殊结构。在这种结构中，当电路稳定工作时，由 PMOS 晶体管构成的上拉网络和由 NMOS 晶体管构成的下拉网络在同一时刻仅有一个会被导通，因此从电源电压至地的电流几乎为零，故在稳定工作时电路整体的静态功耗几乎为零。CMOS 的功耗主要来自于动态功耗，即当 CMOS 从一种稳定的工作状态向另一种稳定的工作状态转换的过程中，在极短的时间内存在上拉网络和下拉网络同时导通的情况。

上述特性使得采用 CMOS 结构组成的电路相较于其他结构具有较低的静态功耗，这在大规模集成电路领域是一个显著的优势。此外，CMOS 结构还具有抗噪性好、温度稳定性高等特点。基于这些优点，CMOS 结构在现代集成电路中得到了广泛应用。

下面，我们将以 CMOS 数字集成电路中最简单的门电路——反相器作为研究对象进行分析。如图 1.11 所示，CMOS 反相器由一个 PMOS 晶体管和一个 NMOS 晶体管组成。两个晶体管的栅极连在一起作为输入端口，漏极连在一起作为输出端口，PMOS 晶体管的源极和衬底与电源 V_{DD} 相连，NMOS 晶体管的源极和衬底与地（GND）相连。

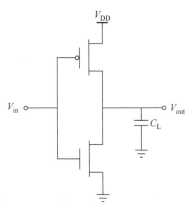

图 1.11　CMOS 反相器电路图

（1）工作原理

当输入 V_{in} 为高电平（$V_{in} = V_{DD}$）时，PMOS 晶体管的栅源电压绝对值 $|V_{GS,P}| = |V_{in} - V_{DD}| = 0 < V_T$，NMOS 晶体管的栅源电压 $V_{GS,N} = V_{in} - 0 = V_{DD} > V_T$，因此 PMOS 晶体管截止，NMOS 晶体管导通。此时的 CMOS 反相器等效于图 1.12a 中的电路，输出端与接地节点之间存在通路，输出端输出一个稳定值 $V_{out} = 0$，即输出低电平。

当输入 V_{in} 为低电平（$V_{in} = 0$）时，PMOS 晶体管的栅源电压绝对值 $|V_{GS,P}| = |V_{in} - V_{DD}| = V_{DD} > V_T$，NMOS 晶体管的栅源电压 $V_{GS,N} = V_{in} - 0 = 0 < V_T$，因此 PMOS 晶体管导通，NMOS 晶体管截止。此时的 CMOS 反相器等效于图 1.12b 中的电路，输出端与电源之间存在通路，输出端输出一个稳定值 $V_{out} = V_{DD}$，即输出高

电平。

由上述分析可知，当输入为高电平和低电平时，输出分别是低电平和高电平，实现了反相器功能。

（2）主要特征

由上述分析可以得到 CMOS 反相器的如下特性：

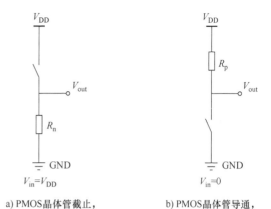

a) PMOS晶体管截止，NMOS晶体管导通　　b) PMOS晶体管导通，NMOS晶体管截止

图 1.12　CMOS 反相器等效电路

1）输出的高电平和低电平分别是 V_{DD} 和 GND，即电压摆幅等于电源电压，表明其噪声容限很大。

2）稳态时在输出端和 V_{DD} 或 GND 之间总存在一条具有有限电阻的通路。因此一个设计良好的 CMOS 反相器具有低输出阻抗，使得它对噪声和干扰不敏感。

3）CMOS 反相器的输入电阻极高，因为一个 MOS 晶体管的栅极是一个绝缘体，因此不取任何直流输入电流。由于反相器的输入节点只连到晶体管的栅极上，所以稳态输入电流几乎为零。理论上，单个反相器可以驱动无穷多个门（即具有无穷大的扇出）正常工作，但增大扇出也会增加传播延时。

4）在稳态工作情况下电源和地之间没有直接的通路。当忽略漏电流时，可以认为电路中没有电流存在，这意味着 CMOS 反相器不消耗任何静态功率。

（3）电压传输特性

以输入电压 V_{in}、输出电压 V_{out}，以及 NMOS 晶体管的漏电流 I_{DN} 作为基准变量，借助如下关系式，将 PMOS 晶体管和 NMOS 晶体管的电压电流关系转换到同一个变量空间中，表示如下：

$$I_{DSp} = -I_{DSn}$$
$$V_{GSn} = V_{in}$$
$$V_{GSp} = V_{in} - V_{DD}$$
$$V_{DSn} = V_{out}$$
$$V_{DSp} = V_{out} - V_{DD}$$

结果如图 1.13 所示。

由于 CMOS 反相器中 PMOS 晶体管和 NMOS 晶体管的电流必须相等，借助图解法即可得到 CMOS 反相器的电压传输特性曲线，如图 1.14 所示。

可以看到，CMOS 反相器的输出从高电平转变为低电平的过程极其迅速，即 CMOS 反相器的电压传输特性具有非常窄的过渡区。这是由于在开关过渡期间，PMOS 晶体管和 NMOS 晶体管同时导通且处于饱和状态，在这一工作区内，输入电压的一个微小变化就会引起输出的很大变化。

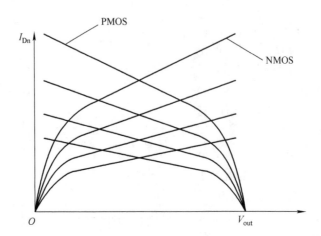

图 1.13　CMOS 反相器中 PMOS 晶体管
和 NMOS 晶体管的负载曲线

（4）静态特性

1）开关阈值。开关阈值 V_M 被定义为 $V_{in} = V_{out}$ 的点，此时 PMOS 晶体管和 NMOS 晶体管均处于饱和状态。假设两个器件均处于速度饱和，且忽略沟道长度调制效应，通过使两个晶体管的电流相等，可求得 V_M 的表达式如下：

$$V_M = \frac{(V_{Tn} + \frac{V_{Dsatn}}{2}) + r(V_{DD} + V_{Tp} + \frac{V_{Dsatp}}{2})}{1 + r}$$

(1.11)

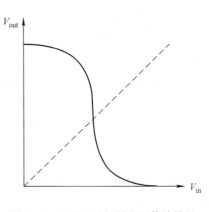

图 1.14　CMOS 反相器电压传输特性

式中，$r = \dfrac{k_p V_{Dsatp}}{k_n V_{Dsatn}} = \dfrac{v_{satp} W_p}{v_{satn} W_n}$

这里假设 PMOS 晶体管和 NMOS 晶体管的栅氧厚度相同。

当 V_{DD} 较大时，式（1.11）可简化如下：

$$V_M = \frac{r V_{DD}}{1 + r}$$

(1.12)

上式表明开关阈值 V_M 取决于比值 r，它是 PMOS 晶体管和 NMOS 晶体管相对驱动强度的比。一般希望 V_M 处于电压摆幅的中点（$V_{DD}/2$）附近，因为这样可以使得高低电平噪声容限具有相近的值。为此，希望 r 趋近于 1。

2）噪声容限。为使一个门的稳定性较好，且对噪声干扰不敏感，应使"0"和"1"的区间越大越好。一个门对噪声的灵敏度是由噪声容限 NM_L（低电平噪声容限）和 NM_H（高电平噪声容限）度量的，它们分别量化了合法的"0"和"1"的范围，并确定了噪声的最大固定阈值：

$$NM_L = V_{IL} - V_{OL}$$
$$NM_H = V_{OH} - V_{IH} \tag{1.13}$$

噪声容限示意图如图 1.15 所示，为使一个数字电路正常工作，噪声容限应大于零，且越大越好。

对于 CMOS 反相器，V_{IH} 和 V_{IL} 是 $dv_{out}/dv_{in} = -1$ 时反相器的工作点。通过对电压传输特性进行线性近似，可求得噪声容限的相关参数。

如图 1.16 所示，将过渡区近似为一段直线，其增益等于开关阈值 V_M 处的增益 g，它与 V_{OH} 和 V_{OL} 线的交点即为 V_{IH} 和 V_{IL} 点。由此求得的参数如下：

$$V_{IH} - V_{IL} = -\frac{(V_{OH} - V_{OL})}{g} = \frac{-V_{DD}}{g}$$

$$V_{IH} = V_M - \frac{V_M}{g}$$

$$V_{IL} = V_M + \frac{V_{DD} - V_M}{g}$$

$$NM_H = V_{DD} - V_{IH'}$$
$$NM_L = V_{IL} \tag{1.14}$$

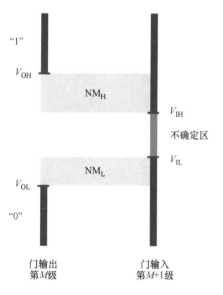

图 1.15 串联反相器的噪声容限

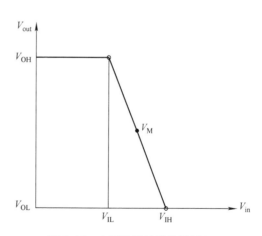

图 1.16 电压传输特性线性近似

接下来需要求得反相器的中点增益 g。再次假设 PMOS 晶体管和 NMOS 晶体管均处于速度饱和。由于饱和区增益和电流斜率关系很大，因此不能忽略沟道长度调制效应。再次利用电流相等，在开关阈值附近有：

$$k_n V_{\mathrm{Dsatn}} \left(V_{\mathrm{in}} - V_{\mathrm{Tn}} - \frac{V_{\mathrm{Dsatn}}}{2} \right) (1 + \lambda_n V_{\mathrm{out}}) + k_p V_{\mathrm{Dsatp}} \left(V_{\mathrm{in}} - V_{\mathrm{DD}} - \right.$$

$$\left. V_{\mathrm{Tp}} - \frac{V_{\mathrm{Dsatp}}}{2} \right) (1 + \lambda_p V_{\mathrm{out}} - \lambda_p V_{\mathrm{DD}}) = 0 \qquad (1.15)$$

求导并求解 $\mathrm{d}v_{\mathrm{out}} / \mathrm{d}v_{\mathrm{in}}$ 得到：

$$\frac{\mathrm{d}v_{\mathrm{out}}}{\mathrm{d}v_{\mathrm{in}}} = \frac{k_n V_{\mathrm{Dsatn}}(1 + \lambda_n V_{\mathrm{out}}) + k_p V_{\mathrm{Dsatp}}(1 + \lambda_p V_{\mathrm{out}} - \lambda_p V_{\mathrm{DD}})}{\lambda_n k_n V_{\mathrm{Dsatn}}(V_{\mathrm{in}} - V_{\mathrm{Tn}} - V_{\mathrm{Dsatn}}/2) + \lambda_p k_p V_{\mathrm{Dsatp}}(V_{\mathrm{in}} - V_{\mathrm{DD}} - V_{\mathrm{Tp}} - V_{\mathrm{Dsatp}}/2)}$$

$$(1.16)$$

忽略某些二次项并令 $V_{\mathrm{in}} = V_{\mathrm{M}}$，得到如下增益表达式：

$$g = -\frac{1}{I_{\mathrm{D}} V_{\mathrm{M}}} \frac{k_n V_{\mathrm{Dsatn}} + k_p V_{\mathrm{Dsatp}}}{\lambda_n - \lambda_p} \approx \frac{1 + r}{(V_{\mathrm{M}} - V_{\mathrm{Tn}} - V_{\mathrm{Dsatn}}/2)(\lambda_n - \lambda_p)} \qquad (1.17)$$

其中，是 $V_{\mathrm{in}} = V_{\mathrm{M}}$ 时流过反相器的电流。

（5）动态特性

1）电容特性。前面在对 CMOS 反相器电路进行分析时，为了使分析容易进行，假设所有的电容一起集总成为一个处于 V_{out} 和 GND 之间的电容 C_{L}。

如图 1.17 所示为一对串联反相器的电路图，包含了影响节点 V_{out} 瞬态响应的所有电容。

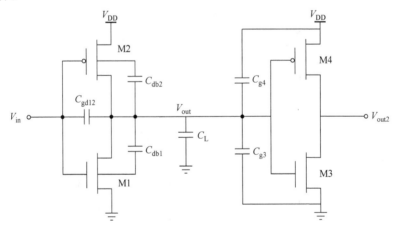

图 1.17　串联反相器寄生电容

假设 V_{in} 由一个上升和下降时间均为 0 的理想电压源驱动，只考虑连至输出节点上的电容时，C_{L} 可以分解为以下几个部分：

① 栅漏电容 C_{gd12}。C_{gd12} 包括 M1、M2 的覆盖电容。

② 扩散电容 C_{db1} 和 C_{db2}。来自漏极和衬底之间反向偏置的 PN 结。

③ 连线电容 C_{w}。是分布电容，是电路中的连线或导线之间电场偶合形成的电容，取决于连线的长度和宽度，并且与扇出离开驱动门的距离以及扇出门的数目有关。

④ 扇出的栅电容 C_{g3} 和 C_{g4}。假设扇出电容等于负载门 M3 和 M4 总的栅电容。

2）传播延时。一个电路的传播延时正比于时间常数 $R_p C_L$，其中 R_p 为晶体管的导通电阻，C_L 为输出电容。用一个常数线性元件代替导通电阻，如何选择取决于电压的关系以及负载电容，可求得反相器高低电平反转的传播延时为

$$t_{pHL} = 0.69 R_{eqn} C_L \qquad (1.18)$$

$$t_{pLH} = 0.69 R_{eqp} C_L \qquad (1.19)$$

R_{eqn} 和 R_{eqp} 分别是 NMOS 晶体管和 PMOS 晶体管在所关注时间内的等效导通电阻。

反相器的总传播延时被定义为这两个值的平均值：

$$t_p = \frac{t_{pHL} + t_{pLH}}{2} = 0.69 C_L \left(\frac{t_{pHL} + t_{pLH}}{2} \right) \qquad (1.20)$$

7. CMOS 数字集成电路中的组合逻辑电路

组合逻辑电路，也称非再生电路，其特点是在任何时刻，电路输出与其输入信号间服从某个布尔表达式，而不存在任何从输出返回至输入的连接。也就是说，假设有足够的时间使逻辑门稳定下来，那么组合逻辑电路的输出只与当前的输入有关。

（1）组合逻辑电路设计

1）或非门和或门。如图 1.18 所示为双输入 CMOS 或非门的电路图，电路由并联 N 型网络和与其互补的串联 P 型网络组成。

当输入 A 为高电平，B 为低电平时，M1、M4 导通，M2、M3 截止，则下拉网络导通，输出为低电平；当输入 A 为低电平，B 为高电平时，M2、M3 导通，M1、M4 截止，则下拉网络导通，输出为低电平；当输入 A、B 均为高电平时，M1、M2 导通，M3、M4 截止，则下拉网络导通，输出为低电平；当输入 A、B 均为低电平时，M3、M4 导通，M1、M2 截止，则上拉网络导通，输出为高电平。由上述分析可知，电路实现了或非功能。

若在输出端连接一个反相器，即可得到或门电路。

2）与非门和与门。如图 1.19 所示为双输入 CMOS 与非门的电路图，电路由串联 N 型网络和与其互补的并联 P 型网络组成。

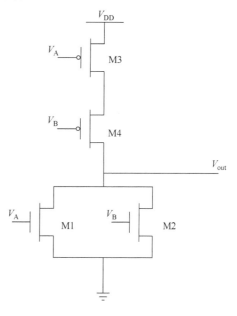

图 1.18　双输入 CMOS 或非门电路图

当输入 A 为高电平，B 为低电平时，M1、M4 导通，M2、M3 截止，则上拉网络导通，输出为高电平；当输入 A 为低电平，B 为高电平时，M2、M3 导通，M1、M4 截止，则上拉网络导通，输出为高电平；当输入 A、B 均为低电平时，M3、M4 导通，M1、M2 截止，则上拉网络导通，输出为高电平；当输入 A、B 均为高电平时，M1、M2 导通，M3、M4 截止，则下拉网络导通，输出为低电平。由上述分析可知，电路实现了与非功能。

若在输出端连接一个反相器，即可得到与门电路。

3）任意逻辑电路。由上述 CMOS 基本逻辑门的电路组成可总结如下规律：在由 NMOS 晶体管构成的下拉网络中，"与"运算由晶体管串联实现，"或"运算由晶体管并联实现，而由 PMOS 晶体管构成的上拉网络则与下拉网络形成对偶网络，即"与"运算由晶体管并联实现，"或"运算由晶体管串联实现。

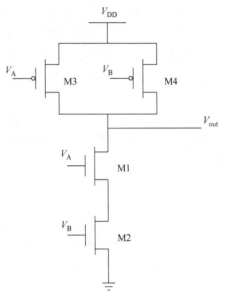

图 1.19　双输入 CMOS 与非门电路图

以如下逻辑函数为例：

$$Z = \overline{A(B + C)} \qquad (1.21)$$

用来实现此逻辑电路功能的电路如图 1.20 所示。

"非"逻辑可由 MOS 电路的工作特性提供，若无需"非"逻辑，则需要在电路输出端连接一个反相器。

根据这一规律，可以用 CMOS 结构组成任何逻辑电路。

（2）相关概念和指标

1）静态互补 CMOS 设计。静态互补 CMOS 是使用最广泛的逻辑类型，静态互补 CMOS 实际上就是静态 CMOS 反相器扩展为具有多个输入的结构。

互补 CMOS 电路也就是所谓的静态电路，在静态电路中，每一时刻每个门的输出通过一个低阻路径连到 V_{DD}（或 V_{SS}）上。同时任何时刻该门的输出即为该电路实现的布尔函数值（忽略瞬态效

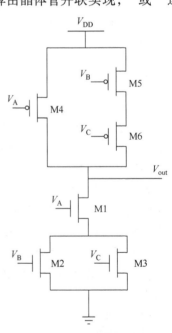

图 1.20　实现式（1.21）的逻辑
电路功能的电路

应）。这一点有别于动态电路，动态电路依赖于把信号值暂时存放于高阻抗电路节点的电容上。

静态电路包含多种类型，例如互补 CMOS、有比逻辑（伪 NMOS 和 DCVSL）和传输管逻辑等。

- 互补 CMOS

如图 1.21 所示，互补 CMOS 是上拉网络和下拉网络的组合。上拉网络的作用是当逻辑门的输出为高电平（即逻辑 1）时，它将提供一条在输出和 V_{DD} 之间的通路；而下拉网络的作用是当逻辑门的输出为低电平（即逻辑 0）时，它将提供一条在输出和 V_{SS} 之间的通路。上拉网络和下拉网络是以互相排斥的方式构成的，即在稳定状态下，两个网络中有且仅有一个导通。

前面章节介绍的反相器等电路均是采用这种互补 CMOS 的电路结构。

- 有比逻辑

有比逻辑试图减少实现一个给定逻辑功能所需的晶体管数目，但通常要以降低稳定性和付出额外功耗为代价。与互补 CMOS 不同，有比逻辑电路中的上拉网络由一个无条件的负载器件构成，如图 1.22 所示。当该负载器件为一个栅极接地的 PMOS 晶体管时，该逻辑门称为伪 NMOS。

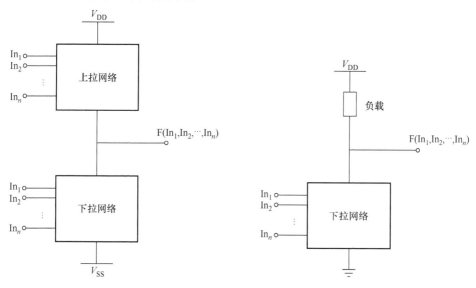

图 1.21　互补 CMOS 电路结构　　　　　图 1.22　有比逻辑电路结构

伪 NMOS 的显著优点是减少了电路中晶体管的数目，但另一方面，这种电路结构降低了噪声容限，并且引起了静态功耗。

- 传输管逻辑

传输管逻辑通过允许原始输入驱动栅极和源 – 漏极来减少实现逻辑所需的晶体管数目。而之前所学的结构只允许原始输入驱动 MOSFET 的栅极。

这一结构可以用较少的晶体管来实现给定的功能，也有降低电容的额外功能。

2）动态 CMOS 设计。由前文可知，具有 N 个扇入的静态 CMOS 逻辑要求 $2N$ 个器件，而采用伪 NMOS、传输管逻辑等结构可以减少实现一个指定逻辑功能所需要的晶体管数。例如伪 NMOS 逻辑只需要 $N+1$ 个晶体管就可以实现一个 N 输入的逻辑门，但伪 NMOS 结构的缺陷是具有静态功耗。本节将介绍的动态逻辑可在避免静态功耗的条件下达到类似的效果。

- 基本原理

图 1.23 所示为一个 N 型动态逻辑门的基本结构。它的下拉网络与互补 CMOS 一致。这一电路的工作可以分为两个主要阶段：预充电和求值，处于何种工作模式由时钟信号 CLK 决定。

① 预充电。

当 CLK = 0 时输出节点 V_{out} 被 PMOS 晶体管 M_p 预充电至 V_{DD}。

在此期间，NMOS 晶体管 M_e 截止，下拉网络不工作，因此该 NMOS 晶体管消除了在预充电期间可能发生的任何静态功耗。

② 求值。

当 CLK = 1 时 PMOS 晶体管 M_p 截止，NMOS 晶体管 M_e 导通。输出根据输入值和下拉网络结构有条件地放电。如果输入使下拉网络导通，则在 V_{out} 和 GND 之间存在

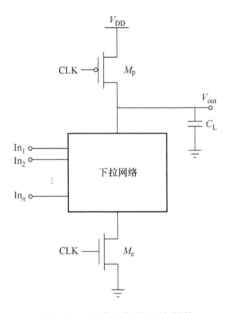

图 1.23 动态逻辑门基本结构

低阻通路，输出放电至 GND；如果下拉网络截止，预充电值维持存放在输出电容 C_L 上。

在求值阶段，输出节点和电源之间唯一的路径就是连接到 GND，因此一旦 V_{out} 放电就不可能再充电，直到下一次预充电。所以门的输入在求值阶段最多只能有一次变化。

- 动态逻辑的速度与功耗

动态逻辑的主要优点是提高了速度，减小了实现面积。

此外，动态逻辑在功耗方面也有明显的优势，主要有三个原因。第一，由于使用的晶体管较少，因此它的实际电容很小，同时从每个扇出看到的负载是一个而不是两个晶体管；第二，由于每个时钟周期只能翻转一次，毛刺在动态逻辑中不会发生；第三，由于动态逻辑在求值阶段上拉网络不导通，因此不存在短路功耗。

- 信号完整性问题

动态逻辑比静态电路能获得更高的性能。为使动态电路能够正常工作，还需要

考虑几个重要问题，包括电荷泄漏、电荷分享、电容耦合以及时钟馈通。

8. CMOS 数字集成电路中的时序逻辑电路

组合逻辑电路的输出只与当前的输入有关，而真正有用的系统都被要求能够保存状态信息，因此产生了另一类电路，即时序逻辑电路。时序逻辑电路的输出不仅取决于当前的输入，也取决于原先的输入。或者说，时序逻辑电路具有记忆功能，能记住该系统过去的一些历史。

时序电路中有如下几个较为重要的参数：

1）建立时间：时钟翻转之前数据输入必须保持的时间。

2）保持时间：时钟边沿之后，数据输入必须仍然有效的时间。

3）传播延时：输入数据被复制到输出端的延迟时间。

对于这些时序参数的分析和约束将在后续章节详细讲解。

时序逻辑电路中最重要的部分是存储单元。存储单元主要包括锁存器和寄存器。锁存器是一个电平敏感单元。当时钟信号为高电平时，把输入 D 传送到输出 Q，此时锁存器处于透明模式。当时钟为低电平时，在时钟下降沿处被采样的输入数据在输出端的整个阶段都保持稳定，此时锁存器被处于维持模式。输入必须在时钟下降沿附近一段较短时间内稳定，以满足建立时间和保持时间的要求。上述这种锁存器被称为正锁存器，而负锁存器与之相反，是在时钟信号为低电平时把输入 D 传送到输出 Q。同时，锁存器也是构成边沿触发寄存器的主要器件。

不同于锁存器，边沿触发的寄存器只有在时钟翻转的边沿时刻才采样输入，上升沿采样的被称为正沿触发寄存器，下降沿采样的被称为负沿触发寄存器。寄存器通常是用锁存器作为基本构成单元，也可以用单脉冲时钟信号发生器或其他特殊结构构成。

时序电路也有静态和动态之分。静态时序电路的存储依赖于如下概念：一对交叉耦合的反相器形成了一个双稳元器件用来记忆二进制值。其特点是，只要电源电压加在该电路上，它所保存的值就一直有效，而其缺点是比较复杂。动态时序电路的存储，是基于将电荷暂时存储在寄生电容上的原理。存储在电容上的电荷用来代表一个逻辑信号，没有电荷表示 0，有电荷则表示 1。这与动态逻辑的原理完全一样，因此也存在电荷泄漏的问题。

1.2　SoC

1.2.1　SoC 技术简介

片上系统（System on Chip，SoC）既指包含完整系统并有嵌入软件的全部内容的一类专用集成电路（Application Specific Integrated Circuit，ASIC），也指在设计这类 ASIC 时，进行系统功能设计，软硬件分别架构的完整技术。在 SoC 概念出现前，人们往往通过将多颗 ASIC 集成至一块印制电路板上，并通过芯片间的互连线实现系统级的设计。而 SoC 与传统 ASIC 的区别在于，SoC 旨在将传统的多颗 ASIC 的功能集中并综合至一颗芯片内，形成一种架构更为复杂、功能更为强大的系统级芯片。事实上，SoC 的概念也在与时俱进，20 世纪 90 年代主流工业界对 SoC 的认识仍局限于"多核集成"或"多处理引擎集成"。目前，我们通常认为，SoC 是一种可以将诸如 CPU、存储器、DSP、特定目的专用处理单元（如 DPU、NPU）、片上可编程逻辑、模拟电路、射频电路等基本电路架构，以实际应用为导向，进行系统级集成所形成的一类芯片。

SoC 技术发展至今已有数十年的历程，从最初的板级系统到现在的片上系统，其发展历程一直遵循摩尔定律不断被推进。20 世纪 80 年代英特尔发布的第一款处理器实现了从 0 到 1 的历史性突破，这款被命名为 4004 的 4 位处理器仅包含 3200 个晶体管，而 2023 年的今天，不管是高通还是苹果公司发布的最新一代处理器，其处理器都可容纳上亿个晶体管，与此同时，芯片的面积越来越小，例如目前高通的手机处理器骁龙 8Gen1 采用 TSMC 4nm 工艺制程，预估其单颗芯片的晶体管数量约为 170 亿个。随着电子信息的发展和 SoC 自身的需求，芯片产业已经能够使得复杂的电子系统集成在单颗芯片上。

SoC 发展至今已经出现非常多优秀的案例，我们以日常生活中与我们最为密切相关的移动端手机处理器举例，浅谈如今最先进的国内外 SoC 产品。

1. 海思麒麟 9000

海思麒麟 9000 芯片是华为公司于 2020 年 10 月发布的基于 5nm 工艺的手机

SoC，也是世界上首个采用 5nm 制程的 5G 手机 SoC。采用 8 核 CPU 设计，包括 1 个 3.13GHz 的 Cortex - A77 大核，3 个 2.54GHz 的 Cortex - A77 中核和 4 个 2.05GHz 的 Cortex - A55 小核，最高主频可达 3.13GHz，集成多达 153 亿个晶体管，以及包含 24 核的型号为 Mali - G78 的 GPU，神经网络处理单元采用双大核 NPU + 微核 NPU，其 NPU 的架构也是华为全新自研的华为达芬奇架构 2.0，ISP 则由 Kirin ISP 6.0 和 Quad - pipeline 构成，其存储规格采用 LPDDR5 + UFS3.1 的组合，其架构如图 1.24 所示。

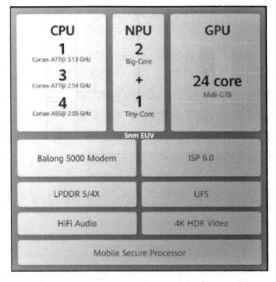

图 1.24　海思麒麟 9000 SoC 架构

2. 高通骁龙 8 Gen 1

高通在 2021 年 12 月发布骁龙 8 Gen 1 芯片，是高通旗下第一款使用 ARM v9 架构的芯片，同时也是高通发布的首款 4nm 制程的芯片，如图 1.25 所示。其 8 核 CPU 包括 1 个 3.0GHz 的 Cortex – X2 大核心，3 个 2.5GHz 的 Cortex – A710 中核心 和 4 个 1.8GHz 的 Cortex – A510 小核心，CPU 架构为 Kryo 780 架构。GPU 架构为 Adreno730。网络基带升级为 X65，仍然为集成式。

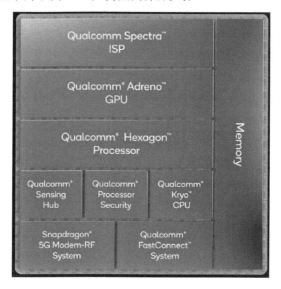

图 1.25　骁龙 8 Gen 1

骁龙 8 Gen 1 的具体参数包括 1 个 Cortex – X2 3.0GHz 1MB L2 缓存，3 个 Cortex – A710 2.5GHz 512KB L2 缓存，4 个 Cortex – A510 1.8GHz 6MB L3 缓存，支持 LPDDR5 3200MHz。作为高通公司的第四代 5G 调制解调器，它建立在现有的毫米波和 sub – 6GHz 的兼容性之上，增加了对高达 10Gbit/s 速度和最新 3GPP Release 16 规范的支持，在 5G 上行链路速率上首次实现 3.5Gbit/s 的速率。骁龙 8 Gen 1 还支持 Wi – Fi 6 和 Wi – Fi 6E、蓝牙 LE 音频（高通公司的首创），支持 aptX 无损蓝牙编解码器，可以提供高达 16bit 的 44.1kHz 的 CD 质量音频流。

相较于骁龙 888，骁龙 8 Gen 1 的 CPU 性能提升 20%，能效提升 30%，骁龙 8 Gen 1 还具有新的第七代人工智能引擎，速度相较骁龙 888 快 4 倍。在摄像头方面，骁龙 8 Gen 1 提供了 18bit 的信号处理器，与骁龙 888 上的 14bit Spectra ISP 相比，可以处理 4000 倍的数据，使该设备可以同时处理三个 3600 万像素摄像头的视频流。

3. Apple A16 Bionic 芯片

美国 Apple 公司于 2022 年 10 月推出了 A16 Bionic 芯片，采用的是 TSMC 的 4nm 制造工艺，集成 160 亿个晶体管，A16 芯片采用 2 大核和 4 小核的布局设计，

CPU 底层架构有所改变，能耗表现比上一代 A15 芯片更为出色，其 6 核 CPU 包括 2 个 3.46GHz 高性能核心和 4 个 2.02GHz 低功耗核心，而 5 核 GPU 主频达到 700MHz，同时 A16 芯片搭载 16 核 NPU，并且配备 LPDDR5 规格的 6GB 内存。A16 芯片不仅支持 5G 双频段网络，而且还支持 Wi – Fi 6E 网络。A16 芯片如图 1.26 所示。

1.2.2　SoC 设计流程

　　SoC 作为一个完整的系统，其设计通常包含硬件设计和软件设计两部分，其中硬件设计指基于硬件描述语言 Verilog HDL 或 VHDL 对数字电路的设计，而软件设计指运行在 SoC 上的嵌入式系统与应用程序。因此，SoC 的设计通常需要进行软硬件协同设计，由硬件设计工程师和嵌入式软件工程师共同完成 SoC 的设计任务，软硬件协同设计的设计步骤通常包括系统需求规格说明、关键算法建模、软硬件划分、软硬件同步设计与系统测试。

图 1.26　A16 芯片

1. 系统需求规格说明

　　在软硬件协同设计的初始阶段，就需要从系统需求规格说明入手，对整个系统的详细功能、具体性能参数、功耗要求、成本控制与开发周期等因素进行全面的识别和分析，形成严密而详细的设计文档。

2. 关键算法建模

　　SoC 设计中的系统框架设计通常可以通过技术继承、技术迭代快速完成，但对于特定目标的 SoC 设计中往往包含一定数量的采用新技术、新方法实现的关键算法处理单元，这些关键算法处理由于没有经历充分的技术迭代，通常会存在一定的开发风险。因此，在 SoC 设计过程中，设计者需要针对这些关键算法模块进行必要的建模与仿真。一般的，设计者会使用诸如 C、Matlab 和 Python 等高级语言创建关键算法的仿真模型。一些高级电子设计自动化（Electronic Design Automation，EDA）工具可以基于高级软件语言实现高层次综合，将利用特定高级软件语言描述的算法转换为硬件描述语言，这样能够大幅加快硬件模块的开发速度。此外，对于某些特殊的关键算法模块，SoC 设计人员还可以充分利用现场可编程门阵列（Field Programmable Gate Array，FPGA）进行功能、性能验证。

3. 软硬件划分

　　这一阶段需要反复评估、分析系统需求规格说明与关键算法建模结果，对 SoC 中的软件部分和硬件部分进行清晰、严密的划分，并明确软件和硬件的协同工作方式。通常采用硬件设计解决方案的优势在于性能的大幅提升。由于硬件部分的工作频率更高、并行化程度更高，因此硬件设计会为系统带来显著的性能提升。但由于硬件设计中通常涉及知识产权核（Intellectual Property Core，通常简称为 IP 核）的大量应用，因此硬件设计中的调试、仿真、验证时间周期均会明显增加，同时考虑到关键 IP 的版权费用，开发成本也会增加。采用软件设计解决方案的优势在于开发的灵活性更高、调试的周期较短、成本较低、风险较低，但性能方面通常会存在难以克服的短板。因此，SoC 设计过程中的软硬件划分可以看作一种基于系统需求规格说明与关键算法建模结果的折中。

4. 软硬件同步设计

基于明确的软硬件划分结果，进行软硬件同步设计。通常硬件设计部分为基于标准单元的 SoC 设计或基于 FPGA 的 SoC 设计，软件设计部分包括算法开发、算法优化、操作系统开发、接口驱动开发与应用软件开发等。

5. 系统测试

系统测试通常基于 SoC 的设计层次架构，进行从下至上、从小至大的分层测试，逐级验证各层次软硬件的功能、性能是否满足系统需求规格说明。

1.2.3　两种 SoC 设计流程实例

下面分别针对工业界两种主流的 SoC 设计流程——基于标准单元库的 SoC 设计和基于 FPGA 的 SoC 设计进行介绍。

1. 基于标准单元库的 SoC 设计流程

标准单元库包括版图库、符号库、电路逻辑库等。包含了组合逻辑、时序逻辑、功能单元和特殊类型单元。一般所有的芯片制造厂商会针对每个工艺提供相应的标准单元库。设计基于标准单元库的 SoC 时，设计人员通常需要进行如下的设计步骤。

（1）模块集成

模块集成指把 SoC 硬件部分中所有具有不同功能的模块集成到一起，形成一个完整硬件设计的过程。在该过程中，需要明确哪些模块或架构可以通过技术迭代实现，哪些模块需要进行复用，哪些关键模块需要 IP 授权或自主研发。模块集成通常基于硬件描述语言完成。

（2）前仿真

前仿真一般又称为功能仿真或寄存器转换级（Register Transfer Level，RTL）的电路仿真，其目的是基于硬件描述语言仿真器判断模块集成的结果是否符合需求规格说明中的功能要求。其中 RTL 是一种针对数字集成电路的高级抽象层次，在RTL 级中，设计者不再关注时序逻辑和组合逻辑的连接关系与数量，而仅仅描述寄存器至寄存器之间的逻辑功能，Verilog HDL 与 VHDL 均为 RTL 的硬件描述语言。

（3）逻辑综合

逻辑综合指开发人员借助 EDA 工具将完成前仿真的硬件设计转换成特定工艺

下的门级网表。门级是比 RTL 更低、更具体的层级，门级网表记录了设计中所有逻辑资源之间的互联关系。因此，在进行逻辑综合时，我们需要对设计的时序、面积、功耗等具体参数进行约束。

（4）版图布局规划

版图布局规划完成的主要任务是界定并优化设计中所有模块的定位，主要分为 I/O 规划、模块布置设计和电源设计。其中 I/O 规划主要是规划 I/O、电源和连接口的地址；模块布置设计是定义各种组件和部分区域中的模块，并加以合理布置；电源设计则是设计完整的版图式电源网路，并对其进行拓扑优化。

（5）功耗分析（Power Network Analysis，PNA）

在设计过程中的多个步骤均可利用 EDA 工具对设计的功耗进行分析，从而指导设计的技术迭代。在版图布局规划完成后，可对电源网络进行功耗分析，以决定电源线参数与电源引脚位置。在完成版图布线设计后，还可进行全版图的动态功耗和静态功耗分析。

（6）静态时序分析

静态时序分析技术是一种通过穷举法对电路中所有路径延迟信息进行提取、分析的步骤。通过静态时序分析，可以发现时序约束的违例情况。由于静态时序分析不依赖外部激励，且可以对全部设计进行穷举检查，因此静态时序分析是 SoC 设计流程中的一项重要步骤，在逻辑综合和布局布线后均需要进行静态时序分析以进行检查。

（7）形式验证

形式验证是一种针对逻辑功能的等效性检查。形式验证可根据两个电路的结构判断其逻辑功能是否等效。由于 EDA 工具通常具备一定的自动优化能力，因此在借助 EDA 工具进行 SoC 设计时，EDA 工具常常会自行对设计进行优化修改。与此同时，SoC 开发过程中的人为技术迭代同样不可避免。为保证设计的一致性，整个设计流程中会多次引入形式验证。

（8）可测性设计

在 SoC 设计中，可测性设计是非常关键的过程。对于逻辑电路，通常会使用扫描链的可测试架构，而对于芯片的输入/输出接口，则通常使用边界扫描的可测试架构。

（9）布线

布线用来实现电路中全部节点的连接，布线分为全局布线与详细布线。在布局完成后，通常首先使用全局布线提取大致的时序信息，并将时序信息反标至网表中用来进行静态时序分析。当静态时序分析检查无误后，最后进行详细布线，详细布线可以获得电路的精确时序信息。

（10）提取寄生参数

寄生参数指版图上由于内部互连所导致的寄生电容和寄生电阻，寄生参数在

SoC 设计的初级阶段是无法获取的。实际上寄生参数被提取后将会被转换为标准的延迟格式反标至设计中，进行布局布线后的静态时序分析和后仿真。

（11）后仿真

后仿真也被称为时序仿真、门级仿真。基于布局布线后所获得的精确延迟参数，生成标准延时文件（Standard Delay Format，SDF），再次针对门级网表进行仿真，以验证网表的功能是否依然符合设计要求。

（12）物理验证

物理验证一般包括针对版图的设计规则检验（Design Rule Check，DRC）、针对版图网表与逻辑网表的比较（Layout VS Schematic，LVS）和电气规则检查（Electrical Rule Checking，ERC）。其中，DRC 一般用来检查接线距离和接线长度等情况能否达到工艺规定，用于保证设计在流片过程中的良率，LVS 用于确认版图网表结构是否与设计一致，ERC 负责检测故障和开路等电器法规违例现象。

（13）流片

完成全部设计的版图最终转换为 GDSII 文件，提交至制造厂进行芯片生产——流片（Tapeout）。

2. 基于 FPGA 的 SoC 设计流程

FPGA 是在 PAL、GAL、CPLD 等可编程器件的基础上进一步发展出的半定制集成电路。FPGA 的主要特点是其相比 ASIC 具备极大的灵活性，可以由用户通过软件进行配置形成特定的电路，同时 FPGA 支持反复擦写。因此利用 FPGA 进行 SoC 设计可大幅缩短开发周期，降低生产的时间成本和经济成本。虽然各大 FPGA 厂商的 FPGA 各有特点，但 FPGA 的基本组成结构均包括：可编程逻辑块、可编程输入输出单元、时钟管理模块、嵌入式 RAM 和嵌入式 IP。

虽然各 FPGA 厂商在各自的 EDA 工具中对 FPGA 的开发流程命名略有不同，但基于 FPGA 的 SoC 设计主要包括以下关键步骤。

（1）电路功能设计

电路功能设计与基于标准单元库设计中的模块集成相似，设计人员一般基于硬件描述语言与 FPGA 厂商 EDA 工具的 IP 核调用进行电路功能设计，形成完整的电路设计。此外，目前主流 FPGA 厂商的 EDA 工具还支持图形化设计方式，可减少设计人员的代码开发量。

（2）功能仿真

即前仿真，对完整地电路设计进行逻辑功能角度的仿真，此时的仿真不考虑实际的延迟信息。

（3）逻辑综合

通过 FPGA 专用的 EDA 工具将设计转化为 FPGA 的逻辑连接网表。EDA 工具通常提供不同的逻辑综合策略，以实现对电路某些方面的针对性优化。

（4）综合后仿真

利用逻辑综合后的标准延时文件反标至设计中，再次检查综合后的网表与原设计的一致性。

（5）实现与布局布线

实现是将逻辑连接网表完整地配置到 FPGA 中。其中布局是将网表的所有单元映射到 FPGA 内固有的硬件结构中去，布线是通过配置 FPGA 的可编程连线资源，将被使用的 FPGA 硬件结构进行连接。在此阶段，设计人员通常需要进行时序约束、引脚约束、实现策略的选择等工作，EDA 工具将基于实现策略与厂商的布局布线算法给出最优的实现结果。实现完成后，EDA 工具将提供资源占用情况与时序结果。

（6）时序仿真

即后仿真，基于布局布线延时信息的反标，进行时序仿真，再次检查设计的功能是否依然满足设计要求，是否存在违例情况。

（7）FPGA 配置

通过 EDA 工具将最终的设计转换为位流文件，通过下载器将位流文件下载至 FPGA 中，即可完成对 FPGA 的配置。

第 2 章　数字 SoC 的设计基础

本章将初步地介绍硬件描述语言中的 Verilog HDL，先从硬件描述语言的概念和发展历史出发，再到硬件描述语言的应用情况。之后介绍 Verilog HDL 的语法，包括模块的概念、常量与变量、逻辑运算符，再到块语句、赋值语句、结构语句、条件语句和循环语句，以及 testbench 的编写。最后介绍了组合逻辑电路与时序逻辑电路，以及状态机的类型和三段式编写方法。

2.1　硬件描述语言

硬件描述语言（Hardware Description Language，HDL）是一种用来描述数字电路和数字系统的计算机语言。通过 HDL，数字电路和数字系统的开发者们不仅仅可以选择从上层到下层，也可以选择从抽象到具体的顺序，逐层描述自己设计数字电路的思想，使得原本复杂的数字电路系统被拆分为用一系列相对简单的分层次的模块，以此达到逻辑清晰地表示非常复杂的数字系统的目的。逐层设计完模块之后，可以通过 EDA 工具对已经编写好的代码逐层进行验证仿真。再把其中需要变为实际电路的模块组合，利用前面提及的自动综合工具转化为门级电路网表。接下来再使用 FPGA，或者是 ASIC 自动布局布线工具，把网表转化为可以实现的具体电路布线结构，从而制成现实中的物理器件。总而言之，这种通过将目标功能的电路进行逐层拆分的高层次设计的方法已被广泛采用。据统计，目前在美国著名的芯片开发地硅谷，有九成以上的 FPGA 和 ASIC 采用了 HDL 来对所需要的电路进行设计。

2.1.1　硬件描述语言与软件编程语言的区别

以 C 语言为首的软件编程语言已经得到了广泛的应用，几乎所有的高等院校均开设了相关的软件编程语言课程，这里我们假设本书的读者具备软件编程语言的基础。尽管硬件描述语言与软件编程语言，诸如 C 语言或者 Python 语言，在语法上有许多相似之处，但实际上两者在本质方面有非常大的区别。从根本上来讲，两种语言的对象是不同的。HDL 用于设计实际数字电路，它描述的是电路的功能、连接和时序。设计者不仅需要关心电路的逻辑是否正确，还需要关心电路的实际实现，例如时序、模块间的连接，以及布线布局等。最终可综合的 HDL 代码会转化为实际的电路。然而类似 C 语言、Java 语言、Python 语言等这样的软件描述语言，其作用是通过调用中央处理器运行算法或逻辑来实现某个功能，并不需要关注实际的硬件电路如何实现。软件设计者通常更关注如何实现某些逻辑功能，设计出稳定可靠的应用软件，最终经过编译后的软件描述语言代码会转化为二进制码实现。

从两种语言在工业界服务的层面来讲，HDL 在本质上是对逻辑门的描述，所以在编写 HDL 时是不存在 CPU、内存、堆栈、指针等软件编程语言概念的。而诸如 CPU、内存控制器、寄存器等计算机内部的硬件结构，是某些 HDL 设计的结果。软件编程语言是建立在计算机硬件基础上的，没有 CPU、内存等计算机基本结构就没有软件编程语言。所以可以简单理解为软件编程人员利用计算机执行程序，而 HDL 开发人员设计、制造了计算机。

另外，从初学者的直观角度讲，硬件描述语言相比软件描述语言有一个非常大的区别：HDL 最终形成的硬件电路是并行执行的，虽然在描述语言的编写过程中各逻辑结构、模块存在描述的先后顺序，但当 HDL 所描述的硬件电路进行工作时，所有的逻辑结构、模块均是并行执行的。而软件编程语言通常是串行执行，即一条代码结束之后才会继续下一条代码，代码的出现顺序决定了执行顺序不同。对于具备软件编程基础的 HDL 初学者，需要格外注意二者在执行时的差异性。

2.1.2　硬件描述语言的发展历史

如今主流的 HDL 有 Verilog HDL、VHDL、System C 等。跟其他许多语言类似，HDL 经历了许多更迭和完善，衍生出了各种各样的版本和标准。这里以本书将使用的 Verilog HDL（或称 Verilog 语言）为例，Gateway 设计自动化公司的工程师在 1983 年创立了 Verilog。1990 年 Gateway 公司被 Cadence 公司收购。20 世纪 90 年代初，开放 Verilog 国际组织，即现在的 Accellera 成立之后，Verilog 这门语言开始对公众开放，因此 Verilog 语言得到了进一步推广。1992 年经过这个组织的努力，这门语言被纳入美国电气电子工程师学会（IEEE）标准。于此便诞生了 IEEE 1364 – 1995 标准，即惯称的 Verilog – 95。之后为了解决用户反映的在使用过程中出现的问题，改进为 IEEE 1364 – 2001 标准，即惯称的 Verilog – 2001。目前来说，Verilog – 2001 是最主流的 Verilog。

与几十年前的传统数字逻辑电路设计需要花费很长时间来输入电路图和手工布线不同，使用目前已经标准化的 HDL 可以轻易地将设计移植到不同厂家的不同芯片中，无须过多考虑工艺问题。因为计算机庞大的计算能力可以自行与各个厂家的工艺库匹配，这大大提升工程师设计电路的效率，也扩大了电路设计的规模。

2.1.3　Verilog HDL 的可重复性

由于 Verilog 设计的工艺无关性，Verilog 模型的可重复使用性得到了巨大的提升。我们把功能经过验证、代码可综合的模块被称为"软核"。借助 EDA 综合工具可以迅速地将软核与外部逻辑电路结合，缩短了设计周期，加快了复杂电路的设计。类似的概念还有在 FPGA 器件上实现的电路结构编码文件，这一类文件称为"固核"，以及把在 ASIC 工艺器件上实现的电路结构版图掩膜称为"硬核"。软核、固核、硬核统称为 IP 核，IP 核的可重复使用性对大规模电路设计有着巨大的帮助。

2.1.4　硬件抽象级的模型类型

Verilog 语言既可以描述行为，也可以描述结构。行为描述即描述输入输出之间的逻辑，只描述了电路的功能，但没有描述电路的结构和硬件；结构描述即描述低等级的模块或基本单元，主要是描述这些模块和单元之间的连接方式和等级结构。结构描述即设计了基本的电路，可以用于后续的综合。

这样可以抽象为实际电路的 5 层模型，描述如下：

1）系统级：实现待设计模块的外部性能的模型；

2）算法级：描述算法如何设计并且运行来达到理想结果的模型；

3）RTL：描述寄存器之间的数据流动和处理的模型；

4）门级：描述逻辑门以及它们之间是如何连接的模型；

5）开关级：描述器件中晶体管以及储存节点之间是如何连接的模型。

前三种模型都属于电路的行为描述，但是其中只有 RTL 才与逻辑电路有明确的对应关系，第四种门级模型与逻辑电路有明确的连接关系，前四种模型是数字系统设计工程师所必须掌握的。从以上不难看出，集成电路设计流程有一定的层次结构。利用层次化的设计方法来设计电路可以对电路进行合理的拆分。一个完整的硬件设计任务，根据拆分原则，应该先由电路的总设计师将其划分为若干个相对独立的模块。经过初步编程仿真验证，确定结构无误后再把这些模块分配给下一层的设计师。这样的拆分使得多个工程师同时设计电路的不同模块成为可能。每个工程师对自己的模块负责并由上一级的工程师进行行为验证。同时利用上文提到的可重复使用的 IP 核，既保证了功能的正确，又可以有效地缩短设计的周期。

2.2　Verilog HDL 基本语法

2.2.1　模块的基本概念

模块（Module）是 Verilog 中最基本的概念，是设计当中的最基本的结构单元。一个完整的系统通常由若干模块有机组成。

模块内部主要由四个部分组成，依次分别是：端口信息、输入/输出说明、内部信号和功能定义。端口信息用于声明模块的外部端口，例如，一个二选一多路器，其原理如图 2.1 所示，Verilog HDL 代码如下所示：

```
module mux2(a,b, sel, out);
    input a,b,sel;
    output out;
```

```
//这是二选一多路器的实现代码
assign out = (sel = = 1)? a:b;
endmodule
```

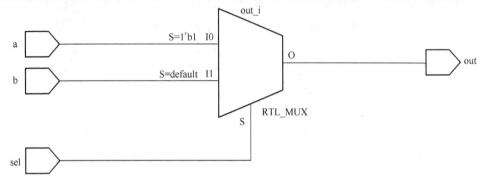

图 2.1　二选一多路器原理图

二选一多路器有四个端口，分别是数据 a 端口、数据 b 端口、控制信号 sel 端口以及输出信号 out 端口。输入/输出说明用于指定外部端口的属性。上述所说的二选一多路器，a、b、sel 端口因为需要接收外部信号才能正常工作，因此为输入端口，而 out 端口是将得到的结果输出给外部，因此为输出端口。

内部信号是模块内部使用的与端口有关的变量声明，具体使用方法需要根据模块的功能相应去构建。功能定义是模块内部信号的逻辑实现过程。在进行功能定义时，首先需要明确模块所要实现的功能，之后确定端口数量以及输入输出特性，书写信号的逻辑实现代码，最终封装成一个完整的模块。

代码中仅仅使用了一行便实现了二选一多路器的逻辑实现，可以看到该 Verilog HDL 代码中并未说明二选一多路器的内部电路结构，仅仅是在逻辑层面来进行描述。Verilog 语言也支持这种逻辑行为的描述。

模块在 Verilog HDL 中是可以多层嵌套和引用的。借由这一特性，我们可以将大型数字电路分割成若干小模块来分开设计，每个模块独立实现一个特有的功能，最后在上层模块上利用实例化引用生成需要的模块数量，然后将各个模块连接起来，最终整合成一个庞大复杂的逻辑系统，以此来实现复杂电路简单化的设计。

2.2.2　常量及其数据类型

1. 整数

在 Verilog HDL 中，整数常数有四种进制的表现方式，分别为二进制、八进制、十进制以及十六进制。其中有三种可以用来表达数字的方式，最完整的表达方式应该是依次填写位宽、进制和数字。举例如下：

```
8'b10110011    //其中8表示位宽,'b表示二进制,10110011是二进制数
8'ha9          //其中8表示位宽,'h表示十六进制,a9是十六进制数
```

如果在表示数字时去掉了位宽部分，那么定义的数字将采用默认位宽（至少 32 位）。

如果同时去掉了位宽表示和进制表示，将默认为十进制。

2. 高阻值 z 和不定值 x

x 和 z 可以用来定义二进制数的 1 位状态和八进制数的 3 位二进制数状态，以及十六进制数的 4 位二进制数状态。需要注意的是：x 不能表示十进制数的数字。举例如下：

```
4'b1x10     //位宽为 4 的二进制数,LSB 第 3 位为不定值
4'b1z10     //位宽为 4 的二进制数,LSB 第 3 位为高阻值
12'dz       //位宽为 12 的十进制数,但是这个数值为高阻值
12'd?       //位宽为 12 的十进制数,这是另一种表示高阻值的方法
8'h4x       //位宽为 8 的十六进制数,LSB 第 1~4 位为不定值
'bx         //缺省位宽的二进制数,不定值
```

3. 负数

被定义为负数的数值只需要在位宽最前面加 "–"，注意不可以加在别的地方，例如：

```
-8'd50   //合法
8'd-50   //语法错误
```

4. 下划线

为了提高数字的可读性，可以在数值中插入 "_" 来分割较长的数字，但是下划线只能放在具体数字之间，不能放到位首或者用于表示位宽进制处，例如：

```
16'b1101_1000_0000_1111
16'h1234_5678_90ab_cdef
```

5. 参数型变量 parameter

在 Verilog HDL 中常常会遇到将同一个数值赋值到多个变量的情况，当这个数值需要变动时，直接修改多个变量的值显然是一种费时费力的做法，同时也降低了代码的可读性。因此引入了参数型变量 parameter，在初始化时定义该变量的数值。为了提高代码可读性，参数型变量名称一般采用英文全大写的方式。例如：

```
parameter MAX = 10;
x = MAX;
y = MAX;
z = MAX;
```

此时变量 x、y、z 都被赋值为 10。当需要修改该数值时，在定义处修改 MAX 的值即可。

需要注意的是，由于 parameter 是常量，在程序运行期间不能再次修改它的数

值，也不能对它进行二次赋值，只能在声明时初始化该数值。示例如下：

```
parameter MAX = 10;
x = MAX;            //合法语句
y = MAX;            //合法语句
z = MAX;            //合法语句
MAX = 20;           //非法语句,因为 parameter 常量在初始化定义之后
                    //不能再被修改,只能在初始化时修改其数值
```

2.2.3 变量及其数据类型

变量指的是在程序运行过程中，数值可以改变的量。变量的表示在 Verilog HDL 中有很多种，下面介绍一些常用的变量。

1. wire 型变量

wire 型变量表示的是电路实体之间的物理连接，该变量不能存储数值，必须受到驱动器（门或者 assign 连续赋值语句）进行连续赋值才能保持数值稳定，若没有驱动器连接到变量上，该变量的值变为高阻值 z。

在 Verilog HDL 中，模块端口信号默认为 wire 型变量，定义 wire 型变量的方式如下所示：

```
wire[n-1:0] 变量名 1,变量名 2,变量名 3……变量名 m;
表示定义了 m 条总线,每条总线中有 n 条线路。
例如:
wire x1;                //定义了一个名为 x1 的 wire 型线路
wire [7:0] x2;          //定义了一个名为 x2 的总线,该总线共有 8 条线路
wire [7:0] y1,y2,y3,y4; //定义了 4 条总线,每条总线有 8 条线路
```

2. reg 型变量

reg 型变量又称为寄存器型变量，它代表了数据存储的单元变量，即可以存储数据信号，在未初始化时，寄存器变量的初始值为不定值 x。

在使用 reg 型变量时，需要注意以下几点：

1）reg 型变量既可以赋正值，也可以赋负值，但当 reg 作为一个表达式的操作数时，将会被当成正值。

2）reg 型数据在综合时并不一定会被综合成寄存器。

3）在 always 结构语句中使用变量时，应该注意结构内的变量都应该是 reg 型的数据。

定义格式如下：

```
reg [n-1:0] 变量名 a,变量名 b,变量名 c……变量名 m;
```

表示定义了 m 个 reg 变量，每个变量的位宽为 n。

例如：

```
reg x1;              //定义了一个名为 x1 的 reg 型变量
reg [7:0] x2;        //定义了一个名为 x2 的 8 比特的 reg 型变量
reg [7:0] y1,y2,y3,y4;  //定义了 4 个 8 比特的 reg 型变量
```

3. memory 型变量

memory 型变量是将 reg 型变量组成数组来表示 RAM、ROM 以及 reg 文件。和数组相同，memory 型变量也是通过索引来寻址读取数据的。定义格式如下：

```
reg[n-1:0] memory_name [m-1:0];
```

表示定义了一个名为 memory_name 的存储器，其中共有 m 个寄存器单元，每个变量的位宽为 n，地址范围为 $0 \sim m-1$。

需要注意的是，存储器的索引的表达式必须为常数表达式。当给存储器赋值时，不能像寄存器数据一样整体赋值，要想对存储器内部的寄存器进行独立的读写操作，就需要根据地址进行赋值。如下所示：

```
reg [7:0] x;    //定义了一个 8 位寄存器变量
reg y[7:0];     //定义了一个 8 位寄存器单元的存储器,每个寄存器单元位数为 1
x = 0;          //合法,相当于将寄存器 x 的每一位都赋值为 0
y = 0;          //语法错误,因为没有指定寄存器
                //正确赋值方法:
y[0] = 0;
```

2.2.4　运算符及表达式

1. 逻辑运算符

在 Verilog HDL 中有 3 种逻辑运算符：

1）&&：逻辑与；

2）‖：逻辑或；

3）!：逻辑非。

逻辑与 "&&" 和逻辑或 "‖" 是双目运算符，指的是需要两个操作数，如 a&&b 或 a‖b。而逻辑非是单目运算符，只需要一个操作数，表示一个逻辑的反逻辑。当 a 为真值时,!a 为假值；当 a 为假值时,!a 为真值。表 2.1 列出了各种逻辑运算后的真值关系。

表 2.1　逻辑运算真值表

a	b	a&&b	a‖B	!a	!b
真	真	真	真	假	假
真	假	假	真	假	真
假	真	假	真	真	假
假	假	假	假	真	真

类似于加减乘除的优先级关系，不同的运算符之间的优先级关系也是不同的，逻辑与和逻辑非的优先级就要比逻辑非的优先级低，因此在一个计算式当中同时出现逻辑与、逻辑或和逻辑非，Verilog HDL 优先计算逻辑非运算，之后再计算逻辑与和逻辑或。

例如：（!a）‖（!b）可以写为!a ‖ !b。

但是为了提高程序的可读性，建议在写代码时加上括号来确定运算时的顺序以便于理解和纠错。

2. 位运算符

在 Verilog HDL 中提供了 5 种位运算符，分别为

（1）~：按位取反

如：a = 'b1110，~a 则为'b0001。

（2）&：按位与

如：a = 'b1010，b = 'b1111，a&b 就是将 a 和 b 的每一位做与运算，a&b 结果为'b1010。

（3）|：按位或

如：a = 'b1010，b = 'b1100，a | b 就是将 a 和 b 的每一位做或运算，a | b 结果为'b1110。

（4）^：按位异或

如：a = 'b1010，b = 'b1100，a^b 就是将 a 和 b 的每一位做异或运算，a^b 结果为'b0110。

（5）^~：按位同或

如：a = 'b1010，b = 'b1100，a^~b 就是将 a 和 b 的每一位做同或运算，a^~b 结果为'b1001。

3. 关系运算符

关系运算符有四种，分别为

1）a > b：此时输出为逻辑值，当 a 的数值大于 b 的数值（不包含相等情况）的时候，输出的逻辑值为真，否则为假。

2）a < b：此时输出为逻辑值，当 a 的数值小于 b 的数值（不包含相等情况）的时候，输出的逻辑值为真，否则为假。

3）a >= b：此时输出为逻辑值，当 a 的数值大于或等于 b 的数值的时候，输出的逻辑值为真，否则为假。

4）a <= b：此时输出为逻辑值，当 a 的数值小于或等于 b 的数值的时候，输出的逻辑值为真，否则为假。

4. 等式运算符

在 Verilog HDL 中有四种等式运算符，分别为

1）= = ；

2）! = ；

3）＝＝＝；

4）！＝＝。

其中"＝＝"和"！＝"叫作逻辑相等运算符，"＝＝"代表相等，"！＝"代表不相等。不能运算含有不定值 x 或高阻值 z 的计算，当计算中有 x 或 z 时，结果呈现为不定值 x。在 Verilog HDL 中，逻辑相等运算符可以综合。

"＝＝＝"与"！＝＝"被称作 case 等式运算符，因为它经常用于 case 等式判别。它将不定值 x 和高阻值 z 看成一种逻辑状态，其逻辑是当两个逻辑状态相等时为真值，不相等为假值。结果不会输出不定值 x 或者高阻值 z。但是在 Verilog HDL 中，case 等式运算符无法被综合。表 2.2 与表 2.3 说明了逻辑等式运算符和 case 等式运算符在不同逻辑状态下的输出结果。

表 2.2　逻辑等式运算符运算的结果

＝＝	1	0	z	x
1	1	0	x	x
0	0	1	x	x
z	x	x	x	x
x	x	x	x	x

表 2.3　case 等式运算符运算的结果

＝＝＝	1	0	z	x
1	1	0	0	0
0	0	1	0	0
z	0	0	1	0
x	0	0	0	1

5. 移位运算符

移位运算符有两个，分别是左移移位运算符"＜＜"和右移移位运算符"＞＞"。移位运算符的意思是指将每一位按指定方向移动指定的位数，超过限制位宽的位被去除，空余出的位用 0 来补。

需要注意的是移位运算符是需要在二进制下进行操作的，其他进制无法进行移位操作。以 1'd3（一位的十进制数字 3）＜＜2 为例，需要先将十进制数字 3 转换为二进制数字 11，根据变量位数在前面补零，假设变量位宽为 8，则显示为 0000_0011，1'd3（一位的十进制数字 3）＜＜2 就是将 0000_0011 全部向左移动两位，此前第 1 位和第 2 位的 1 将被分别移动至第 3 位和第 4 位，根据补位规则，超出位宽的第 7 位和第 8 位上的 0 将被剔除，而空余出的第 1 位和第 2 位将用 0 填充，得出的最后结果是：0000_1100，即十进制数的 12。移位运算符左移操作原理如图 2.2 所示。

右移操作同理，以 2'd15（两位的十进制数字 15）＞＞2 为例，需要先将十进制数字 15 转换为二进制数字 1111，根据变量位数在前面补零，假设变量位宽为 8，则显示为 0000_1111，2'd15（两位的十进制数字 15）＞＞2，就是将 0000_ 1111 全

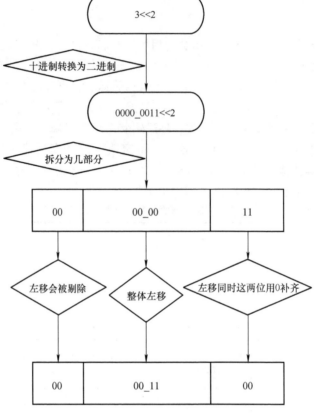

图 2.2 移位运算符左移操作原理

部向右移动两位，此时原本的第 3 位和第 4 位被分别移动到第 1 位和第 2 位，原本的第 1 位和第 2 位根据补位原则将被剔除。原本的第 7 位和第 8 位被移动到第 5 位和第 6 位，根据补位原则，第 7 位和第 8 位将用 0 填充。移位运算符右移操作原理如图 2.3 所示。

Verilog HDL 示例代码如下：

```
module shiftTest;
    reg [3:0] a;
    initial begin
    a = 4'b1010;
    $displayb(a << 1);          //显示结果:4'b0100
    $displayb(a >> 2);          //显示结果:4'b0010
    $displayb(4'bx << 2);       //显示结果:4'bxx00
    $displayb(4'b1101 << 2);    //显示结果:4'b0100
    end
endmodule
```

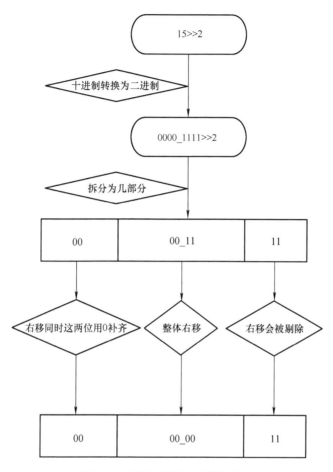

图 2.3　移位运算符右移操作原理

6. 条件运算符

条件运算符是一种简化版的条件语句，形式上的表达为

　　（操作数 1）?（操作数 2）:（操作数 3）;

当操作数 1 值为 1 时，表达式返回操作数 2，当操作数 1 值为 0 时，表达式返回操作数 3。在一些条件语句较多的代码中使用条件运算符可以使代码变得更整洁易读。

条件运算符在 Verilog 语言相比于 if – else 语句和 case 语句（后续内容会详细介绍）有着一定的优势，首先 if – else 语句和 case 语句是无法传播不定态的，例如写出如下一段语句（假设变量均被定义）：

```
if( sel )
    out = a ;
else
    out = b ;
```

这是一段通过选择信号从而选择输出信号的代码逻辑，此时当 sel 选择信号值为 1，则输出信号 out 被赋值为 a，否则输出信号 out 被赋值为 b。但是如果 sel 信号的值变成了不定态 x，那么根据 if – else 语法，系统会默认认定为选择信号 sel = = 0，此时 sel 信号所产生的状态逻辑问题将会被隐藏，很难发现其中存在的问题。这在芯片设计的过程中是十分不利的。容易造成芯片内部逻辑产生错误从而导致芯片无法正常工作，造成巨大的经济损失。

而使用 assign 语法以及条件运算符构成的选择语句可以将不定态传播到最终的结果中，从而在设计初期就能检测到逻辑上产生的问题。其 Verilog HDL 代码如下所示：

```
assign out = a ? sel : b ;
```

其含义和 if – else 语法所表达的一样，即当 sel 选择信号值为 1 时，则输出信号 out 被赋值为 a，否则输出信号 out 被赋值为 b。同时如果存在其他并列选择条件，条件运算符仍然可以嵌套使用，if – else 语句可以与其进行转换。

以两个选择信号 sel1、sel2 为例，当选择信号 sel1 为 1 时，输出信号 out 值为 a，当选择信号 sel2 为 1 时，输出信号 out 值为 b，否则输出信号 out 值为 c。将其转换为 if – else 语法进行实现如下所示：

```
if ( sel1 ) begin
    out = a ;
end
else if ( sel2 ) begin
    out = b ;
end
else begin
    out = c ;
end
```

若转换为 assign 语句进行表达，则如下所示：

```
assign out = a ? sel1 : b ? sel2 : c ;
```

这样看起来可读性相对于 if – else 语句可能较差一些，但是可以将其拆分成两个语句进行分析，根据优先级别来进行分块研究的话，可以将其加上括号进行分析：

```
assign out = a ? sel1 : ( b ? sel2 : c );
```

首先进行的是对于 a 信号的选择，如果 sel1 = =1，则输出信号值为 a，否则输出信号 out 的值就为括号内的语句的值，即可以进行转化。

当选择信号 sel1 = =0 时：

```
assign out = b ? sel2 : c ;
```

此时若 sel2 = =1，则输出信号 out 值为 b，否则输出信号 out 值为 c。

另外 if – else 语句和 case 语句会被综合成为优先级选择的电路，面积和时序均不够优化。使用明确的 assign 语法编写的 "与""或" 逻辑一定能够保证综合生成并行选择的电路。

7. 位拼接运算符

位拼接运算符的英文名称为 Concatation，其符号表示为 ||。其主要功能为将两个及以上的变量的其中某些位按照需求拼接起来，省去了复杂的计算或者移位操作。

其使用方法可以表示为：|第 1 个需要拼接的变量的某几位，第 2 个需要拼接的变量的某几位，……，第 n 个需要拼接的变量的某几位|，如下所示：

```
reg [4:0] a,b,c;
reg [19:0] connect1,connect2;
reg [34:0] connect3;
assign connect1 = {a,b[3:0],c,5'b10101};
assign connect2 = {4{a}};
assign connect3 = {a,3{b,a}};
```

上述三个变量的赋值描述了位拼接运算符的基本用法，变量 connect1 拼接了变量 a，变量 b 的第 0 位到第 3 位，变量 c 以及一个位宽为 5 的二进制常量 10101。

拼接之后的变量需要注意位宽，当位宽不够时所拼接的结果会出现位溢出导致出现变量结果和预期不一致的问题。需要注意的是 connect1 变量位宽为 20，实际拼接的变量位宽并不是 20，因为变量只拼接了 4 位，因此其实际被赋值只有 19 位。

当被拼接的变量为同一变量且所需求的位完全相同，此时可以简化位拼接运算的书写，如 connect2 变量所示，{4 {a}} 表示 4 个变量 a 拼接到一起，其表示与 {a, a, a, a} 所完成的功能一致。

同时在位拼接运算符的使用过程中可以进行嵌套操作，如变量 connect3 所示，{a, 3 {b, a}} 表示先将变量 b 与 a 拼接到一起，然后将拼接的变量拼接三次之后，最后在其前方拼接变量 a 组成了变量 connect3。

需要注意的是，上述所示的相同变量的拼接数量需要用常量表示，不能用变量表示，因为在生成一个新变量的时候需要确定每一个被拼接变量的位数，不允许被拼接变量中出现没有指明位宽的变量。如下所示：

```
parameter NUM_CON = 3;
reg [3:0] a,b,c;
reg [19:0] result1,result2;
assign result1 = {NUM_CON{a}};      //合法赋值,因为 NUM_CON 是常量
assign result2 = {b{a}};            //非法赋值,因为 b 为变量
```

8. 优先级级别

运算符优先级见表 2.4。

表 2.4　运算符优先级

优先级级别	
！ ～	
＊ ／ ％	最高优先级
＋ －	
≪　≫	
≪ ＝ ≫ ＝	
＝＝ ！ ＝ ＝＝＝ ！ ＝＝	
&	
＾ ＾～	
|	
&&	
‖	最低优先级
？：	

2.2.5　块语句

块语句是通过将多条语句组合在一起的方式，令格式在视觉上更加像是成块的一个整体的一组语句，以此来增加代码的可读性。按照执行顺序方式不同，块语句分为两种，一种是串行 begin – end 模块；另一种是并行 fork – join 模块。两种块语句的形式构成如下所示：

```
begin:块名
    语句1；
    …
    语句n；
    （块内语句声明）
end

fork:块名
    语句1；
    …
    语句n；
    （块内语句声明）
join
```

其中，块的名称可以不写，同时前面的"："对应去掉即可，当程序运行到 begin – end 语句块内时，程序按顺序依次执行块内语句，这样的话，每一条语句对应的延迟时间会在上一条语句的仿真时间结束后确定。当所有语句执行完毕，则跳出语句块。当程序运行到 fork – join 语句块时，与前者不同，程序会同时执行块内所有语句，也就是说，每一条语句对应的延迟时间由程序进入到并行块的仿真时间决定。

2.2.6　赋值语句

赋值语句分为非阻塞赋值语句（ <= ）和阻塞赋值语句（ = ），首先来通过两个触发器来演示一下非阻塞赋值和阻塞赋值的不同之处。如图 2.4 所示是两个 D 触发器级联局部原理图，其代码如下所示：

```
always @ （posedge clk）
    begin
        b <= a;
        c <= b;
    end
```

其中对 b 和 c 的赋值即为非阻塞赋值，当执行非阻塞赋值语句时，变量并不会立刻被赋值，而是在块语句结束之后才会整体进行赋值操作，即 b 和 c 的值并不是立刻改变的，在时序逻辑电路中经常用到，避免了因时间延误而导致逻辑错误。

当时钟上升沿到来时，b 被赋 a 的值，c 被赋 b 的值，但此刻并没有真正进行赋值操作，当程序块语句执行完成后，赋值被执行，此时相当于两位数据向右移了一位。

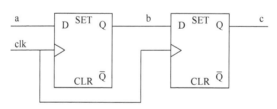

图 2.4　两个 D 触发器级联局部原理图

而如果改为阻塞赋值，代码如下所示：

```
always @ （posedge clk）
    begin
    b = a;
    c = b;
    end
```

阻塞赋值即在程序运行到该语句时便同步进行赋值，b 被赋值为 a 的值，下一条语句 c 被赋值为 b 的值，即也为 a 的值，则最终 b 和 c 的数值相同，均为 a 的值，便无法达到所需求的触发器级联效果，此时的代码所表示的电路原理图如图 2.5所示。

2.2.7 结构语句

本书介绍的结构语句主要有两个：initial 语句和always 语句。

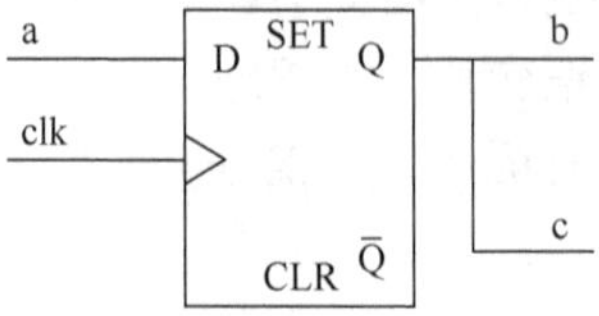

1. initial 语句

initial 语句在程序代码中只执行一次，可以用于变量数据的初始化，在仿真中也经常用于产生各种测试波形和时钟波形。它的构成如下所示：

图 2.5 阻塞赋值代码所对应的 D 触发器原理图

```
initial
    begin
    语句 1;
    …
    语句 n;
    end
```

2. always 语句

always 语句具有不断重复执行的特性，但是需要注意该语句要和时序逻辑结合使用，否则会进入死循环而形成"仿真死锁"。如：

```
always areg = ~ areg;
```

该程序无延迟无跳变，即"仿真死锁"。通常情况下，主要有几种结合情况：

（1）边沿触发，运用于时序逻辑电路当中，表示如下：

```
always @ （posedge clk or negedge reset）
    begin
… ;
    end
```

posedge 表示上升沿触发，"posedge clk"中的 clk 一般表示时钟信号，其含义表示每个周期中时钟信号 clk 上升沿到来时会触发一次，运行下方语句块内的逻辑。

negedge 表示下降沿触发，"negedge reset"中的 reset 一般表示复位信号，复位信号分为高电平复位和低电平复位。对于高电平复位来说，当 reset 接收到高电平信号时，此时由低电平转换为高电平会经历一次复位信号沿的上升，因此高电平复位将会被描述为"posedge reset"。对于低电平复位来说，当 reset 接收到低电平信号时，此时由高电平转换为低电平会经历一次复位信号沿的下降，因此低电平复位将会被描述为"negedge reset"。

（2）电平触发，运用于组合逻辑电路当中，表示如下：

```
always @ （a or b or c）
    begin
    … ;
    end
```

2.2.8　条件语句和循环语句

1. 条件语句

（1）if – else 语句

该语句的构成形式如下所示：

> if(判定条件){逻辑语句}
> else {逻辑语句}

判定条件为真值时，执行 if 后的逻辑语句，判定条件为假值时则执行 else 后面的逻辑语句。如果需要再拓展条件判定，则可以在 if 和 else 之前加若干个 else if 条件判断语句。意为当不满足先前所有条件的前提下，判断是否满足当前判定条件。需要注意的是，尽管一个 if – else 语句可以有若干个分支，但是只要属于同一个 if – else 条件语句组内，程序在运行过程中只能运行其中一个分支中的逻辑。

由 if – else 语句组合成的四选一多路选择器代码示例如下所示：

```
always@ ( a or b or c or d or sel0 or sel1 )
    begin
    if ( sel1 = =0&&sel0 = =0 ) begin
      out = a;
    end
    else if ( sel1 = =0&&sel0 = =1 ) begin
      out = b;
    end
    else if ( sel1 = =1&&sel0 = =0 ) begin
      out = c;
    end
    else if ( sel1 = =1&&sel0 = =1 ) begin
      out = d;
    end
    else begin
      out = 1 ' bx;    //当选择信号 sel1,sel0 不满足上述情况,说明
                       //程序逻辑出现问题,将输出信号赋值不定值 x
                       //方便检查问题
    end
    end
```

（2）case 语句

当判定分支过多时，使用 if – else 语句代码的可读性会较差，同时容易产生逻辑上的错误，而 case 语句则很好地解决了这个问题。它针对的就是多分支条件语句。其三种形式构成如下所示：

case(表达式) ＜ case 分支项 ＞ endcase
上面语句的 case(表达式)可以替换为 casex(表达式)或者 casez(表达式)

case 分支项内的语句表述如下所示：

分支表达式 1：逻辑语句 1；
分支表达式 2：逻辑语句 2；
……
分支表达式 n：逻辑语句 n；
default：逻辑语句(如果不满足上述判断条件将会执行的逻辑语句)；

case 括号内的表达式被称为控制表达式，即用来表示控制信号的特定的位；case 分支项内的表达式被称为分支表达式，即用来表示控制信号特定的位的具体状态值，也就是判断条件，因此又称为常量表达式。

如果控制表达式与分支表达式值相等，那么程序将执行分支表达式后面的语句，若所有分支表达式的值都与控制表达式不匹配，则执行 default 后面的语句。一个 case 语句内可以没有 default 项，但是最多只可以有一个 default 项。以四选一多路选择器为例，case 语句用法如下所示：

```
always@ ( a or b or c or d or sel1 or sel0)
    begin
        case( {sel1,sel0} )
            2'b00: z = d;
            2'b01: z = c;
            2'b10: z = b;
            2'b11: z = a;
            default: z = 1'bx;
        endcase
    end
```

在该 Verilog 代码中，相比于之前介绍的 if - else 代码更为简洁，代码可读性更好。首先代码中使用了拼接运算符将两个位宽为 1 的选择信号 sel1 和 sel0 拼接成一个位宽为 2 的二进制数字，使判别方式由最开始的各个判别转变成了一个两位二进制数判别，代码变得更简洁。当选择信号 sel1、sel0 不满足上述情况，说明程序逻辑出现问题，将输出信号赋值不定值 x，方便检查问题。四选一多路选择器逻辑真值表如图 2.6 所示。

sel1＼sel0	0	1
0	a	c
1	b	d

图 2.6　四选一多路选择器
逻辑真值表

2. 循环语句

（1）forever 语句

常用于产生周期波形，通常用于仿真时产生测试信号。该语句只能写在 initial

语句中，只能被执行一次。构成形式如下所示：

```
forever 一条语句;
    当 forever 模块中需要有多条语句时,则可以写为
forever
    begin
    多条语句;
    end
```

forever 语句通常用于仿真文件中测试信号的产生（时钟信号或者其他需求的信号）。如下所示：

```
forever #25 clk = ~ clk;
```

其中"#25"通常只能用于仿真文件中，表示延时 25 个仿真时间。该代码表示每隔 25 个仿真时间，clk 信号跳变一次，因此达到了周期性变化的时钟信号效果，该代码是不可综合的，因此不能在电路设计文件中出现这种类型的代码。

（2）while 语句

其构成形式如下所示：

```
while(判定条件)
    begin
        逻辑语句;
    end
```

当满足判定条件时，while 循环语句被执行一次，然后再次判断是否满足判定条件，如果满足则继续循环执行一次逻辑语句，不满足则会跳出循环体。while 循环语句应用示例如下所示：

```
reg [3:0] cnt;
initial begin
    cnt = 'b0;
    while (cnt <= 10) begin
    #20;
    cnt = cnt + 1'b1;
    end
end
```

上述代码首先定义了一个位宽为 4 的变量 cnt，变量每位以二进制存储，位宽为 4 则最大存储值为 $2^4 - 1 = 15$，二进制表示即为 1111。当超过该数值时，由于 cnt 的位宽限制将无法存储数据，导致代码逻辑错误。

在 while 循环语句中，其结束循环的条件是变量 cnt > 10，而在循环体内部，运行的逻辑是每隔 20 个仿真时间，变量 cnt 加 1，然后再进行下一次循环，当变量

cnt 达到 11 时，此时已经满足跳出循环的条件，因此在最后结束时变量 cnt 的值为 11。

需要注意的是，cnt = cnt + 1 的代码不能写成 cnt + + 的形式，同样的，cnt = cnt − 1 也不能写成 cnt − − 的形式。

（3）for 循环语句

for 语句的形式介绍如下：

> for(表达式 1;表达式 2;表达式 3){逻辑语句}

for 循环语句通常可以化简为：

> for(循环变量初始值;循环维持条件;更改循环变量值){逻辑语句}

循环过程则可以概述为首先通过表达式 1 对循环变量赋初始值，然后判断表达式 2 是否满足循环维持条件，如果不满足则跳出 for 循环，如果满足则运行循环体内部的逻辑语句，运行完毕之后再运行表达式 3 来对循环变量的值进行修改，防止该语句陷入死循环。之后再重新判断语句 2 的维持条件是否满足，继续循环。

上述 while 循环语句的示例代码用 for 循环语句改写如下：

```
reg [3:0]    cnt ;
    initial begin
        for( cnt = 0 ; cnt <= 10 ; cnt = cnt + 1) begin
        #20
        end
    end
```

for 循环括号中，第一段语句"cnt = 0"是变量初始化语句，在进入 for 循环语句时，将变量赋初始值 0，只在进入循环初始化时赋值，而不是每一次循环都进行一次赋值。

第二段语句"cnt < = 10"是循环维持的条件，当变量不满足所写的条件时，将会跳出 for 循环语句，此语句表示当变量 cnt > 10 时将跳出 for 循环。

第三段语句"cnt = cnt + 1"是更改循环变量值的语句，当每次循环结束时将进行一次对变量 cnt 的自加 1，从而在循环体内部就不用写该语句，同样需要注意，cnt = cnt + 1 的代码不能写成 cnt + + 的形式，同样的，cnt = cnt − 1 也不能写成 cnt − − 的形式。

循环体内部是需要进行循环的逻辑代码，在该代码中只进行了 20 个仿真时间的延时操作。

2. 2. 9　testbench 的编写

当设计完 Verilog 代码后，我们还需要进行一些步骤来验证我们的功能正确，也就是对我们设计完的电路的逻辑单元进行仿真。我们将这一类用于仿真激励的文件称为 testbench。testbench 一般作为模块设计的顶层被调用，在 testbench 文件中，我们会例化并调用已经设计好的模块，并且加入一些激励信号来驱动我们设计好的电路。

对于已经设计好的电路，即使外观上功能看似正确，但如果我们不进行 testbench 验证电路的功能，也是无法发现电路中存在的错误的。一般来说，仿真验证花费的时间有可能比设计上花费的时间更多。为了考虑各种应用场景，testbench 甚至在编写的时候会比设计的时候复杂，因此电路公司会将岗位划分出设计工程师和验证工程师。testbench 一般具有一些必要的组件的部分，接下来将用一段简单的伪代码解释这些组件的作用：

```
`timescale 仿真单位/仿真精度
module testbench ( ) ; //通常 tb 没有输入也没有输出
    信号声明和中间变量定义；
    逻辑设计中的输入信号对应 reg 型；
    逻辑设计中的输出信号对应 wire 型；
    使用 initial 语句块对初始变量进行数值定义；
    使用 always 语句产生激励；
    例化需要进行仿真验证的模块；
    监控和比较输出；
endmodule
```

首先我们应该对仿真的单位和仿真的精度进行声明。其中关键字是 timescale，常用的声明例如：

```
`timescale 1ns/1ps
//仿真的单位是 1ns,仿真的精度是 1ps,注意这句代码不需要以分号结尾
```

然后我们对模块名进行定义。在 testbench 中我们一般在测试的模块名的前面或者后面加上"tb_"或者"_tb"，用来表明这是 testbench 文件。并且这样可以表示为具体的模块提供激励测试。通常情况下 testbench 文件不需要重新定义输入和输出端口。例如：

```
module led_tb( );
//对 led 模块进行 testbench 仿真
```

如果不想在代码中更改常量的数值，可以在 testbench 中重新定义该常量来达到覆盖的作用。定义的关键字为 parameter。例如：

```
parameter T = 100;
//在 tb 中定义 T 为 100
```

Verilog 代码中声明信号和变量常常用到 reg 型和 wire 型，如果在 initial 语句或者 always 语句中我们常常使用 reg 型变量，而在 assign 语句中或者是中间用来连接的信号我们常常使用 wire 型变量，例如：

```
reg clk;
wire [1:0] led;
//定义了 reg 型时钟信号和 wire 型 led 信号
```

之后使用 initial 或者 always 语句产生激励波形。产生时钟我们常常将 always 语句和延时语句结合起来。其中延时语句例如：

#10 延迟 10ns（假设仿真单位是 1ns）

那么时钟生成语句我们可以表示成

```
always #10 clk = ~ clk;
//每延时 10ns 时钟信号反转一次
```

并且还必须定义信号的初始值，例如我们初始状态下需要将 rst_n 进行复位。同时使用 initial 语句对此进行初始化，例如：

```
initial begin
    rst_n = 1'b0; //将 rstn 信号初始化为 0
    #200 //延时 200ns
    rstn = 1'b1; //此后 rstn 信号变为 1
    end
```

最后需要例化待测试模块。例化的目的是为了激活被测模块并且将需要验证的部分连接起来，同时输入激励信号。例如：

```
led u_led (
.clk (clk),
.rst_n (rst_n),
.led (led)
);
//例化了一个 led 模块并且将 clk、rst_n、led 与外部对应的同名信号连接起来
```

2.3　Verilog HDL 与数字电路

2.3.1　数字电路的类型

数字逻辑电路有许多种表达方式，但究其本质而言，可以分为两类电路：时序逻辑电路和组合逻辑电路。它们承担了数字逻辑电路不同的功能和作用。一般来说，组合逻辑电路没有时序的概念，一般用来完成各类运算，包括与运算、或运算、加法运算、乘法运算、多路选择器运算等。而时序逻辑电路是用来产生与时间节拍有关的信号流。在可综合的电路中往往将两者结合起来，例如用时序逻辑电路来控制信号通道的开启或关闭，在开启的通道则可以利用组合逻辑电路来进行想要

的运算。这样可以使得有限的组合逻辑电路资源得到充分的运用。当然，时序逻辑电路也可以实现数据的存储，在一定的时间节点内将待处理的数据传输进数据处理电路的输入端等。不过时序逻辑电路由于时钟信号的存在，必须遵守一些规定才可以使得电路结构合理可综合，否则可能会产生竞争或冒险现象。

接下来我们更加具体地分析组合逻辑电路以及时序逻辑电路之间存在的区别。

1）组合逻辑电路的输出只由当时输入逻辑的电平决定，尽管可能存在一定的延时，但电路的下一个输出状态与当前的状态无关。这也就是说，当任何一个输入信号发生变化时，输出即会根据输入的变化做出对应的改变，但是当前的状态不会影响接下来将要改变的状态。对应到实际电路，组合逻辑是由与、或、非组成的多路选择器、加法器、乘法器等。

2）时序逻辑电路的输出不仅与当前的输入有关，还与当前电路所处的状态有关，我们也可以把这个称之为电路的记忆性。如果当前的输入发生变化，但是没有来到下一次时钟跳变沿，那么当前的输出并不会发生改变。对应到实际电路，时序逻辑一般由多个触发器和多个组合逻辑电路构成。例如计数器、分频器等都属于时序逻辑电路。时序逻辑电路还可以借助状态寄存器记住当前的状态，如果电路位于不同的状态，即使输入相同，输出也不一定相同。

2.3.2　Verilog HDL 的可综合与不可综合

前面提到 Verilog 是一种硬件描述语言，不仅可以在门级和寄存器传输级描述硬件，也可以在算法级上描述硬件。综合就是这样一个将较高级的设计描述利用综合软件自动转化为较低层级描述的过程。

一般来说综合有以下几个层次：

1）行为综合：从算法层面将硬件语言的行为描述转化为寄存器传输级描述；

2）逻辑综合：将寄存器传输级描述转化为门级描述；

3）版图综合：将逻辑门级转化为版图表示或者网表文件。

网表文件指的是由导线相互连接的模块，例如由算术逻辑单元、触发器和多路选择器等组成的电路文件。综合器就是能够自动完成上述转化的软件工具。利用综合器我们可以将硬件描述语言编写的代码自动转化为实际电路网表，从而大大提高设计电路的效率。并且我们常常会使用逻辑优化器，在逻辑优化器中我们会提供面积约束和定时约束作为优化网表的目标，继而生成更加符合我们要求的网表文件。

然而，并不是所有 Verilog 语句都可以被综合生成对应的电路，我们称这些不能被综合生成对应的电路的语句为不可综合语句。一般来说，某些只会在仿真验证的时候使用的语句，诸如 initial 语句，并不能通过综合生成实际电路，因为没有相应的硬件电路与其对应。因此，我们在进行基于 Verilog 语言的数字电路设计过程中，需要避免使用不可综合语句。

在这里简单列出一些可综合的基本原则：

1）不使用 initial 语句和延时语句，例如#10；

2）不使用循环次数不确定的语句，例如 forever、while；

3）使用 always 语句时应该在敏感列表中列出所有相关的输入信号；

4）时序逻辑电路中尽量使用非阻塞赋值；

5）同一个过程块中不要既使用阻塞赋值又使用非阻塞赋值；

6）if 或 case 语句分支中应将分支条件罗列完整；

7）避免在 case 语句中使用 x 值或 z 值。

2.3.3 组合逻辑电路的 Verilog HDL 实例

这里我们简单介绍一下两个使用 Verilog 实现的组合逻辑电路，分别是 4—2 编码器和 4 选 1 多路选择器。

首先我们介绍如何实现 4—2 编码器。编码器是将 2^n 个分离的信息代码以 n 个二进制码来表示的组合逻辑电路基本元件。4—2 编码器真值表见表 2.5。

表 2.5 4—2 编码器真值表

输入				输出	
I_0	I_1	I_2	I_3	Y_1	Y_0
1	0	0	0	0	0
0	1	0	0	0	1
0	0	1	0	1	0
0	0	0	1	1	1

用 verilog 实现代码如下：

```verilog
module code4_2(
        input d_in,
        output d_out
    );
input [7:0]d_in;
output [2:0]d_out;
reg [2:0]d_out;

always@(d_in)
    begin
        case(d_in)
            4'b0001: d_out = 2'b11;
            4'b0010: d_out = 2'b10;
            4'b0100: d_out = 2'b01;
            4'b1000: d_out = 2'b00;
            default: d_out = 2'bxx;
        endcase
    end
endmodule
```

这样 Verilog 就可以实现将 4 个分离的信号线以 2 个二进制码表示。接下来我们介绍如何使用 verilog 实现 4 选 1 多路选择器。多路选择器是一个多输入、单输出的组合逻辑电路。n 路选择器就像一个 n 通道的开关，可以根据输入不同的选择信号，从 n 个输入中选取一个输出到公共的输出端。表 2.6 是 4 选 1 多路选择器的真值表。

表 2.6　4 选 1 多路选择器真值表

S_1	S_0	Y
0	0	a
0	1	b
1	0	c
1	1	d

用 Verilog 实现代码如下：

```
module data_41sel (a,b,c,d,s1,s0,y);
    input a,b,c,d,s1,s0;
    output y;
    wire [1:0] sel;
    wire A,B,C,D;
    assign sel = {s1,s0};
    assign A = (sel == 2'b00);
    assign B = (sel == 2'b01);
    assign C = (sel == 2'b10);
    assign D = (sel == 2'b11);
    assign y = (a & A)|(b & B)|(c & C)|(d & D);
endmodule
```

这样我们就用 Verilog 实现了一个 4 选 1 多路选择器。

2.3.4　时序逻辑电路的 Verilog HDL 实例

触发器是时序逻辑电路的基本单元之一，一般我们使用触发器来存储 1 位二进制数据。触发器是对脉冲边沿敏感的元器件，有的触发器对上升沿敏感，有的触发器对下降沿敏感。同时触发器还具有置位、复位等功能。这里我们介绍最简单的 D 触发器如何使用 Verilog 语言来实现。

首先我们需要考虑 D 触发器的功能。对于 D 触发器来说，在触发边沿到来时，D 触发器会将输入端的值存入触发器中，这个值与当前存储的值无关。我们可以列出 D 触发器的特征方程：

$$Q_{n+1} = D$$

并且我们为 D 触发器设置异步清零端 rst_n。异步清零表示当 rst_n 也就是清零信号有效时，输出立刻置位 0。代码编写如下：

```
module DFF (q,clk,rst_n,d_in);
    input clk,rst_n,d_in;
    output q;
    reg q;
always@ (posedge clk or negedge rst_n)begin
    if(rst_n ==1'b0)begin
    q <= 0;
    end
    else begin
        q <= d_in;
    end
  end
endmodule
```

接下来我们用 Verilog 实现一个计数器。计数器的用处很多，例如我们要实现一个分频器，就需要用到计数器。计数器在每次时钟边沿进行计数，当记到某个合适的数时，将时钟翻转。下面我们将使用 Verilog 实现一个 4 位计数器，当记到 15 时计数器清零，并且将计满信号置高。

```
module counter (
    input clk,
    input rst_n,
    output cnt_flag
);

parameter CNT_MAX = 15;
reg [3:0] cnt;
reg cnt_flag;

always @ (posedge clk or negedge rst_n) begin
    if(rst_n ==1'b0)
        cnt <= 'd0;
    else if(cnt == CNT_MAX)
        cnt <= 'd0;
    else
        cnt = cnt + 1b'1;
end

always @ (posedge clk or negedge rst_n)    begin
    if(rst_n == 1'b0)
        cnt_flag <=1'b0;
```

```
        else if ( cnt = = CNT_MAX)
            cnt_flag <= 1 ' b1 ;
        else
            cnt_flag  <= 1 ' b0 ;
    end
    endmodule
```

这样我们就用 Verilog 实现了一个计数器。

2.3.5　状态机的 Verilog HDL 实例

以上两节介绍了基本的组合逻辑电路和时序逻辑电路的 Verilog 设计方法。在实际设计中，我们时常会遇到功能较为复杂的电路，设计者很难直观地给出具体的组合逻辑与时序逻辑电路，这时我们通常采用 RTL 有限状态机的设计方法对复杂功能的电路进行描述。

有限状态机（Finite – State Machine，FSM），简称状态机，用来表示有限个状态及状态间如何进行跳转，以及各个状态执行什么动作的数学模型。状态机不仅是描述电路的工具，也是一种硬件描述语言常用的编程方法，在电路设计的 RTL 有着广泛的应用。

一般来说，状态机分为两类：Moore 型状态机和 Mealy 型状态机。这两者的区别在于输出是否与当前的输入有关。

Moore 型状态机的输出只与当前的状态有关，而与当前的输入无关。也就是说，在完整的一个时钟周期之内，也就是还没有到下一个跳变沿，输出会保持稳定，即使此时输入信号发生改变，输出也会保持原来的状态。因此输入对输出的影响需要等到下一个时钟周期的到来。这也是 Moore 型状态机的一个特点：输入与输出是分开的。图 2.7 所示为 Moore 型状态机。

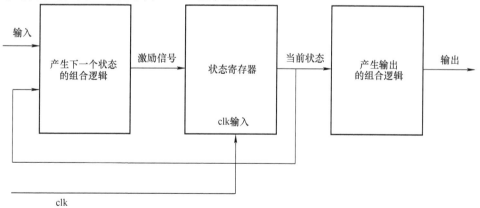

图 2.7　Moore 型状态机

Mealy 型状态机的输出不仅与当前的状态有关，还与当前的输入有关。Mealy 型状态机的输出是在输入信号发生变化后立刻发生变化，且不需要等待下一个时钟变化沿。因此在同种逻辑下，Mealy 型状态机的输出会比 Moore 型状态机的输出早一个时钟周期。一般使用最广泛的是 Mealy 型状态机，如图 2.8 所示。

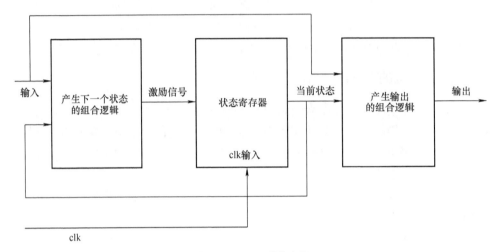

图 2.8　Mealy 型状态机

设计状态机标准流程如下：确定使用的状态机类型，画出状态转移图，并标出对应状态的输入输出。首先，根据状态机状态个数确定状态编码，例如 4 个状态可以采用二进制编码依次赋值为 00、01、10、11；亦可采用独热码依次赋值为 0001、0010、0100、1000。

对于 Verilog 的入门初学者，我们建议采用三段式方法对有限状态机的功能进行 RTL 描述：

1）第一段使用时序逻辑和非阻塞赋值，描述复位与状态寄存器的转移；

2）第二段使用组合逻辑和阻塞赋值，根据当前输入和当前的状态，确定状态机下一个状态；

3）第三段则使用时序逻辑和非阻塞赋值，即根据当前输入和当前的状态，确定输出信号。

接下来我们用实例来向读者展示三段式状态机的编写方法，如果我们想要实现用状态机循环输出 1011 序列，那么可以先画出如图 2.9 所示的状态转移图。

然后根据状态转移图编写代码：

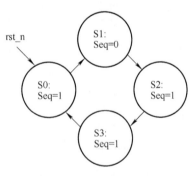

图 2.9　状态转移图

```
module fsm(
    input clk,
    input rst_n,
    output reg seq
    );
```

// 首先对状态进行描述并使用二进制码表示

```
parameter s0 = 2 ' b00, s1 = 2 ' b01, s2 = 2 ' b10, s3 = 2 ' b11;
```

// 这里则是将 s0 状态用 00 表示，s1 状态用 01 表示，之后同理

```
reg [1:0] current_state, next_state;
```

// 定义状态转移信号

// 第一段:描述状态转移

```
always@ (posedge clk or negedge rst_n)
    begin
    if(rst_n = = 1 ' b0)
    begin
        current_state <= s0; //如果复位信号有效，则回到初始状态 s0
    end
    else
    begin
        current_state <= next_state; //每个时钟沿自动转移到下个状态
    end
    end
```

// 状态转移条件

```
    always@ (*)
    begin
    if(rst_n = = 1 ' b0)
    begin
        next_state = s0;
    end
    else
    begin
    case(current_state)
        s0: next_state = s1;
        s1: next_state = s2;
        s2: next_state = s3;
        s3: next_state = s0;
        default: next_state = s0;
    endcase
```

```
        end
    end
    // 各个状态对应的输出
    always@（posedge clk or negedge rst_n）
    begin
        if( rst_n = = 1 ' b0)
        begin
            seq <= 1 ' b0;
        end
        else
        begin
            case( next_state)
            s0:seq <= 1 ' b1;
            s1:seq <= 1 ' b0;
            s2:seq <= 1 ' b1;
            s3:seq <= 1 ' b1;
            default:seq <= 1 ' b0;
            endcase
        end
    end
```

这样状态机就会逐步在 s0、s1、s2、s3 之间跳转，又因为 s0 状态输出 1，s1 状态输出 0，s2 状态输出 1，s3 状态输出 1，所以可以依次输出 1011 序列。至此我们就介绍完了三段式编写状态机的基本方法。

第3章 FPGA 开发工具——VIVADO 基础入门

3.1 FPGA 与 VIVADO 基本介绍

3.1.1 FPGA 基础原理介绍

1. FPGA 如何实现组合逻辑和时序逻辑

数字电路根据功能不同可以分为组合逻辑电路和时序逻辑电路，组合逻辑电路的概念为电路中当前时刻的输出仅仅取决于当前输入的结果，与上一时刻的输入结果无关。时序逻辑电路的概念为电路中当前时刻的输出不仅取决于当前输入的结果，还取决于上一时刻的输入结果。

在 FPGA 当中，组合逻辑电路是包含于时序逻辑电路当中的，因为时序逻辑电路需要包含具有记忆功能的元器件，而组合逻辑电路当中没有应用到具有记忆功能的元器件。但是具有记忆功能的元器件可以通过一定的设置而变成没有记忆的组合逻辑电路。FPGA 当中实现组合逻辑的基本组件是查找表（LUT），实现时序逻辑的基本组件是寄存器和片上的 RAM 资源。在 FPGA 上电后，用户可通过 FPGA 配置文件对 FPGA 内部的各种可重构硬件资源进行配置，使得 FPGA 重构为用户设计的数字电路，实现特定功能。

2. FPGA 实现互连

FPGA 可以通过多种接口实现与各个设备的互连，比如与计算机、传感器、执行器、显示器和其他嵌入式系统的互联。FPGA 可以通过多种接口与这些设备互联，一般来说，FPGA 需要使用其内部的可编程逻辑资源或专用硬件模块，根据通信协议的规范，生成相应的信号和数据，并通过相应硬件接口与外部设备进行连接。总的来说实现互连有以下方式：

（1）直接连接

这是最简单的一种方式，就是直接使用 FPGA 的引脚与外部设备的引脚相连，通过低电压差分信号（Low – Voltage Differential Signaling，LVDS）或其他标准信号进行数据传输。这种方式适用于简单、低速、短距离的通信，例如与传感器、开关、LED 等设备连接。直接连接的优点是实现简单，无须额外的硬件和协议；缺点是通信速度和距离受限，且占用 FPGA 的引脚资源。

（2）片内总线连接

这是一种较为常用的方式，就是使用 FPGA 的内部可编程逻辑资源构建不同的总线协议，如 AXI、SPI、I²C 等，与外部设备进行数据交换。这种方式适用于中速、中距离的通信，例如与单片机、存储器、显示器等设备连接。片内总线的优点是通信速度较快、距离较远，且可以支持多种标准和自定义的协议；缺点是实现较复杂，需要占用 FPGA 的逻辑资源和引脚资源。

（3）片外总线

这是一种较为高级的方式，就是使用 FPGA 的内部高速收发器（Serializer/Deserializer，SERDES）或其他专用硬件模块，如 PCIe、Ethernet、USB 等，实现高速串行或并行总线协议，与外部设备进行数据传输。这种方式适用于高速、长距离的通信，例如与计算机、网络设备、摄像头等设备连接。片外总线的优点是通信速度较快、距离最远，且可以支持多种高性能和高可靠性的协议；缺点是实现最复杂，需要占用 FPGA 的专用硬件资源和引脚资源。

3. FPGA 的 I/O 接口配置

Xilinx 公司的 FPGA 提供了多样化的高性能可配置接口标准。在实际使用中我们需要对 I/O 接口参数进行配置。例如输入端和输出端的内置片上端接电阻，电压压摆率以及输出驱动器的电流驱动能力。常见 I/O 接口有两种：单端 I/O 接口和差分 I/O 接口。同时，我们在使用高速 I/O 接口的时候通常需要为接收端匹配合适的端接电阻，用来保证信号的完整性。一般端接电阻有差分输入端接电阻，单端输入端接电阻，输出端接电阻等。同时我们还需要对端口定义电平标准，常见的电平标准有诸如 LVCMOS，I²C 等。

3.1.2 以 Xilinx 7 系列为例的 FPGA 内部结构简介

随着 FPGA 使用场景越来越广，各大 FPGA 厂商开始逐渐争夺 FPGA 应用市场，目前主流的 FPGA 生产应用厂商主要有两家，一家是英特尔公司的 Altera 产品；另一家则是 AMD 公司的 Xilinx 产品。

目前市场主流应用的 FPGA 器件主要是 Xilinx 公司系列的产品，因此该章节内容以 Xilinx 公司产品系列为例，Xilinx 公司产品线众多，根据半导体制程工艺来分类主要分为

1）45nm 制程的 Spartan 系列；

2）28nm 制程的 Virtex7 系列、Kintex7 系列、Artix7 系列和 Spartan7 系列；

3）20nm 制程的 Virtex UltraSCALE 系列、Kintex UltraSCALE 系列；

4）16nm 制程的 Virtex UltraSCALE + 系列、Kintex UltraSCALE + 系列。

从 80 年代 Xilinx 公司研发出的第一款 FPGA 开始，FPGA 已经发展了几十年，虽然为了实现更多功能，其内部结构变得越来越复杂，但基本构架仍然是三大部分——可编程逻辑单元、可编程 I/O 单元以及布线资源，图 3.1 为 FPGA 内部结构示意图。其中，可编程逻辑单元一般包括查找表和寄存器，分别用于配置实现数字电路中的组合逻辑和时序逻辑，虽然不同厂商对 FPGA 内可编程逻辑单元的设计和

命名略有差距，但其本质仍然是基于查找表和寄存器这两种基本结构。可编程 I/O 单元对应 FPGA 实际的输入输出引脚，所有的 FPGA 均可通过软件对可编程 I/O 单元进行灵活配置，以满足 FPGA 与不同 I/O 特性、阻抗特性、电流特性的其他芯片的互连。布线资源连通 FPGA 内的所有单元，通常不由用户进行独立设计，而是由软件中的布局布线生成器根据输入的逻辑网表的拓扑结构和用户设置的约束条件进行自动生成。

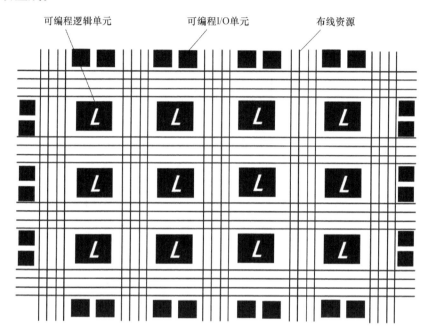

图 3.1　FPGA 内部结构示意图

这里以 Xilinx 这一 FPGA 主流厂商的 7 系列 FPGA 为例，其工艺节点为 28nm，采用的是常用的高级硅片组合模块（Advanced Silicon Modular Block，ASMBL）架构，ASMBL 架构如图 3.2 所示。可见此架构中以列的形式排列各类器件资源，各类资源数量取决于列的数量。Xilinx 7 系列 FPGA ASMBL 架构中的关键单元包括可编程逻辑单元、块存储单元与 DSP 运算单元，下面分别对这三种关键单元进行阐述。

1. 可编程逻辑单元（Configurable Logic Block，CLB）

CLB 是 FPGA 三大部分之一，且在 FPGA 中最为丰富，由两个 SLICE 组成。由于 SLICE 分成 SLICEL（L：Logic）和 SLICEM（M：Memory），CLB 也因此被分为了 CLBLL 和 CLBLM 两类。CLB 与 SLICE 的关系如图 3.3 所示，图中箭头为进位链。

虽然两类 SLICE 都包含了相同数量的 6 输入查找表（Look Up Table6，LUT6）、数据选择器（Multiplexer，MUX）、进位链（Carry Chain）、触发器（Filp - Flop），但

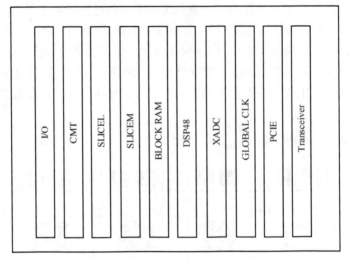

图 3.2　ASMBL 架构

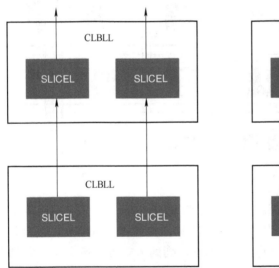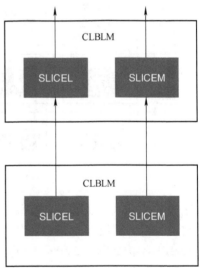

图 3.3　FPGA 中 CLB 与 SLICE 关系

是二者结构的略微不同导致了两类 SLICE 中 LUT6 功能的不同。两类 SLICE 内部结构数量见表 3.1，SLICE 内部结构如图 3.4 所示。下面来详细介绍一下 LUT6 的功能，LUT6 作为 SLICE 的基本结构之一，拥有进行逻辑运算等功能，承担着重要责任。

表 3.1　两类 SLICE 内部结构数量

	SLICEL	SLICEM
LUT6	4	4
MUX	3	3

（续）

	SLICEL	SLICEM
Carry Chain	1	1
Filp – Flop	8	8

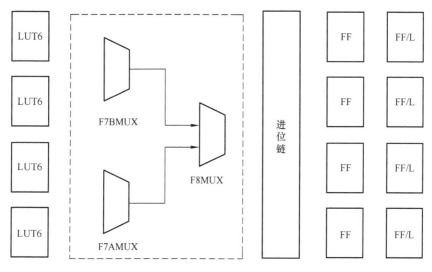

图 3.4　SLICE 内部结构图

通过图 3.5 所示的 LUT6 内部结构图可知，LUT6 可以进行的运算功能可满足以下情形：

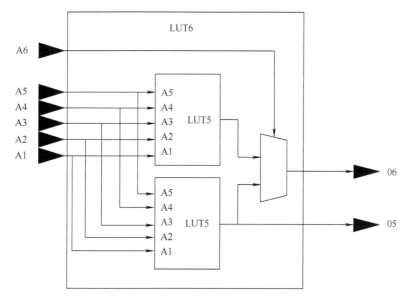

图 3.5　LUT6 内部结构图

1）由 O6 口输出结果的任意 6 输入布尔表达式。

2）同时进行的两个 5 输入布尔表达式，此时两者处于同一个输入端口，且 A6 = 1，结果分别由 O6 与 O5 输出。

3）满足 x + y ≤ 5 的一个 x 输入和一个 y 输入表达式，此时 A6 = 1，运算结果分别由 O5 与 O6 输出。

针对第二种情况，一般来说 VIVADO 将直接用一个 LUT6 实现两个布尔表达式；而第三种情况就需要两者有共同端口，VIVADO 才会把两个布尔表达式放在同一个 LUT6 实现。

除逻辑运算，LUT6 还有表 3.2 所示的一些基本功能，由于结构的不同，SLICEL 和 SLICEM 基本功能各有不同。下面将详细介绍各种基本功能的实现。当 LUT6 用作逻辑函数发生器时，LUT6 以真值表的形式存在，并且可用 VIVADO 直接查看内容。

表 3.2　LUT6 基本功能

LUT6 功能	SLICEL	SLICEM
逻辑函数发生器	√	√
ROM	√	√
分布式 RAM		√
移位寄存器		√

用作只读存储器（Read – Only Memory，ROM）时，每个 LUT6 可被配置为 64 深度、1 宽度的 ROM，需要增加深度时，可以占用多个 LUT6 以达到 128 × 1 甚至更大的深度。

用作分布式随机存取存储器（Random Access Memory，RAM）时，其配置的 RAM 为 64 深度、1 宽度，与 ROM 不同，当 RAM 要求深度大于 64 时，除了占用更多 LUT6，还会占用的是额外的 MUX（F7AMUX、F7BMUX 和 F8MUX）。

用作移位寄存器时，每个 LUT6 可被当作深度为 32 的移位寄存器，在同一个 SLICE 中，可通过多个 LUT6 的级联实现深度为 128 的移位寄存器。图 3.6 所示的是一个四级移位寄存器功能描述图。

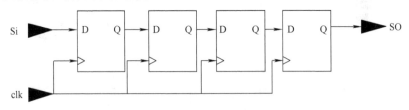

图 3.6　四级移位寄存器功能描述图

另外，SLICEM 的 LUT6 还可以实现动态移位寄存器，若仍为四级深度，其功能描述如图 3.7 所示。需要注意的是，由于 LUT6 本身不支持复位，所以这里的两类移位寄存器都没有复位端。在代码描述中若使用了复位，无论是异步复位还是同步复位，都会让 LUT6 当作的移位寄存器采用触发器级联的方式实现。

此外，以上的各种基本功能在 VIVADO 里都有自己的 IP 核可以直接调用，针对 RAM 和 ROM，IP 为 Distributed Memory Generator；针对移位寄存器，IP 为 RAM – based Shift Register。

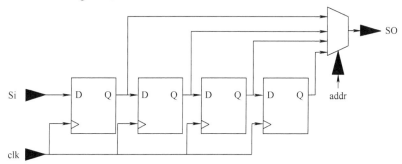

图 3.7　动态移位寄存器功能描述图

LUT6 详细基本功能大致如上，其还可以和 SLICE 中三个 MUX（F7AMUX、F7BMUX 和 F8MUX）联合使用从而组成更大的 MUX。实际上，LUT6 本身就可以实现 4 选 1 的 MUX，布尔表达式可表示为

$$do = [di(3)\&! \ sel(0)\&! \ sel(1)] | [di(2)\&! \ sel(0)\&sel(1)] \\ | [di(1)\&sel(0)\&! \ sel(1)] | [di(0)\&sel(0)\&sel(1)] \tag{3.1}$$

SLICE 中除了 MUX 与 LUT6，还包含进位链，主要用于实现加法与减法运算，由于异或运算是加减法运算中必不可少的运算，所以进位链中包含了 2 输入异或门。SLICE 中还有 8 个触发器，一般可分为两大类，一为 D 触发器；二为锁存器，其中 4 个触发器只能配置为 D 触发器这一类，另外 4 个触发器两种都能配置。

2. 块存储单元（Block RAM，BRAM）

BRAM 是 FPGA 中自带的存储单元，与 CLB 中 LUT6 构成的分布式 RAM 不同，其支持更多功能。然而，并不是任何情况下 BRAM 的功能都比分布式 RAM 更好，在小规模数据存储方面，分布式 RAM 能从功耗和速度方面发挥更好的性能。配置 BRAM 为 RAM 有三种工作模式，分别为写优先（Write First，Transparent Mode）、读优先（Read First，Read – Before – Write Mode），以及保持模式（No Change Mode）。三种模式的差异本质上是对 RAM 中同一地址同时进行读操作和写操作时的不同。BRAM 还可以在当作 RAM 时使用字节使能，即每一位写使能对应一个字节，当写使能有效时，将其对应的字节写入 RAM 中。

BRAM 还可以配置为同步 FIFO 或者异步 FIFO，并且配置专用于生成 FIFO 的控制信号与状态信号——FIFO Logic。

3. DSP 运算单元（DSP48E1）

Xilinx7 系列的 PFGA 中的 DSP 运算单元是 DSP48E1，其运算功能十分齐全，逻辑运算与算术运算兼备，其外端口如图 3.8 所示。DSP48E1 的端口 A 在用作乘法输入口时虽然是 30bit，但高 5 位为符号位扩展，所以 DSP48E1 支持 25×18 的有符号乘法或者 24×17 的无符号乘法。

DSP48E1 简化结构如图 3.9 所示，其核心部分为预加器、乘法器和算术逻辑单元（ALU），以及 OPMODE 控制的 MUX 控制。

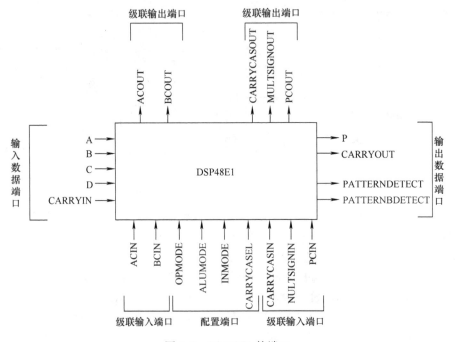

图 3.8　DSP48E1 外端口

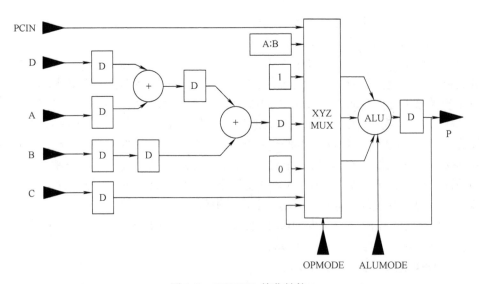

图 3.9　DSP48E1 简化结构

3.1.3　VIVADO 操作界面简介

　　VIVADO 是 Xilinx 7 公司推出的一款 FPGA 设计软件，它是一个全新的、高度集成的设计环境，能够支持从系统级到门级的设计。VIVADO 提供了一个全新的、可扩展的数据模型，使得用户可以更加方便地进行设计。同时，VIVADO 还提供了一个通用调试环境，可以帮助用户更好地进行调试。与同种类的软件 MODELSIM 主要用于仿真调试不同，VIVADO 主要将 RTL 代码综合实现生成比特流（bit-stream）文件，最终可以下载到 FPGA 板上观察现象。

　　FPGA 的开发需要有对应的开发环境，VIVADO 作为主要开发工具之一，支持多种数据输入方式，内嵌综合器以及仿真器，可以完成从新建工程、设计输入、分析综合、约束输入到设计实现，最终生成比特流（bitstream）文件下载到 FPGA 的全部开发流程。

　　VIVADO 是一款 FPGA 设计软件，它的操作界面主要分为四个部分：菜单栏、工具栏、工程视图和编辑视图。其中，菜单栏和工具栏提供了各种功能的快捷方式，工程视图和编辑视图则是用户进行设计的主要区域。VIVADO 的基本操作界面如下：

　　（1）菜单栏　VIVADO 的菜单栏提供了各种功能的快捷方式，包括文件操作、编辑操作、仿真调试、综合实现等。用户可以通过菜单栏来完成大部分的操作。VIVADO 菜单栏如图 3.10 所示。

图 3.10　VIVADO 菜单栏

　　（2）工具栏　VIVADO 的工具栏提供了常用功能的快捷方式，包括新建工程、打开工程、保存工程等。用户可以通过工具栏来快速完成一些常用操作。VIVADO 工具栏如图 3.11 所示。

图 3.11　VIVADO 工具栏

　　（3）流程导航栏　即工程设计流程导航，包括了一个完整的工程所需要的设计流程，如图 3.12 所示，在此栏中可以进行：

　　1）其基本设置框如图 3.13 所示。为当前项目设定包括型号、所用语言、默认库等的基本设定；

　　2）Xilinx 在 VIVADO 中集成了许多 IP 核，可以直接调用完成众多功能，如数学运算、信号处理等，从 IP Catalog 可打开 IP 菜单调用，IP 核的具体生成使用见 3.4 节；

3）仿真为最常用的功能之一，可以通过设计 Test Bench 注入激励，验证项目功能以及时序是否符合要求，仿真设置如图 3.14 所示，具体的 VIVADO 仿真应用见 3.2 节；

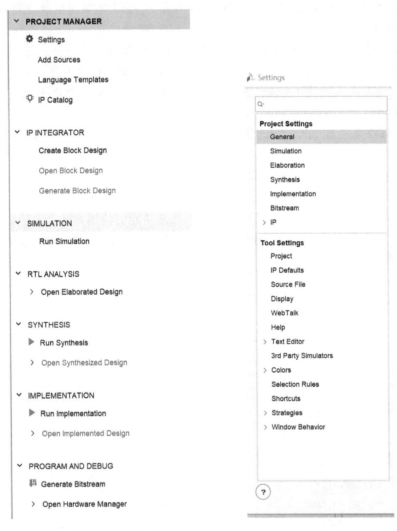

图 3.12　流程导航栏　　　　　　图 3.13　基本设置框

4）RTL 描述与分析。VIVADO 中的 RTL 分析是分析数字电路的寄存器传输级（RTL）设计的过程。它用于验证 RTL 设计的功能，并识别在实现过程中可能出现的任何问题。可以使用 VIVADO 的 RTL 分析工具执行 RTL 分析，该工具提供了

RTL 设计的图形表示，并允许设计人员在各种抽象级别上查看和分析设计。RTL 分析设置如图 3.15 所示；

5）综合。上述 RTL 功能描述后，VIVADO 能用综合功能对其优化并将其转化为门级描述，并映射成 Xilinx 器件，图 3.16 所示为综合仿真生成器件，图 3.17 所示为生成器件放大，具体的综合应用见 3.3 节；

6）Implementation 部分是在综合后生成与综合相关的时序功率等报告，即实现部分。图 3.18 所示的时序报告是 AXI GPIO 综合过后的时序报告，具体的实现应用见 3.4 节。

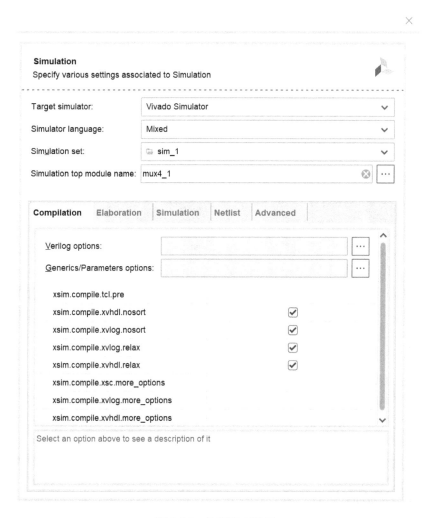

图 3.14　仿真基本设置

图 3.15　RTL 分析设置

（4）工程视图　VIVADO 的工程视图是用户进行设计的主要区域之一，它包括了设计文件、约束文件、仿真文件等。用户可以通过工程视图来管理和组织设计文件；

（5）编辑视图　VIVADO 的编辑视图也是用户进行设计的主要区域之一，它包括了 RTL 代码编辑器、约束编辑器、仿真波形编辑器等。用户可以通过编辑视图来编写和修改设计文件。

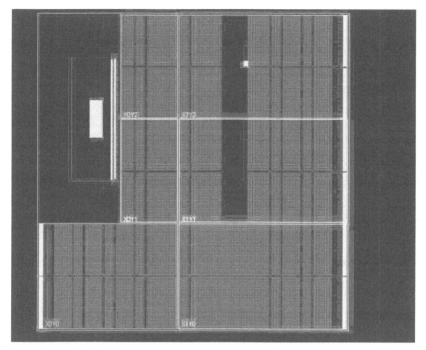

图 3.16　综合仿真生成器件

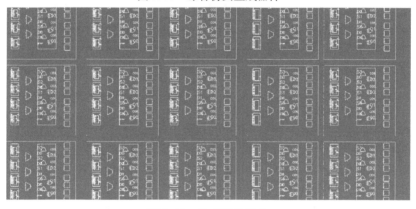

图 3.17　生成器件放大

Tcl Console　Messages　Log　Reports　Design Runs　Power　Methodology　Timing　×

Design Timing Summary

Setup		Hold		Pulse Width	
Worst Negative Slack (WNS):	14.053 ns	Worst Hold Slack (WHS):	0.053 ns	Worst Pulse Width Slack (WPWS):	9.146 ns
Total Negative Slack (TNS):	0.000 ns	Total Hold Slack (THS):	0.000 ns	Total Pulse Width Negative Slack (TPWS):	0.000 ns
Number of Failing Endpoints:	0	Number of Failing Endpoints:	0	Number of Failing Endpoints:	0
Total Number of Endpoints:	1291	Total Number of Endpoints:	1291	Total Number of Endpoints:	647

All user specified timing constraints are met.

General Information
Timer Settings
Design Timing Summary
Clock Summary (1)
Check Timing (2)
Intra-Clock Paths
Inter-Clock Paths
Other Path Groups
User Ignored Paths
Unconstrained Paths

Timing Summary - impl_1 (saved)

图 3.18　时序报告

3.2　VIVADO 中的仿真

3.2.1　仿真的含义

在我们日常开发过程中，由于上板验证过程相对来说比较烦琐，期间要经历综合、实现等一系列过程，通常需要消耗比较长的时间，如果每次修改完代码后直接进行上板验证的话，所消耗时间会很长，开发效率较低。

另外，上板验证过程中所表现出来的运行信息比较有限，通常需要结合其他仿真工具或者 IP 核对设计进行验证，因此在上板验证之前，我们需要在软件层面确保电路逻辑正确合理，才能进行接下来的操作。VIVADO 提供的仿真可以全局查看运行过程中的每一个变量的值的变化情况，对于电路逻辑以及时序电路的理解也会更加深刻，因此仿真是我们 FPGA 开发过程中必不可少的一环。

3.2.2　仿真的分类

仿真根据适用的设计阶段的不同可以分为 RTL 行为级仿真、综合后门级功能仿真和时序仿真。下面对三种仿真进行简要介绍：

1. RTL 行为级仿真（Behavioral Simulation）

在 VIVADO 软件中，我们完成源代码输入之后便可进行 RTL 行为级仿真。在通常情况下，如果代码中没有实例化与底层元件相关的器件，该阶段的仿真是可以脱离硬件单独运行的，因此在很多情况下可以提前检查代码的语法错误并验证代码行为的正确性，由于脱离了硬件，这个仿真当中不包括延时信息，通常将这个阶段的仿真也叫功能仿真。

2. 综合后门级功能仿真（前仿真）

综合后门级功能仿真此时已经和厂家提供的器件库进行了底层适配和互联，该方针包含了硬件相关信息，因此在仿真过程中更加接近实际硬件电路的运行过程。综合工具在对 RTL 代码进行综合后会生成一个 Verilog 或者 VHDL 网表用以仿真使用。

3. 时序仿真（后仿真）

在布局布线过程完成之后，仿真工具将会提供一个包括时序的仿真模型，这个模型中不仅包括了硬件的相关底层信息，同时还包括了一个时序标注文件（Standard Delay format Timing Anotation，SDF）。在这个过程中的仿真通常是为了解决那些疑难杂症，大部分问题在 RTL 行为级仿真和前仿真当中就可以解决。

3.3　VIVADO 中的综合基础

3.3.1　综合的含义

逻辑综合的概念是将高级抽象层次的语言描述转化成较低层次的电路结构。也就是说将硬件描述语言描述的电路逻辑转化成与门、或门、非门、触发器等基本逻辑单元的互连关系，即门级网表。

在这个过程中，VIVADO 将我们所写的 RTL 代码所描述的抽象电路逻辑转换为具体的硬件电路，同时还能优化电路结构，去除一些冗余结构或者复用一些通用的电路结构。

我们在学习过程中通常会听到可综合和不可综合的概念，这里的意思就是所写的代码是否可以被综合成具体的硬件电路。不可综合的代码通常适用于仿真测试当中，典型的代码比如延时代码：#20 表示延时 20 个仿真时间，这个代码无法被综合成硬件电路，因此通常出现在仿真文件当中，当它出现在硬件设计电路当中时，就会出现报错。

3.3.2　综合策略介绍

在 VIVADO 软件中，我们在进行 RTL 行为级仿真之后，接下来就会进入综合步骤，将硬件描述语言所描述的电路逻辑转化为门级网表。根据不同的综合策略，综合所消耗的时间以及所呈现的效果也各不相同，下面来介绍一下 VIVADO 综合策略。

打开工程界面之后，单击菜单栏中的"Tools"，再单击"Settings"选项，在弹出的设置窗口中左侧导航栏中选择"Synthesis"选项即可进入综合设置界面，如图 3.19 所示，综合选项设置窗口如图 3.20 所示。

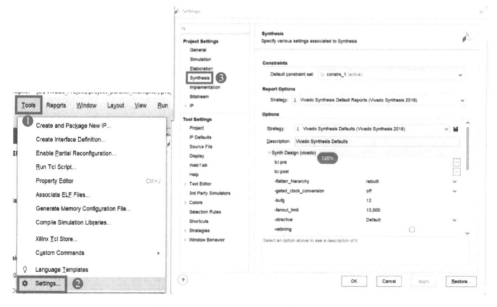

图 3.19　打开 VIVADO 综合设置界面

在 Strategy 下拉栏中，是各种综合策略如图 3.21 所示，包含如下：

1）Vivado Synthesis Defaults；

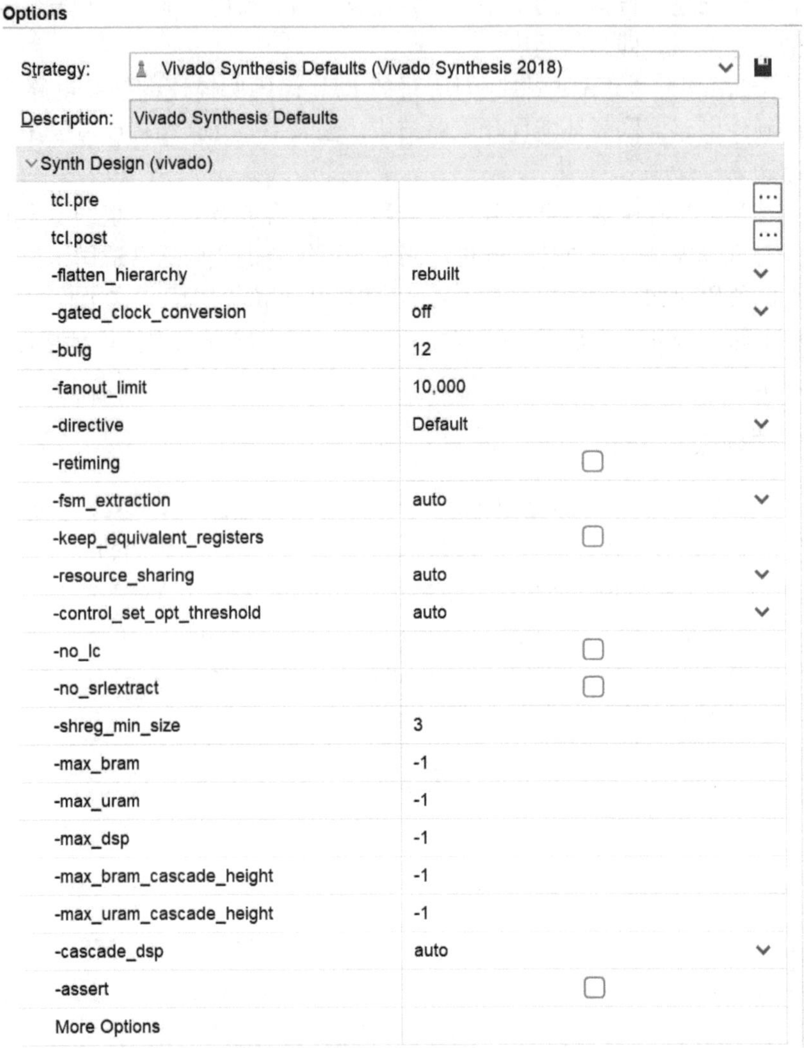

Options

Strategy:	♟ Vivado Synthesis Defaults (Vivado Synthesis 2018)	⌄	💾
Description:	Vivado Synthesis Defaults		

⌄ Synth Design (vivado)

tcl.pre		...
tcl.post		...
-flatten_hierarchy	rebuilt	⌄
-gated_clock_conversion	off	⌄
-bufg	12	
-fanout_limit	10,000	
-directive	Default	⌄
-retiming	☐	
-fsm_extraction	auto	⌄
-keep_equivalent_registers	☐	
-resource_sharing	auto	⌄
-control_set_opt_threshold	auto	⌄
-no_lc	☐	
-no_srlextract	☐	
-shreg_min_size	3	
-max_bram	-1	
-max_uram	-1	
-max_dsp	-1	
-max_bram_cascade_height	-1	
-max_uram_cascade_height	-1	
-cascade_dsp	auto	⌄
-assert	☐	
More Options		

图 3.20　综合选项设置窗口的设置选项

2）Flow_AreaOptimized_high;

3）Flow_AreaOptimized_medium;

4）Flow_AreaMultThresholdDSP;

5）Flow_AlternateRoutability;

6）Flow_PerfOptimized_high;

7）Flow_PerfThresholdCarry;

8）Flow_RuntimeOptimized。

在不同的综合策略下，Synth Design 中的各个选项的设置也各不相同，不同综

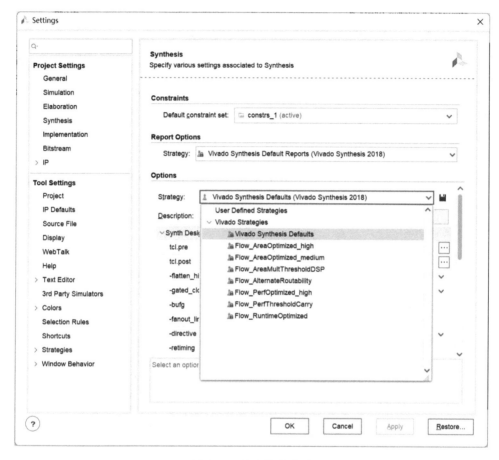

图 3.21　综合策略选项

合策略所对应的设置情况见表 3.3 和表 3.4。

表 3.3　VIVADO 软件综合策略配置一

选项/策略	Vivado Synthesis Defaults	Flow_AreaOptimized_high	Flow_AreaOptimized_medium	Flow_AreaMultThresholdDSP
− flatten_hierarchy	rebuilt	rebuilt	rebuilt	rebuilt
− gated_clock_conversion	off	off	off	off
− bufg	12	12	12	12
− fanout_limit	10,000	10,000	10,000	10,000
− directive	Default	AreaOptimized_high	AreaOptimized_medium	AreaMutlThresholdDSP
− retiming	unchecked	unchecked	unchecked	unchecked
− fsm_extraction	auto	auto	auto	auto

（续）

选项/策略	Vivado Synthesis Defaults	Flow_AreaOptimized_high	Flow_AreaOptimized_medium	Flow_AreaMultThresholdDSP
– keep_equivalent_registers	unchecked	unchecked	unchecked	unchecked
– resource_sharing	auto	auto	auto	auto
– control_set_opt_threshold	auto	1	1	auto
– no_lc	unchecked	unchecked	unchecked	unchecked
– no_srlextract	unchecked	unchecked	unchecked	unchecked
– shreg_min_size	3	3	3	3
– max_bram	– 1	– 1	– 1	– 1
– max_uram	– 1	– 1	– 1	– 1
– max_dsp	– 1	– 1	– 1	– 1
– max_b_cascade_height	– 1	– 1	– 1	– 1
– max_u_cascade_height	– 1	– 1	– 1	– 1
– cascade_dsp	auto	auto	auto	auto
– assert	unchecked	unchecked	unchecked	unchecked

表 3.4　VIVADO 软件综合策略配置二

Options/Strategies	Flow_AlternateRoutability	Flow_PerfOptimized_high	Flow_PerfThresholdCarry	Flow_RuntimeOptimized
– flatten_hierarchy	rebuilt	rebuilt	rebuilt	none
– gated_clock_conversion	off	off	off	off
– bufg	12	12	12	12
– fanout_limit	10,000	400	10,000	10,000
– directive	AlternateRoutability	Default	FewerCarryChains	RunTimeOptimized
– retiming	unchecked	unchecked	unchecked	unchecked
– fsm_extraction	auto	one_hot	auto	off
– keep_equivalent_registers	unchecked	unchecked	unchecked	unchecked
– resource_sharing	auto	off	off	auto
– control_set_opt_threshold	auto	auto	auto	auto
– no_lc	checked	checked	checked	unchecked
– no_srlextract	unchecked	unchecked	unchecked	unchecked
– shreg_min_size	10	5	3	3

（续）

Options/Strategies	Flow_AlternateRoutability	Flow_PerfOptimized_high	Flow_PerfThresholdCarry	Flow_RuntimeOptimized
－ max_bram	－ 1	－ 1	－ 1	－ 1
－ max_uram	－ 1	－ 1	－ 1	－ 1
－ max_dsp	－ 1	－ 1	－ 1	－ 1
－ max_b_cascade_height	－ 1	－ 1	－ 1	－ 1
－ max_u_cascade_height	－ 1	－ 1	－ 1	－ 1
－ cascade_dsp	auto	auto	auto	auto
－ assert	unchecked	unchecked	unchecked	unchecked

下面对一些不同综合策略进行简单介绍：

1. Vivado Synthesis Defaults

默认的综合设置，如果用户不进行自定义配置，则 VIVADO 综合将会按照该配置生成门级网表。

2. RuntimeOptimized

时序优化进行一定的缩减，取消一些 RTL 优化，从而可以减少综合生成门级网表所需的时间。

3. AreaOptimized_high

执行常规面积优化，包括强制执行三进制加法器，在比较器中使用新阈值以使用进位链和实现面积优化的多路复用器。

4. AreaOptimized_medium

执行常规面积优化，包括更改控制集优化的阈值，强制执行三进制加法器，将推理的乘法器阈值降低到 DSP 模块，将移位寄存器移入 BRAM，在比较器中使用较低阈值以使用进位链，以及进行区域优化的 MUX 操作。

5. AlternateRoutability

一组提高路由能力的算法（使用比较少的 MUXF 和 CARRY）。

6. AreaMultThresholdDSP

专用 DSP 块推断的下限阈值。

3.4　VIVADO 中的实现基础

3.4.1　实现的含义

上文可知综合后生成了网表。而 VIVADO 的实现是对其进行逻辑综合优化，以及布局、布线方面的优化。在 VIVADO 中，可以在实现设置中选择指定的约束文件、综合策略，图 3.22 为 VIVADO Implementation 界面。在 Strategy 的下拉菜单中，可以针对不同的性能和指标要求尝试选择不同的策略应用于项目工程中，图 3.23 所示为实现的各类策略。同时，在 Description 中的各个部分也可以指定 directive 进行定制各个部分的实现方案。例如，Area、Power、phys 等，各个阶段的 directive 的设计是不同的。当实现策略中包含 SLL 或者 SLR 的术语，该策略只能在 SSI 设备中进行使用运行。Directive 是指定某一阶段的指令，用于定制某一阶段的优化策略和实现方法。Strategy 则是为了实现某个指标而运行的一系列 directive，可以将 Strategy 看作是一个对各个阶段的 directive 指定好的策略合集。所以，针对不同策略来说，对应的各个阶段的 directive 可能是不同的，使用者可以在进行实现时定制自己的实现策略。

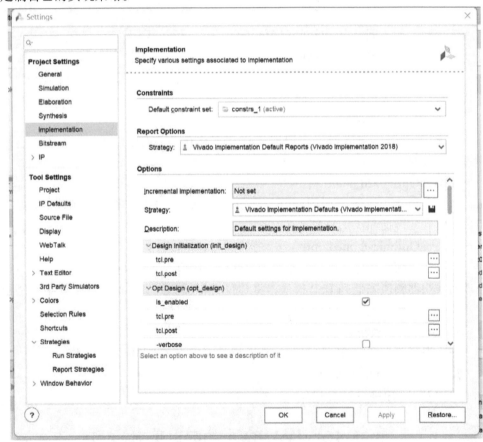

图 3.22　VIVADO Implementation 界面

3.4.2　实现的过程简介

在工程模式（Project）下，VIVADO 的实现有多个子过程，如图 3.24 所示。其中的这 5 个子过程是运用最多的，特别是图中黑底的步骤是必选的，但还有其他

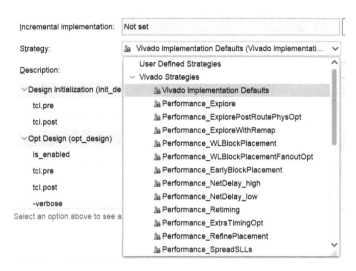

图 3.23　实现的各类策略

几个可选子过程，图 3.25 所示为全部子过程。

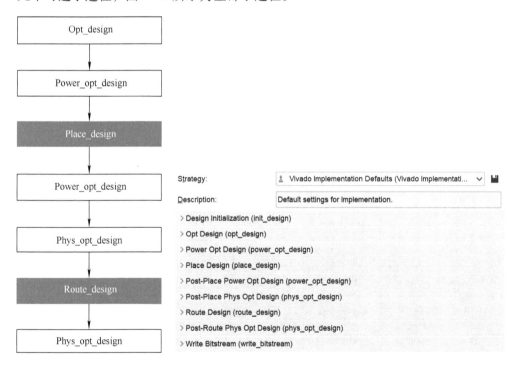

图 3.24　VIVADO 下　　　　　　　　　图 3.25　全部子过程

实现的子过程

详细介绍一下子过程：

1）Opt Design：用于逻辑优化，能让综合结果更适合目标 Xilinx 器件。

2）Power Opt Design（可选）：功率的优化，将目标 Xilinx 器件功率优化至合适值。

3）Place Design：完成在目标 Xilinx 器件的布局。

4）Post – Place Power Opt Design（可选）：功率的进一步优化。

5）Post – Place Phys Opt Design（可选）：在布局完成后对电路进行物理优化，以改善电路的时序与布局。

6）Route Design：完成在目标 Xilinx 的布线。

7）Post – Route Phys Opt Design（可选）：用实际的线路延迟来优化逻辑、布局以及布线 。

除了与 Power 相关的子过程，其余子过程均有 – directive 这一设置，如图 3.26 所示。不同的子过程加上不同的 – directive 的参数组合就构成了不同种的"策略"，也就是所谓的实现策略，而 VIVADO 默认提供了五类实现策略，这五类实现策略针对不同场景，分别针对性能、资源、功耗、运行时间、布线拥塞，布线拥塞中还包含 SSI 芯片，VIVADO 五类实现策略如图 3.27 所示。表 3.5 为几种实现策略比较。

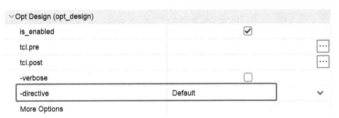

图 3.26　– directive 设置

表 3.5　几种实现策略比较

Strategy	Opt_design	Place_design	Phys_opt_design	Route_design
Defaults	Default	Default		Default
Performance_Explore	Explore	Explore	Explore	Explore
Area_Explore	ExploreArea	Default		Default
Flow_RunPhysOpt	Default	Default	Explore	Default
Flow_RunPhysOptimized	RuntimeOptimized	RuntimeOptimized	RuntimeOptimized	RuntimeOptimized
Congestion_SpreadLogic_high	Default	SpreadLogic_high	AlternateReplocation	MoreGlobalInteractions

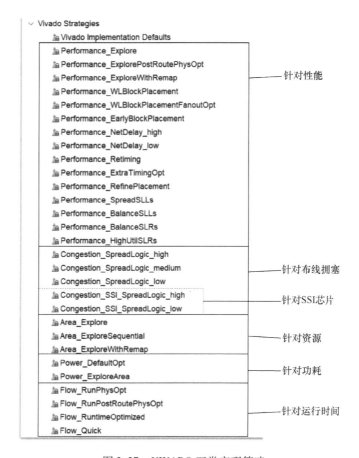

图 3.27　VIVADO 五类实现策略

3.5　VIVADO 中的约束管理

3.5.1　约束的含义

为了保证开发板在工作的时候功能正确，我们必须设计约束。设计约束就是定义程序编译过程中必须满足的要求。VIVADO 使用的是 XDC（Xilinx Design Constraints）文件来进行约束。在描述设计约束方面，应用最为广泛的标准 SDC（Synopsys Design Constraints）格式已经发展超过了 20 年，而 XDC 约束正是基于该格式改编的。约束一般分为两种：物理约束和时序约束。一般来说，我们并不需要在工程中使用所有约束，我们需要根据我们的需求来编写合理的约束。

接下来我们简单地介绍物理约束和时序约束。

1. 物理约束

常用的物理约束命令例如 I/O 管脚约束，就是对端口的引脚位置和电平标准进行约束。编写格式如下：

```
//I/O 引脚约束
set_property - dict {PACKAGE_PIN 引脚号 IOSTANDARD LVCMOS33} [get_ports 引脚名称]
```

例如：

```
set_property - dict {PACKAGE_PIN U18 IOSTANDARD LVCMOS33} [get_ports clk]
```

注意每一条约束命令单独占一行，且约束命令不需要像 Verilog 代码一样在末尾添加分号 "；" 作为结束。上面的代码中对 clk 引脚进行了 I/O 约束，其中 "set_property" 是命令名称，"PACKAGE_PIN U18" 表示引脚位置在开发板上是 U18，"IOSTANDARD LVCMOS33" 表示该引脚使用了 LVCMOS33 的电平标准，"get_ports clk" 代表对应的代码中引脚名称是 clk。这样我们就将开发板的 U18 引脚对应到代码中的 clk 端口，并且这个引脚使用的是 LVCMOS33 的电平标准。

常用的物理约束还有电平约束，编写格式如下：

```
//上拉约束
Set_property PULLUP true [get_ports 引脚名称]
//下拉约束
Set_property PULLDOWN true [get_ports 引脚名称]
```

通过这样的约束语句可以将引脚置位或者复位。

2. 时序约束

在数字芯片设计过程中，我们可能会遇到逻辑验证通过且引脚约束也正确，但是在开发板上烧录后的结果并不正确。这个时候可能是时序出了问题。理论上我们认为数据在门电路以及走线之间的传输是瞬时的。实际上，无论数据通过门电路甚至是极短的走线都会产生延迟。尽管单次延迟非常短，在多次叠加之后，叠加后的延迟可能已经大到不可忽略。因此我们需要对时序进行约束，保证系统可以在我们期望的时钟周期下运行。编写格式如下：

```
//时钟周期约束
create_clock - name 时钟名称 - period 周期值 [get_ports 引脚名称]
```

例如：

```
create_clock - name clk - period 20 [get_ports clk]
```

上面的代码中对 clk 引脚进行了时钟约束，其中 "create_clock" 是命令名称，"- name clk - period 20" 表示时钟名称是 clk 且周期为 20ns，"get_ports clk" 代表时钟源是 clk。这样我们在 clk 引脚上创建了时钟。

3.5.2 创建约束的两种方式

在 VIVADO 里添加约束文件有两种方式，一种是直接添加或创建约束文件；

另一种是利用图形化方式进行约束。我们先介绍第一种方式，如图 3.28 所示，首先我们打开添加新的代码文件的 "Add Source" 界面，选择第一个选项 "创建或添加约束文件"，再单击 "Next" 按钮。

图 3.28　在 "Add Source" 界面中添加约束文件

接下来，这里我们选择创建新文件 "Create File"，如图 3.29 所示。

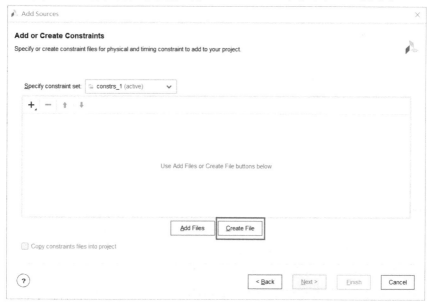

图 3.29　创建新的约束文件

为约束文件添加完文件名之后，单击 "OK" 按钮，如图 3.30 所示。

图 3.30　定义约束文件的名称

这样我们就可以看到约束文件已经被添加到本地工程之中。我们再单击"Finish"完成约束文件的创建，如图 3.31 所示。

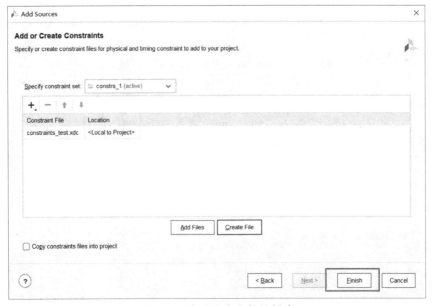

图 3.31　完成约束文件的创建

如图 3.32 所示，这样我们就可以在"Constraints"子菜单中看到我们新创建的约束文件。

另一种方式是利用图形化界面添加约束。如图 3.33 所示当我们编写完 Verilog 电路描述文件之后，我们可以单击左侧选项卡中"RTL ANALYSIS"下面的"Open Elaborated Design"打开图形化约束文件创建界面。

图 3.32　约束文件已经生成

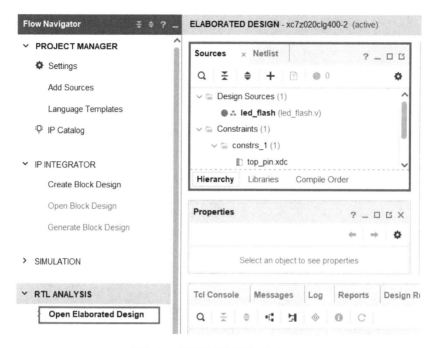

图 3.33　图形化界面添加约束入口

之后我们在如图 3.34 所示出现的选项卡中单击 "OK" 按钮。

图 3.34　点击 "OK" 进入图形化约束界面

接下来我们单击 "I/O Ports" 按钮可以发现在下面选项卡中出现了端口的定义界面，如图 3.35 所示。

例如图 3.35 我们可以看到 clk 端口是输入端口，对应的引脚号是 N18，电平标准是 LVCMOS33 等，通过这种方式我们可以进行约束的设置。设置完后 VIVADO 会自动对约束进行保存。至此约束文件就创建完成了。

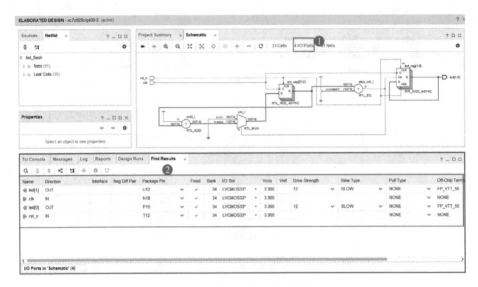

图 3.35　图形化添加约束界面

3.6　VIVADO 中的 IP 核

3.6.1　IP 核的概念

随着数字电路集成度越来越高，电路规模也越来越大，设计也变得越来越复杂。为了缩短产品交付周期，提升电路设计的效率，IP 核应运而生。IP 核本质是一段描述特定电路功能的程序。在工程中调用经过大量验证的 IP 核来实现工程需要的模块，而非从底层代码开始设计，可以避免重复劳动，大大提升电路设计效率。为了追求兼容性，IP 核往往还与集成电路设计工艺无关，因此可以轻易地被移植到不同设计工艺的芯片中去。

在芯片行业，IP 核是知识产权的一部分。ARM 公司就是著名的 IP 供应商之一，该公司不制造芯片也不出售芯片，而是通过出售芯片的设计方案，由合作伙伴生产出各自的芯片。当然我们也可以使用 FPGA 厂家提供的许多免费的 IP 核资源，例如常用的 FIFO 模块、PLL 模块等，让我们的设计事半功倍。

3.6.2　IP 核的分类

按照 IP 核的硬件实现程度，可以分为软核、硬核和固核。软核一般指使用硬件描述语言描述的电路功能块，例如我们写出的 RTL 代码；而硬核一般是指已经经过布局布线的网表文件，也就是实际电路。固核更像是两者的折中，既有已经预设好的布局布线，又存在用户自己调整的空间。

实际电路设计中，涉及数据的传输处理，我们往往会使用数据缓存。FIFO

（First In First Out）作为简单的缓存方案之一，具有广泛的应用场景。FIFO 代表先进的数据会先被读出，后进的数据后面读出。使用 FIFO，我们可以对连续的数据流进行缓存，防止数据丢失，同时可以减轻 CPU 负担，提高数据传输速率。在 VIVADO 中 Xilinx 为我们提供了 FIFO 的 IP 核。我们对这个 IP 核做简单的展示。

　　我们可以在 IP Catalog 中搜索 "FIFO"，如图 3.36 所示我们可以看到 Xilinx 提供了 FIFO Generator 供用户使用。

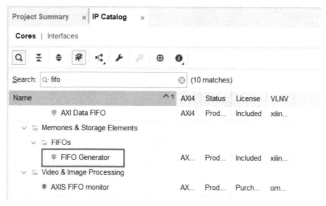

图 3.36　Xilinx 的 "FIFO Generator" IP 核

　　单击 "FIFO Generator" 我们可以看到 IP 核的配置界面，如图 3.37 所示。

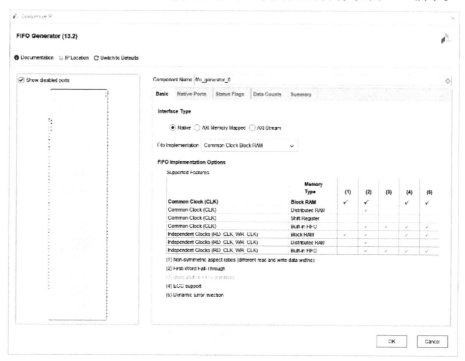

图 3.37　FIFO Generator 配置界面

这里我们去 Xilinx 官网查看 FIFO Generator（v13.2）相关文档。其中 FIFO Generator IP 提供了三种接口的 FIFO，分别是 Native、AXI Memory Mapped 以及 AXI Sream，我们以 Native 类型为例，如图 3.38 所示。

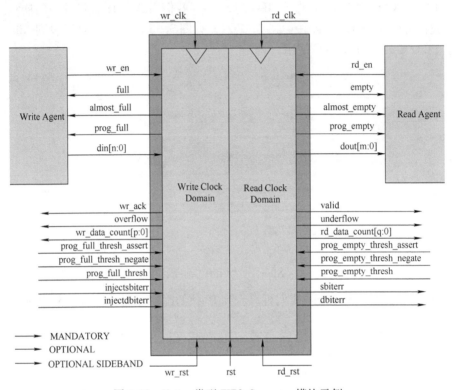

图 3.38　Native 类型 FIFO Generator 模块示例

通过查看 Xilinx 官方文档我们可以得到这个 IP 核的详细信息见表 3.6，这里对写操作的一些信号做简单解释。

表 3.6　FIFO Generator 信号表

信号名	信号类型	信号方向	解释
wr_clk	必选	输入	写方向的同步时钟
din [n: 0]	必选	输入	数据输入总线
wr_en	必选	输入	写使能：如果 FIFO 未满可以继续写入
full	必选	输出	写满：此时无法继续写入，并且 FIFO 中的数据不会被破坏
wr_rst	可选	输入	写方向复位时钟
almost_full	可选	输出	FIFO 可写数据次数只剩最后一次时被拉高
prog_full	可选	输出	设置满信号
wr_ack	可选	输出	wr_en 请求成功收到
overflow	可选	输出	FIFO 已经写满但 wr_en 信号仍为高

3.7　VIVADO 示例——并行乘法器设计、仿真、综合 及其 IP 核的定制与调用

3.7.1　四位二进制并行乘法器设计原理

在二进制当中，数据的加减法对于机器计算而言比较简单，通常使用补码的操作进行计算，对于 CPU 来说运算量较小，运行指令条数少，执行速度比较快。

而当机器计算乘除法的时候，由于其逻辑相对较为复杂，因此相对来说 CPU 运算量较小，运行指令条数多，执行速度较慢。机器运算乘除法主要有如下三种方法：

第一种是通过软件编程，通常使用 C 语音进行编程，通过编译转换为汇编语言后，变成机器语言进行乘法运算，由于这种方法属于软件层面的应用，需要的代码量最少，通常使用一行代码："result = a * b；"即可完成对变量的乘法运算。但是由于 C 语言偏向于高级语言，因此在转换为低级语言时，不可避免地会出现效率降低。

第二种是通过少量的左移右移操作来实现乘法运算，这是我们设计并行乘法器的主要方法，相比于软件编程，这种设计方法更偏向于底层，运行效率更高，也能让我们更加深入地了解数字电路的设计逻辑和思想。

第三种方法是通过专用的硬件阵列乘法器实现乘法操作，在 VIVADO 中可以调用乘法器 IP 核来进行乘法操作。在后面的小节将会详细介绍调用 IP 核的操作。

要想弄清二进制并行乘法器的设计原理，首先可以从十进制乘法入手：

举例：1234×456，在十进制中，计算时将乘数 456 的每一位的数和被乘数 1234 分别相乘得到 7404、6710、4936，乘数个位所乘结果保持不变，十位上的数所乘结果 $\times 10$，百位上的数所乘结果 $\times 100$，如果有更高为以此类推，即第 i 位上的数所乘结果 $\times 10^i$（10 的 i 次方）。然后将所有结果相加即可得到乘法运算的最终结果。十进制乘法计算用公式表示为

$$\sum_{i=1}^{\text{UNITS}} multiplicand \times multipliers\_by\_unit[i] \times 10^i$$

式中，UNITS 表示乘数的位数；$multiplicand$ 表示被乘数；$multipliers\_by\_unit[i]$ 定义了一个数组，表示第 i 位上的数字。

该公式用中文表示为

$$\sum_{i=1}^{\text{乘数的总位数}} 被乘数 \times 乘数的第 i 位上的数 \times 10^i$$

1234×456 十进制乘法运算示意图如图 3.39 所示。

了解了十进制乘法计算原理之后，我们再来了解一下二进制乘法的计算原理。二进制数 1010×1110，其计算过程与十进制乘法运算相似，计算时将乘数 1110 的每一位的数和被乘数 1010 分别相乘（即做与操作）分别得到 0000、1010、1010、1010，乘数第一位所乘结果保持不变，第二位上的数所乘结果再乘二进制数 10

（十进制数 2^1），第三位上的数所乘结果再乘 100（十进制数 2^2），如果有更高为以此类推，即第 i 位上的数所乘结果再乘二进制数 10^i（十进制数 2 的 i 次方）。然后将所有结果相加即可得到乘法运算的最终结果。二进制乘法计算用公式表示为

$$\sum_{i=1}^{\text{UNITS}} multiplicand \times multipliers_by_unit[i] \times (Binary)10^i$$

式中，UNITS 表示乘数的位数；*multiplicand* 表示被乘数；*multipliers_by_unit*[*i*]定义了一个数组，表示第 i 位上的数字；*Binary* 表示二进制。

该公式用中文表示为

$$\sum_{i=1}^{\text{乘数的总位数}} \text{被乘数} \times \text{乘数的第}\ i\ \text{位上的数} \times (\text{二进制})10^i$$

其计算过程如图 3.40 所示。

```
   1234
 ×  456
 ------
   7404
  6170
 4936
 ------
 562704
```

图 3.39　十进制乘法运算 1234 × 456 计算过程图例

```
      1010
   ×  1110
   -------
      0000
     1010
    1010
   1010
   -------
  10001100
```

图 3.40　二进制乘法运算 1010 × 1110 计算过程图例

3.7.2　四位并行乘法器代码编写以及分析

（1）端口变量定义

一个四位并行乘法器首先需要定义输入输出端口信号，需要两个输入端口作为乘数和被乘数输入，提供给乘法器进行计算。然后需要将计算结果输出。因此定义 a、b 两个位宽为 4 的输入信号作为乘数和被乘数提供给乘法器进行计算，然后定义位宽为 8 的 result 信号作为输出信号来输出结果。端口定义代码如下所示：

```
module parallel_multiplier(
    input   [3:0]       a,
    input   [3:0]       b,
    output  [7:0]       result
);
```

（2）内部变量定义

内部变量用于乘法器内部计算使用，对于一个模块来说，内部定义的变量只能在内部使用，无法通过端口进行信号的传输，内部的运算逻辑一般通过定义内部变量来与外部输入输出信号区分。根据四位并行乘法计算原理，乘法器需要四个位宽

为 8 的变量 temp1、temp2、temp3、temp4 来存储乘数的每个位与被乘数的中间计算结果。内部变量定义代码如下所示：

```
wire        [7:0]        temp1;
wire        [7:0]        temp2;
wire        [7:0]        temp3;
wire        [7:0]        temp4;
```

（3）算法实现

根据二进制乘法计算公式，将公式转换为如下所示代码：

```
assign temp1 = {4'b0000,a&{4{b[0]}}};
assign temp2 = {3'b000,a&{4{b[1]}},1'b0};
assign temp3 = {2'b00,a&{4{b[2]}},2'b0};
assign temp4 = {1'b0,a&{4{b[3]}},3'b0};
assign result = temp1 + temp2 + temp3 + temp4;
```

由于二进制中的数乘 2 的 i 次方就相当于该数左移了 i 位，因此通过拼接运算符来使代码更为简洁高效，同时注意每个变量的位宽为 8，在移位时注意不要超出位宽限制。

（4）整体代码一览

```
'timescale 1ns / 1ps
module parallel_multiplier(
    input       [3:0]        a,
    input       [3:0]        b,
    output      [7:0]        result
    );

    wire        [7:0]        temp1;
    wire        [7:0]        temp2;
    wire        [7:0]        temp3;
    wire        [7:0]        temp4;

    assign temp1 = {4'b0000,a&{4{b[0]}}};
    assign temp2 = {3'b000,a&{4{b[1]}},1'b0};
    assign temp3 = {2'b00,a&{4{b[2]}},2'b0};
    assign temp4 = {1'b0,a&{4{b[3]}},3'b0};

    assign result = temp1 + temp2 + temp3 + temp4;

endmodule
```

3.7.3　仿真设计文件代码编写

在该仿真文件中，我们所需要做的工作主要有两个，分别是实例化模块同时绑定信号，产生测试信号。

首先进行实例化模块以及绑定信号的代码编写，代码如下所示：

```
reg      [3:0]        a _tb;
reg      [3:0]        b _tb;
wire     [7:0]        result _tb;

parallel_multiplier mult4bit_inst(
// parallel_multiplier 是模块实例化声明，mult4bit_inst 是实例化模块的名称，通常根据
功能以及设计者需要自行更改。

        . a        (a _tb),
        . b        (b _tb),
        . result       (result _tb)
// 此处注意，通常在绑定信号时，有时会将仿真文件内部信号名称和模块端口信号名称
设置为相同的名称，这里为了让读者清晰分辨绑定信号时的代码操作，特意将仿真内部信号名
称和模块端口名称区分开来。
        );
```

然后进行#20 产生测试信号的代码编写，代码如下所示：

```
initial begin
    repeat（100）begin
        a_tb = {$ random} % 16;
        b_tb = {$ random} % 16;
        #20;
    end
end
```

其中，repeat（100）begin

　　…

　　end

表示的是 begin 块中的语句会被重复执行 100 次。

{$ random} 可以产生一个有符号的 32bit 随机整数。

{$ random} % 16 的操作即为产生一个 0 ~ 15 之间的正整数。

产生随机数是为了随机测试该四位并行乘法器的逻辑设计的正确性。

#20 表示延时 20 个仿真时间，目的是保持波形方便观察。

3.7.4　在 VIVADO 软件中进行乘法器设计

（1）首先打开 VIVADO 软件，这里以 2018.3 版本为例，读者可以根据自身需要选择不同软件版本进行下载安装。进入初始界面后，单击"Create Project"创建

工程，如图 3.41 所示。

图 3.41　在 VIVADO 软件初始界面创建工程

（2）单击"Next"按钮，如图 3.42 所示。

图 3.42　在 VIVADO 中新建工程后第一个界面

（3）"Project name"一栏中输入项目名称，"Project location"一栏选择工程文件的存放位置。下方复选框"Create project subdirectory"意为创建项目子目录，勾选之后，所选的存放位置将作为一个工程文件集，里面存放多个工程文件，每个文件夹名称为每次创建工程时设置的项目名称，内容为每次创建的工程文件。取消勾选的话，则将工程文件直接存放入所选文件夹下。本次示例工程名称为"project_parallel_multiplier"，存放路径为"D：/Vivado_Project"，再单击"Next"按钮，如图 3.43 所示，读者可以根据自身需要自行更改。

图 3.43　在 VIVADO 中设置工程名以及工程所在路径

（4）选择工程文件类型，我们选择"RTL Project"，单击"Next"按钮，如图 3.44 所示。

（5）为工程添加源文件，此处跳过，直接单击"Next"按钮即可，如图 3.45 所示。

（6）为工程添加约束文件，该操作我们在新建好工程之后再进行，因此此处跳过，直接单击"Next"按钮即可，如图 3.46 所示。

（7）为工程选择板载文件，由于本次实验操作不涉及上板验证，因此此处选择默认设置，直接单击"Next"按钮即可，如图 3.47 所示。

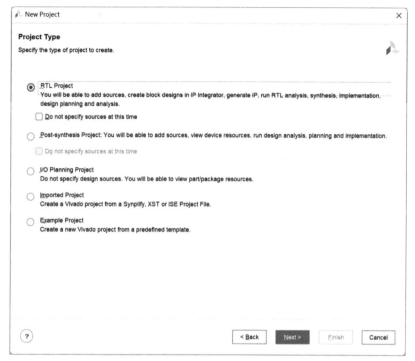

图 3.44 选择工程文件类型

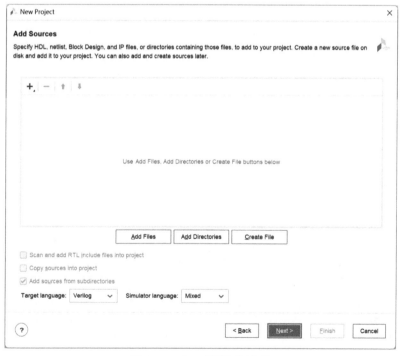

图 3.45 为工程添加源文件

图 3.46　为工程添加约束文件

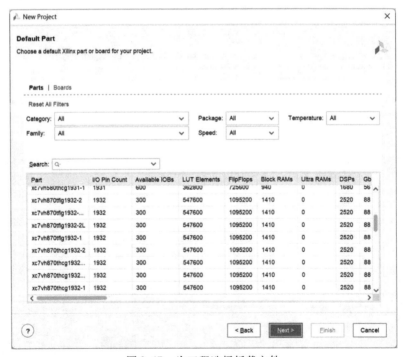

图 3.47　为工程选择板载文件

（8）进入工程创建确认界面，如图 3.48 所示，显示了当前工程文件的基本配置参数：工程类型、源文件设置、约束文件设置、板载文件设置的清单，用户可以简洁明了地看到自己设置的基本参数，如果发现有误可以单击"Back"退回到相应界面进行修改，如果确认无误，则可以单击"Finish"按钮创建工程。此时将会进入工程界面。

图 3.48　工程创建确认界面

（9）进入工程界面后，我们首先需要添加 . v 文件来设计我们的并行乘法器，我们单击左侧"Flow Navigator"栏（设计流程导航窗）的"PROJECT MANAGER"菜单中的"Add Sources"选项，或者可以直接单击 Sources 窗口中的"＋"号图标添加设计文件，如图 3.49 所示。

（10）在弹出的界面中，选择"Add or create design sources"选项，表示添加的文件为设计文件，创建之后文件将被存放在"Design Sources"下。单击"Next"按钮，如图 3.50 所示。

（11）然后我们创建一个设计文件，选择"Create File"，在弹出的窗口中的"File name"一栏填写设计文件的名称，这里填写为"parallel_multiplier"，单击"OK"按钮，再单击"Finish"按钮，如图 3.51 所示。

图 3.49　工程界面内添加 Source 文件

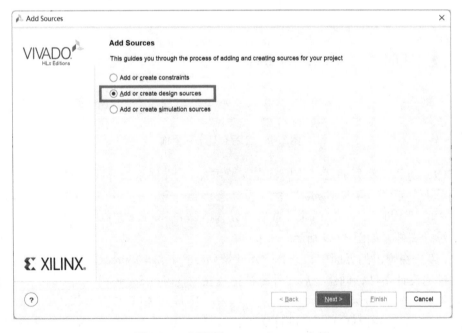

图 3.50　选择添加 Design Sources 文件

图 3.51　创建设计文件

（12）之后会弹出一个新窗口，用于定义设计文件的输入输出端口，这些端口定义我们在之后代码中进行编写，因此此处直接跳过，单击"OK"按钮，再单击"Yes"按钮即可，如图 3.52 所示。

图 3.52　输入输出端口定义窗口

（13）回到工程界面后，可以看到在 Sources 窗口中的 Design Sources 下出现了我们刚刚添加的"parallel_multiplier. v"设计文件，双击将其打开，其代码显示在右侧窗口，如图 3.53 所示。

（14）编写四位并行乘法器代码，将前面所讲的四位并行乘法器代码写入设计文件"parallel_multiplier. v"当中，如图 3.54 所示。

至此，在 VIVADO 软件中实现四位并行乘法器的过程已经结束。下一节将会

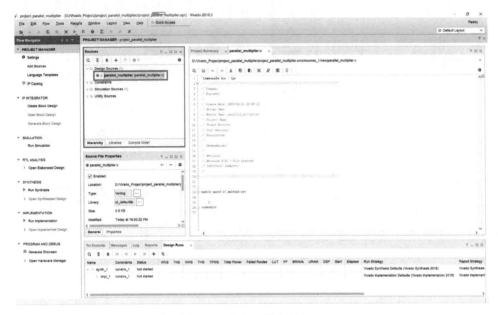

图 3.53　编写设计文件窗口

图 3.54　在设计文件中编写代码

介绍使用 VIVADO 软件对我们设计的四位并行乘法器进行仿真测试。

3.7.5　在 VIVADO 软件中进行仿真操作

（1）在完成设计文件"parallel_multiplier. v"的代码编写之后，我们就可以进

入仿真环节。首先回到工程主界面，单击 Sources 窗口的"＋"号，在弹出的窗口
中选择"Add or create simulation sources"选项并单击"Next"按钮，如图 3.55
所示。

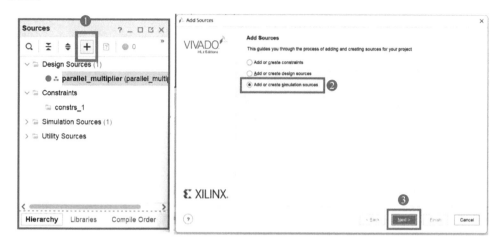

图 3.55 在工程主界面添加仿真文件

（2）单击"Create File"选项，在弹出的窗口中的"File name"一栏中填写仿
真文件名称，这里命名为"tb_parallel_multiplier"，读者可以自行修改仿真文件名
称。单击"OK"按钮，再单击"Finish"按钮，如图 3.56 所示。

图 3.56 添加仿真文件并命名

（3）此时会弹出一个新窗口，此窗口用来定义仿真文件的输入输出信号端口，
这些定义内容我们将会在代码中进行定义，因此直接跳过该步骤，单击"OK"按
钮即可，如图 3.57 所示。

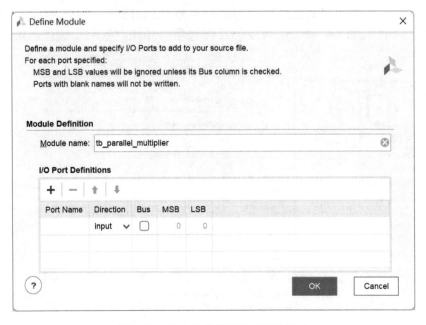

图 3.57　输入输出信号端口定义窗口

（4）此时 Sources 窗口下的"Simulation Sources"已经出现了我们创建的"tb_parallel_multiplier. v"仿真文件，双击即可打开查看内容，如图 3.58 所示。

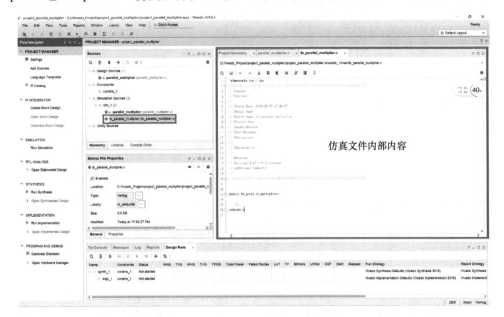

图 3.58　Sources 窗口下新建的 tb_parallel_multiplier. v 仿真文件

（5）将上面所讲代码输入到该文件中，使用"Ctrl + S"快捷键保存代码之后可以发现，Sources 窗口文件层级关系出现变化，此时仿真文件"tb_parallel_multiplier. v"被设置为了顶层文件，其包含了我们所编写的设计文件"parallel_multiplier. v"。这是因为我们在仿真文件中实例化了我们所编写的四位并行乘法器的模块，相当于在该仿真文件中嵌套了一个四位并行乘法器的模块组件，因此会呈现出这样的层级关系。输入代码之后 Sources 窗口文件层级关系出现变化，如图 3.59 所示。

如果在设计文件"parallel_multiplier. v"中还实例化了其他更加底层的模块，那么这些模块在层级关系中也会被包含在设计文件"parallel_multiplier. v"当中。根据层级关系我们可以清晰地查看整个工程的设计思路和架构。这种模块化的思维也是 Verilog 语言十分重要的编写思想，在后续学习实践过程中这种思想也会越来越清晰明了。

（6）完成代码编写过程后，我们在左侧"Flow Navigator"栏（设计流程导航窗）的"SIMULA-TION"菜单中单击"Run Simulation"，在弹出的菜单中选择第一行"Run Behavioral Simulation"，此时下方四条选项均不可用，如图 3.60 所示。因为目前源代码还未进行综合和实现，无法进行前仿真和后仿真。此时运行行为级仿真是为了验证设计代码中的语法错误，同时验证代码行为的正确性。

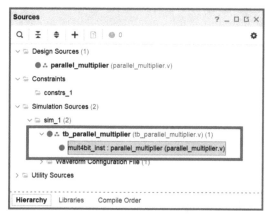

图 3.59　输入代码之后 Sources
窗口文件层级关系出现变化

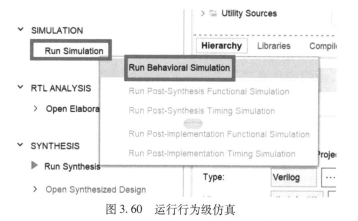

图 3.60　运行行为级仿真

（7）当工程文件中出现多个仿真文件时，要想运行特定的仿真文件时需要进行一些修改，为了举例，在工程中新建了一个仿真文件"tb_parallel_multiplier_

2. v",其内容与第一个仿真文件"tb_parallel_multiplier. v"内容基本一致,只修改了仿真的延时时间,原代码中的"#20"修改为"#40",如图 3.61 所示。

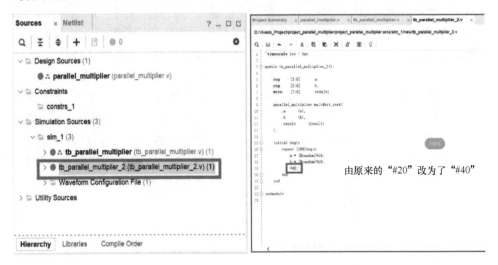

图 3.61　新建第二个仿真文件 tb_parallel_multiplier_2. v

此时如果单击"Run Behavioral Simulation"的话,默认运行的是"tb_parallel_multiplier. v"仿真文件,因为在工程中该文件被设置为了顶层文件,在名称前面有"⸬"图标。想要更换行为级仿真文件,可以单击右键选中想要的仿真文件,选择"set as Top"选项,此时仿真文件"tb_parallel_multiplier_2. v"被设置为顶层文件,如图 3.62 所示,再次单击"Run Behavioral Simulation"即可对当前"tb_parallel_multiplier_2. v"文件进行仿真。

(8)运行行为级仿真之后,可以看到如图 3.63 所示的界面,一号界面显示了该仿真文件的所有变量;二号界面是波形显示界面。

(9)在一号窗口下,读者可以根据需求添加自己需要进行仿真测试的变量,这里选择了 temp1、temp2、temp3、temp4 四个变量添加进仿真波形窗口,多选这四个变量,单击右键在弹出窗口中选择"Add to Wave Window",选择的信号将会加入波形窗口中,如图 3.64 所示。

图 3.62　将仿真文件设置为顶层文件

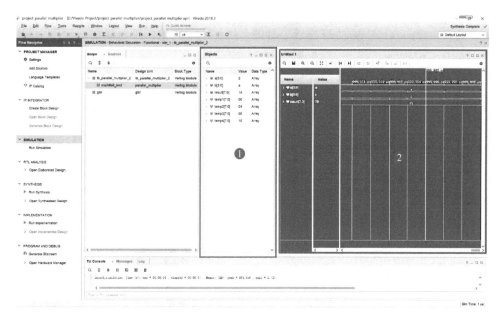

图 3.63　仿真界面初始状态

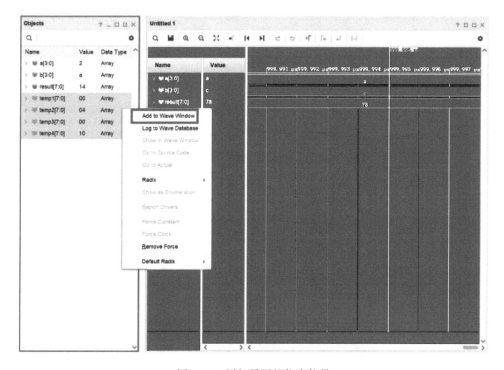

图 3.64　添加需要的仿真信号

（10）运行行为级仿真后默认将启动 VIVADO Sim 仿真器，运行 10μs 并停留在波形局部，单击波形上方波形查看工具条上红框所示按钮，可自动缩放显示全部波形，如图 3.65 所示。

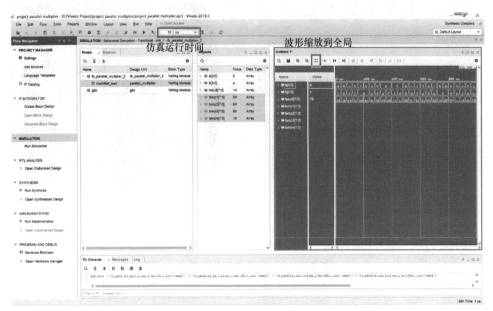

图 3.65　仿真窗口基础介绍 1

（11）如图 3.66 所示，单击某条波形会出现黄色光标置于波形跳变处，用工

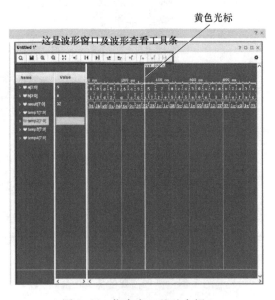

图 3.66　仿真窗口基础介绍 2

具条按钮可以跳往前后跳变处，其中带 + 的按钮可以在当前黄色光标位置添加新光标，用来计算时差等。如果运行 $1\mu s$ 不够，还可以继续单击最上方 VIVADO 仿真控制工具条上的按钮，运行指定时间，或全速运行。

（12）观察该波形，可以看到每个波形上都会显示该时间下的数值，可以看到目前信号所显示的数值为十六进制，对于数值观测来说不太方便，因此我们需要将变量的显示进制改成十进制，选择需要改变的变量，单击右键依次选择"Radix"→"Unsigned Decimal"，则可以将数值更改为十进制显示出来。如图 3.67 ~ 图 3.69 所示，所设计的乘法器运行逻辑正确。

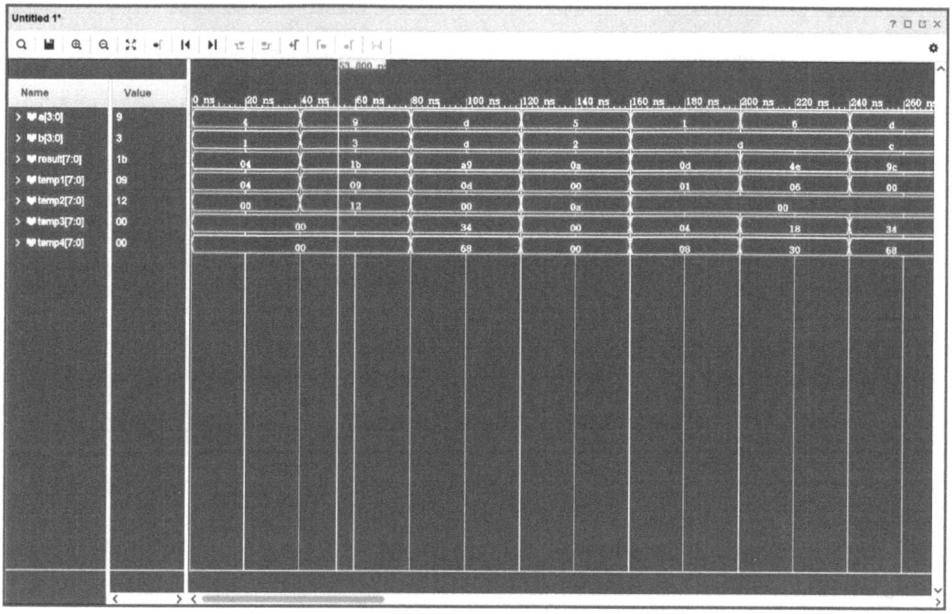

图 3.67　仿真波形窗口信息

3.7.6　在 VIVADO 软件中进行综合操作

打开工程界面后，我们单击左侧"Flow Navigator"栏（设计流程导航窗）的"PROJECT MANAGER"菜单中的"Run Synthesis"选项，在弹出的窗口中的"Number of jobs"下根据自己电脑性能选择合适的运行数量，数量越多耗时越少，但电脑性能消耗越大。单击"OK"按钮选项，如图 3.70 所示。

等待一段时间当综合完成后，VIVADO 软件会自动弹出窗口提示综合完成，如图 3.71 所示，分别有三个选项，第一个选项为"Run Implementation"，意为继续运行设计的实现操作，这部分我们接下来的内容将会讲到，此处不选择；第二个选项是"Open Synthesized Design"，意为打开综合设计界面；第三个选项是"View Reports"，可以查看综合完成后报告。此处我们选择第二个选项"Open Synthesized

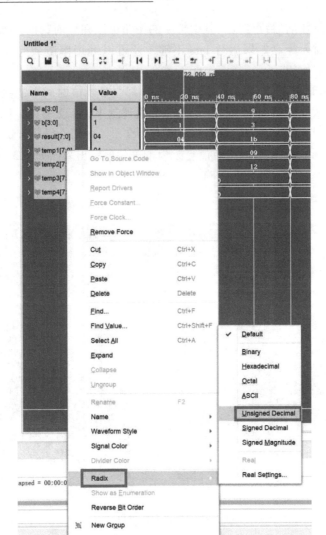

图 3.68　更改数值显示进制

Design"。

　　将左侧 "Flow Navigator" 栏（设计流程导航窗）的 "PROJECT MANAGER" 菜单中的 "Open Synthesized Design" 选项展开，单击 "Schematic" 选项，可以看到硬件描述语言综合出的逻辑电路图，如图 3.72 所示。

3.7.7　并行乘法器 IP 核的定制

　　IP（Intellectual Property）是经过验证的并且已经参数化的电路设计模块。利用功能已经经过验证的 IP 核来设计电路可以有效地减少设计所需要的工程量，加快设计进程。无论是哪种工程形式，都可以通过 IP 封装将自己设计好的电路模块

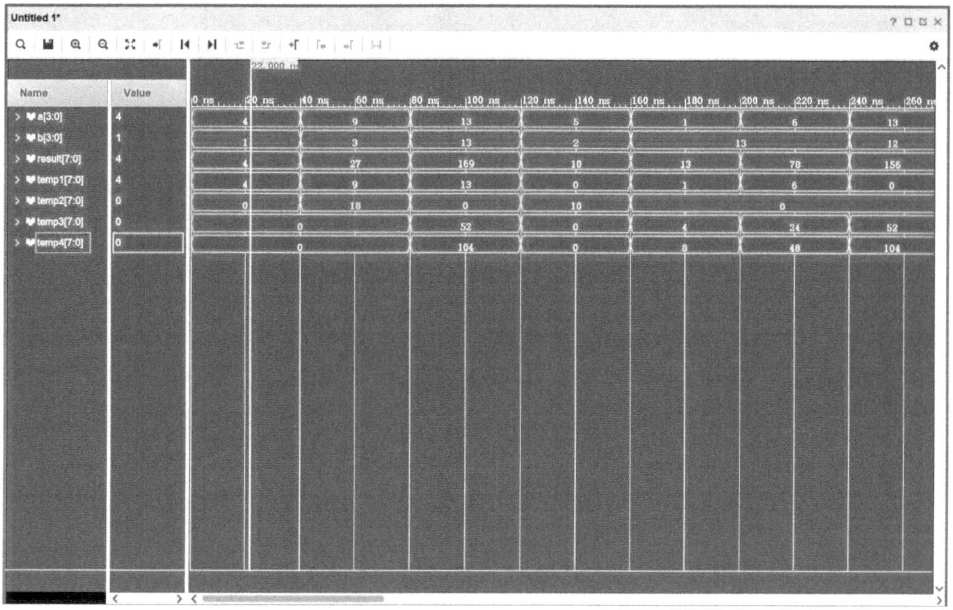

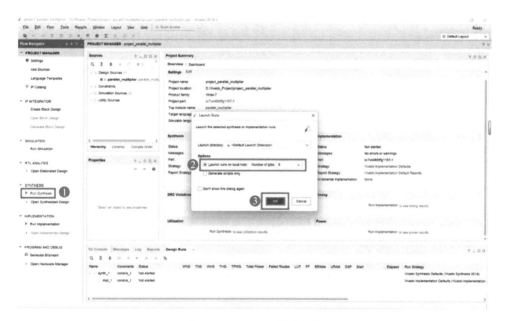

图 3.69　更改显示进制之后的波形窗口

图 3.70　VIVADO 综合操作

封装为 IP 并添加到 VIVADO IP Catalog 中。当然，用户也可以将 IP Catalog 中的 IP 加入到自己的工程之中。下面将简单地介绍 IP 的基本使用方法。

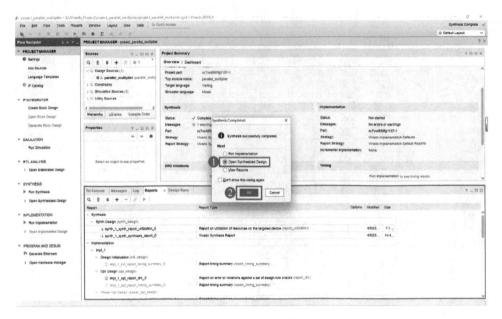

图 3.71　VIVADO 综合完成界面

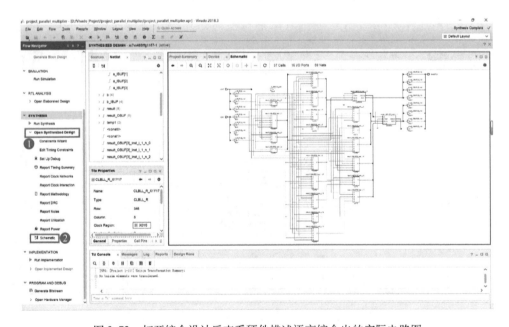

图 3.72　打开综合设计后查看硬件描述语言综合出的实际电路图

我们将通过一个简单的案例来介绍基本的自定义 IP 核操作，并且在另一个工程中调用上面自定义的 IP 核。这里默认读者已经掌握前面所述的 VIVADO 工程基本的创建和添加代码文件的操作。

接下来将演示如何把本书 3.7.2 节关于仿真设计文件代码编写内容介绍的四位二进制并行乘法器封装成 IP 核并应用到其他工程之中。

（1）首先我们创建一个新的工程，然后将需要封装成 IP 核的 Verilog 代码文件导入工程中。然后我们选择工具栏中的"Tools – Create and Package New IP"，如图 3.73 所示。

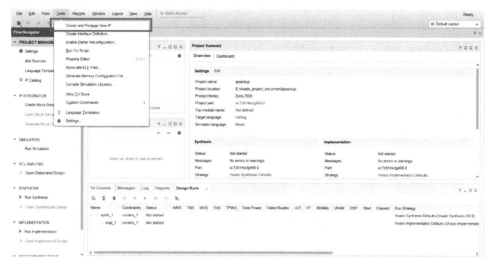

图 3.73　IP 封装打开位置

（2）打开创建和封装 IP 核的界面后，单击"Next"按钮，进入下一个界面，如图 3.74 所示。

图 3.74　选择"Next"进入下一界面

（3）这里我们介绍一下四个不同的选项：选项 1 是将当前工程打包为 IP 核；选项 2 是将当前工程的模块设计打包为 IP 核；选项 3 是将一个特定的文件夹目录打包为 IP 核；选项 4 是将创建一个带 AXI 接口的 IP 核。这里我们选择选项 1 为"Package your current project"，将当前工程打包为 IP 核。单击"Next"按钮进入下一个界面，如图 3.75 所示。

图 3.75　IP 核封装选项一览

（4）接下来我们设定存储 IP 核的路径。这里建议选择与工程路径不同的文件夹。在工程中我们可以将之后自定义的众多 IP 核存储到一个特定的文件夹中，方便调用。选择 IP 核存放位置如图 3.76 所示。

（5）选择完路径之后单击"OK"按钮，如图 3.77 所示。

（6）单击"OK"按钮之后单击"Finish"按钮，如图 3.78 所示。

（7）接下来我们就进入了 IP 的具体配置页面，如图 3.79 所示。

这里我们简单介绍一下左边的基本参数：

1）Identification。主要是更改 IP 名称，开发者名称等参数；

2）Compatibility。设置兼容的芯片型号；

3）File Groups。设置 IP 核的文件架构，可以往自定义的 IP 核里添加仿真，例化，说明文件等；

4）Customization Parameters。自定义参数配置，例如参数名、参数类型等；

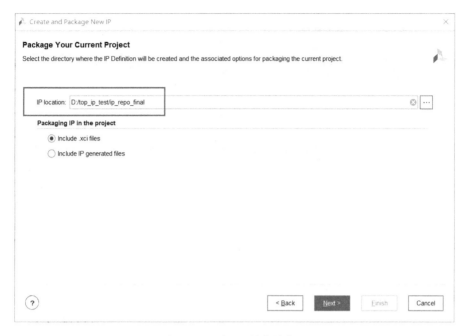

图 3.76　选择 IP 核存放位置

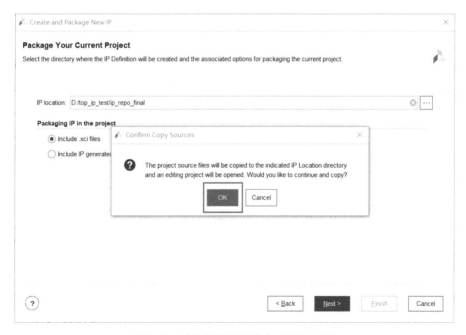

图 3.77　确认好路径后单击"OK"按钮

5）Ports and Interfaces。自定义 IP 的接口，可以根据自己的需求添加、删除接口或者总线；

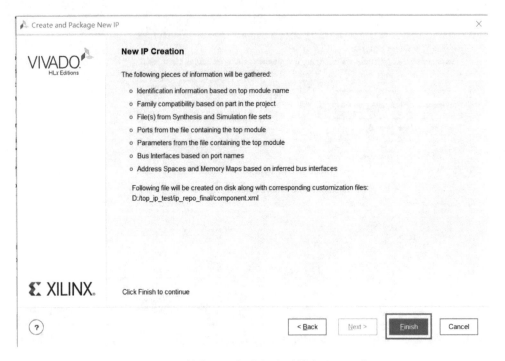

图 3. 78　单击 "OK" 按钮之后单击 "Finish"

图 3. 79　IP 具体配置界面

6）Addressing and Memory。自定义 IP 核的地址分配和储存映射；

7）Customization GUI。自定义 IP 核的 GUI 界面；

8）Review and Package。在这个界面可以查看刚才设置的总览及生成界面。

（8）这个案例比较简单，所以前面的选项卡可以保持默认。然后直接到最后一个选项卡中单击"Packup IP"生成我们自定义的这个乘法器 IP 核。对 IP 核的设置进行总览如图 3.80 所示，完成 IP 核的封装如图 3.81 所示。

图 3.80　对 IP 核的设置进行总览

图 3.81　完成 IP 核的封装

（9）弹出图 3.82 所示的界面后，单击"Yes"按钮完成 IP 核的封装。

3.7.8　并行乘法器 IP 核的调用

接下来我们演示如何在另一个工程中调用这个 IP 核。

（1）首先我们需要建立一个新工程，这里不做演示。建立完新工程之后，我们需要将保存 IP 核的路径添加到 VIVADO 的 IP 库中。这里我们单击"Tool – Settings"，如图 3.83 所示。

（2）之后点击左侧选项卡的 IP，展开后选择"Repository"，单击左侧" + "

号，将刚才 IP 核保存的路径添加到工程中，如图 3.84 所示。

（3）添加完路径之后我们就可以在 IP Catalog 里面的"User Repository – UserIP"里面找到我们刚才封装好的 IP 核。双击点开 IP 核，如图 3.85 所示。

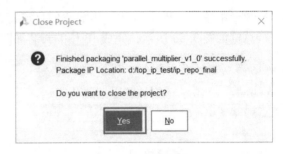

图 3.82　单击"Yes"按钮完成 IP 核的封装

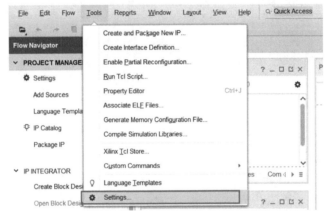

图 3.83　打开 VIVADO 设置

图 3.84　将 IP 核的路径添加到 VIVADO 中

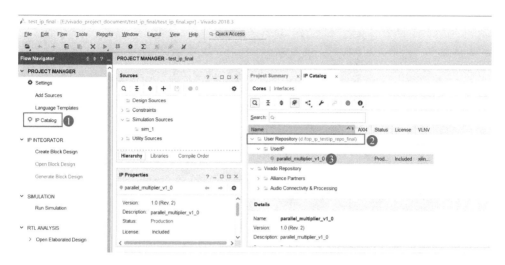

图 3.85　可以在 IP Catalog 中看到用户自定义的 IP 核

（4）单击"OK - Generate"按钮。如图 3.86 所示可以查看 IP 核模块，生成 IP 核见图 3.87。

图 3.86　可以查看 IP 核模块

（5）生成之后我们可以在"Simulation Source"里面看到我们添加的 IP 核，之后我们为工程添加 Test Bench 文件，如图 3.88 所示，代码可以在 3.7.2 节中找到，注意例化的时候请检查代码中 IP 核的名称是否与调用的 IP 核名称一致。

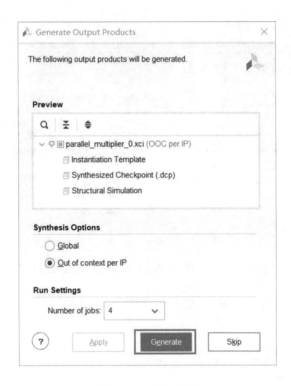

图 3.87 生成 IP 核

图 3.88 为 IP 核添加仿真激励文件

（6）我们再单击左侧的"Run Simulation"进行仿真验证，可以从图 3.89 看到代码结果完全正确，这说明我们成功调用了自定义的 IP 核。

至此我们完成了对自定义 IP 核的封装和调用的简单介绍。

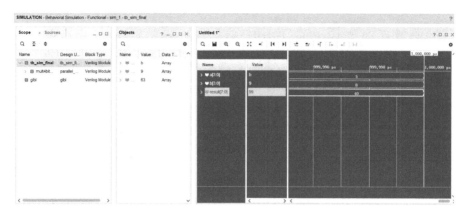

图 3.89 调用 IP 核的运行结果

3.8 VIVADO 示例——全流程实现基于 7Z – Lite 开发板的流水灯功能

3.8.1 流水灯代码编写

由于并行乘法器在开发板中的运行效果并不明显，因此为了方便上板演示，选择了流水灯这个经典例程来进行讲解，方便读者理解。

这里将以微相 7Z – Lite 开发板、zynq – 7000 处理器系统为基础，做一个简单的 PL 端流水灯。流水灯代码如下所示：

```
module pl_led_stream(
    output reg    led,
    input         clk,
    input         rst_n
);

    reg [27:0] cnt;
    reg   style;

    always @ (posedge clk, negedge rst_n) begin
        if(! rst_n) begin
            cnt  < = 28 ' d0;
            style  < = 1 ' d0;
        end
        else begin
```

```
                    cnt  < = cnt + 1 ' b1;
                    if( cnt = = 28 ' d24_999_999) begin   // count in 0.5s with 50 MHz
                        cnt  < = 28 ' d0;
                        style  < =  ~ style;
                    end
                end
            end

        always @ ( style) begin
            case( style)
                1 ' b0 : led = 1 ' b1;
                1 ' b1 : led = 1 ' b0;
            endcase
        end

    endmodule
```

因开发板的基础晶振为 50MHz，而流水灯点亮间隔为 0.5s，则计数器应该为

$$50\text{MHz} \times 0.5\text{s} = 25000000 \tag{3.2}$$

所以计数器为 0 到 24999999。由于是简单的单个流水灯，所以 LED 与作为计数器标志的 style 都是一位。

3.8.2　流水灯代码的行为级仿真

Test Bench 代码与仿真结果如下，图 3.90 所示为时序仿真 2s 结果，在此不再赘述原理，仿真可见设计正确。

```
' timescale 1ns / 1ps

module pl_led_stream_tb( );

    reg clk;
    reg rst_n;
    wire   led;

    initial begin
        clk = 0;
        rst_n = 0;
        #18 rst_n = 1;
    end

    always begin
```

```
        #10 clk = ~ clk;
    end


pl_led_stream PL_LED_STREAM_INST(
    . led( led),
    . clk( clk),
    . rst_n( rst_n)
);


endmodule
```

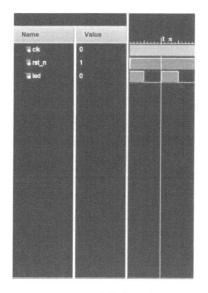

图 3.90　时序仿真 2s 结果

3.8.3　综合及引脚约束

完成行为级仿真后，确认运行逻辑无误后，对代码进行综合，按照上文的方法生成门级电路。并按照 7Z – Lite 开发板进行引脚分配以及电压选择。如图 3.91 所示为综合后的引脚约束以及门级电路生成。

在设置完引脚约束后，Sources 窗口中的 Constraints 文件夹中会出现一个 xdc 格式文件，里面就声明了流水灯代码的引脚约束，主要包括时钟引脚、LED 灯引脚以及复位引脚的约束，用于绑定开发板中的固定引脚。需要注意的是引脚号并不是固定的，不同的开发板对应的功能引脚也不同，需要读者阅读开发板硬件介绍文档来确定。xdc 约束文件代码如下所示：

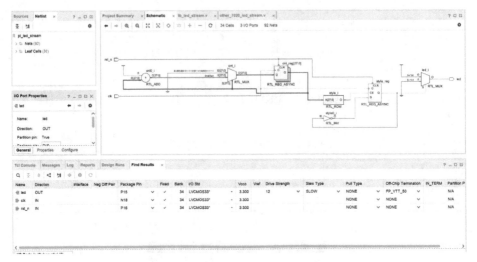

图 3.91　综合后的引脚约束以及门级电路生成

set_property PACKAGE_PIN P15 [get_ports led]

set_property IOSTANDARD LVCMOS33 [get_ports led]

set_property IOSTANDARD LVCMOS33 [get_ports clk]

set_property IOSTANDARD LVCMOS33 [get_ports rst_n]

set_property PACKAGE_PIN N18 [get_ports clk]

set_property PACKAGE_PIN P16 [get_ports rst_n]

create_clock – period 20.000 – name clk – waveform {0.000 10.000} [get_ports clk]

3.8.4　流水灯实现过程

在综合完成后，VIVADO 将会弹出窗口以提示是否进行实现，点击 Run Implementation 就开始实现，如图 3.92 所示。这里用的实现策略是 VIVADO 的默认策略。

实现的结果将会在结果窗口区域显示。实现结果报告分为功率部分与时序部分。

1. 功率部分

（1）基本设置（Settings）。包含了所选开发板型号、开发环境等信息。图 3.93 所示为实现结果之基本设置。

（2）报告总结（Summary）。功率的总结，是功率报告中需要着重关注的一部分。包括了温度、各个过程的功率大小、上片总功率等。

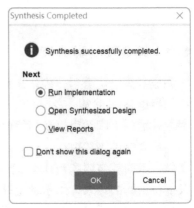

图 3.92　实现启动位置

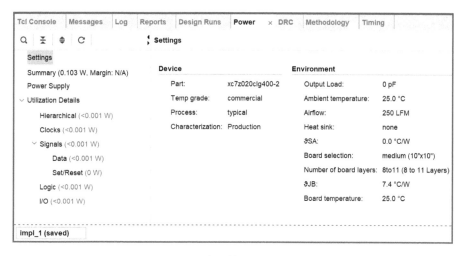

图 3.93　实现结果之基本设置

图 3.94 所示为实现报告总结。

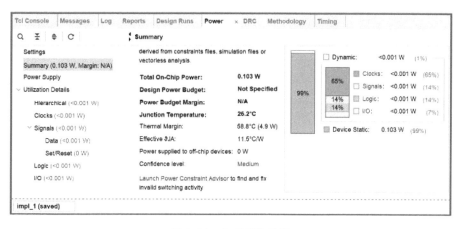

图 3.94　实现报告总结

（3）电源（Power Supply）。包含了各个电源的电压、功率、电流等。图 3.95 所示为实现报告之电源。

（4）利用率细节（Utilization Details）。包含了工程各个部分的信息。

2. 时序部分

（1）工程信息（General Information）。包含了工程的一些基本信息，比如开发板型号、工程开始时间等。

（2）计时器设置（Timer Settings）。包含的是比如多角分析的开启情况等，图 3.96 所示为实现报告之计时器设置。

（3）设计时序总结（Design Timing Summary）。时序报告中需要着重关注的一

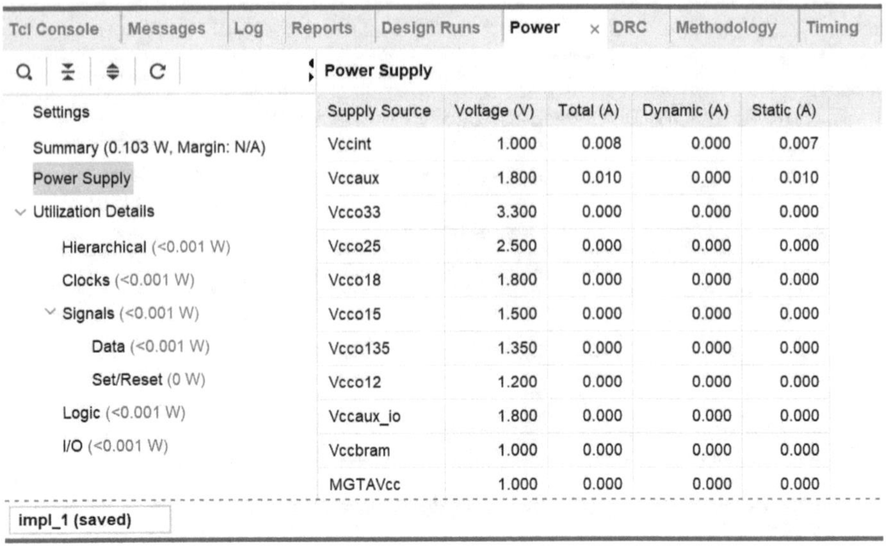

Tcl Console	Messages	Log	Reports	Design Runs	**Power**	×	DRC	Methodology	Timing

Power Supply

Settings	Supply Source	Voltage (V)	Total (A)	Dynamic (A)	Static (A)
Summary (0.103 W, Margin: N/A)	Vccint	1.000	0.008	0.000	0.007
Power Supply	Vccaux	1.800	0.010	0.000	0.010
∨ Utilization Details	Vcco33	3.300	0.000	0.000	0.000
Hierarchical (<0.001 W)	Vcco25	2.500	0.000	0.000	0.000
Clocks (<0.001 W)	Vcco18	1.800	0.000	0.000	0.000
∨ Signals (<0.001 W)	Vcco15	1.500	0.000	0.000	0.000
Data (<0.001 W)	Vcco135	1.350	0.000	0.000	0.000
Set/Reset (0 W)	Vcco12	1.200	0.000	0.000	0.000
Logic (<0.001 W)	Vccaux_io	1.800	0.000	0.000	0.000
I/O (<0.001 W)	Vccbram	1.000	0.000	0.000	0.000
	MGTAVcc	1.000	0.000	0.000	0.000

impl_1 (saved)

图 3.95　实现报告之电源

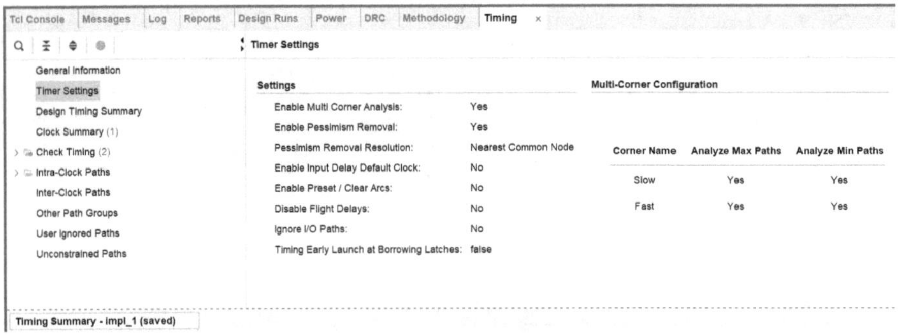

Tcl Console	Messages	Log	Reports	Design Runs	Power	DRC	Methodology	Timing	×

Timer Settings

General Information
Timer Settings
Design Timing Summary
Clock Summary (1)
> Check Timing (2)
> Intra-Clock Paths
Inter-Clock Paths
Other Path Groups
User Ignored Paths
Unconstrained Paths

Settings

Enable Multi Corner Analysis:	Yes
Enable Pessimism Removal:	Yes
Pessimism Removal Resolution:	Nearest Common Node
Enable Input Delay Default Clock:	No
Enable Preset / Clear Arcs:	No
Disable Flight Delays:	No
Ignore I/O Paths:	No
Timing Early Launch at Borrowing Latches:	false

Multi-Corner Configuration

Corner Name	Analyze Max Paths	Analyze Min Paths
Slow	Yes	Yes
Fast	Yes	Yes

Timing Summary - impl_1 (saved)

图 3.96　实现报告之计时器设置

部分。WNS 是最差负时序裕量（Worst Negative Slack）；TNS 代表总的负时序裕量（Total Negative Slack）；WHS 代表最差保持时序裕量（Worst Hold Slack）；THS 代表总的保持时序裕量（Total Hold Slack）。详细解释就是，WNS 是指在时钟上升沿到达之前，数据必须到达寄存器的最小时间间隔。TNS 是指所有时序路径中最小的WNS 值之和；WHS 是指在时钟上升沿到达之后，数据必须保持在寄存器的最小时间间隔；THS 是指所有保持时序路径中最小的 WHS 值之和。当时序没有问题时，报告下面将会显示"All user specified timing constrains are met."图 3.97 所示为设计时序总结。

除此功率和时间之外，实现报告中还可以报告约束、噪声、利用率等。

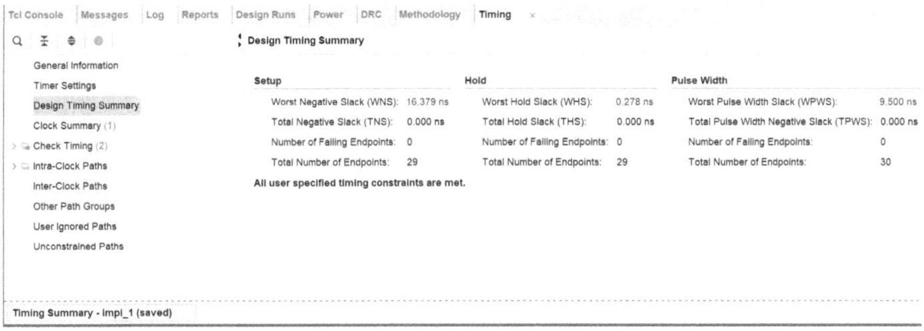

图 3.97　设计时序总结

3.8.5　流水灯配置文件生成与下载

在实现结束后，在计算机上的操作已经完成，但一切设计最终是需要回到开发板上的，我们需要将 VIVADO 的综合实现等信息传输下载到 FPGA 上面，这时候就有了比特位流文件。在 VIVADO 中，比特位流文件是一个二进制文件，其中包含 Xilinx FPGA 设备的配置数据，它使用户通过此文件可实现对 FPGA 的配置。比特位流文件是通过使 VIVADO 的工具综合、实现和生成设计的编程文件来生成的。可以使用编 VIVADO 的硬件管理器将比特位流文件编程到 FPGA 设备中。

比特位流文件包含所有可编程资源的配置数据，包括逻辑单元、块 RAM、DSP 片和 I/O 引脚 1。比特位流文件可用于为各种应用程序配置 FPGA 设备，包括数字信号处理、图像处理和高速网络。

在这里仍以上面的流水灯项目做演示，在实现等没有问题后，在流程栏中点击生成比特位流文件（Generate Bitstream），如图 3.98 所示生成比特位流文件。完成比特位流文件生成后便是下载到 FPGA 的操作，选择打开硬件管理（Open Hardware Manager），同时连接 FPGA 的 JTAG 口，打开目标（Open Target）并进行连接，如图 3.99 所示为连接硬件，VIVADO 会自动检测与电脑相连的 FPGA 开发板并进行连

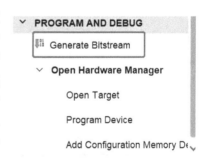

图 3.98　生成比特位流文件

接。连接完成后如图 3.100 所示将比特位流文件下载到 FPGA 中，点击 Program Device 即可。在此项目中，完成以上步骤后，作为 PL 端的 LED 灯将会按照 0.5s 的间隔进行亮灭循环，如图 3.101 和图 3.102 所示。

至此，流水灯演示完毕，VIVADO 基本使用流程已经结束。

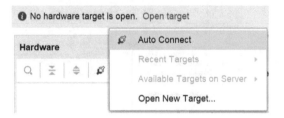

图 3.99　连接硬件

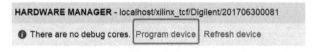

图 3.100　将比特位流文件下载到 FPGA

图 3.101　流水灯灭

图 3.102　流水灯亮

第4章 Design Compiler 的使用

4.1 Design Compiler 介绍

4.1.1 ASIC 全流程

在介绍 Design Compiler（DC）之前，我们需要对 ASIC 设计过程做一个较为细致的学习。完整的 ASIC 流程包括项目需求确定、前端流程、后端流程三个步骤。

1. 项目需求确定

需求是 ASIC 设计的起点，其包括芯片的具体指标和系统级设计。在确定芯片的具体指标时，需要从物理实现、性能指标和功能指标三个方向进行考虑。在物理实现中，我们需要考虑 ASIC 的制作工艺、裸片面积、封装工艺；在性能指标中，我们需要对 ASIC 的时钟频率、功耗进行设计；在功能指标中，我们需要对 ASIC 的功能描述和接口定义进行设计。在完成了上述三步工作后，芯片的指标就确定下来了。在芯片指标确定完成后，则需要通过系统建模语言，例如 Matlab、C 语言对各个模块进行描述，对 ASIC 的可行性进行分析。

2. 前端流程

ASIC 设计前端流程主要包括 RTL 寄存器传输级设计、功能验证（动态验证）、逻辑综合、形式验证、静态时序分析以及可行性测试。RTL 寄存器传输级设计就是通过 Verilog HDL 等硬件描述语言，对电路中的寄存器以及寄存器之间的信号传输进行描述，完成基础电路的设计；功能验证是通过设置激励，对设计的功能进行仿真验证，比如，本书后文利用 ModelSim 软件对 UART 模块和 AES 模块的整个测试流程，就是在进行功能验证；逻辑综合是将我们设计、验证过的具有特定功能的电路，在特定工艺以及约束条件下进行实现的过程。通过综合可以得到电路真实的门级网表；形式验证是通过编写测试激励，通过逻辑仿真验证综合生成的门级网表与 RTL 电路功能的一致性，并以此来证明网表文件与 RTL 代码逻辑的等价性；静态时序分析是指在 ASIC 设计过程中对设计的时序进行分析、模拟和验证，确定设计的时序满足电路时序的要求，避免时序不满足的问题，提高电路的性能和可靠性；可行性测试是通过在芯片设计中引入测试逻辑，并利用这部分测试逻辑完成测试向量的自动生成，达到检测芯片量产过程中的缺陷的目的，从而为顾客提供性能更稳定的产品。

3. 后端流程

ASIC 设计后端流程包括布局布线、时钟树综合、寄生参数提取、静态时序分析、版图物理验证和生成 GDSII 文件，并最终进行流片。在我们完成了所有的前端流程后，一个具有特定功能的电路已经搭建完成。布局布线就是将已经设计好的电路的各个模块放置在合理的位置以保证芯片达到最佳的电气性能与可靠性能；时钟树综合即时钟信号的布线，由于时钟信号是 ASIC 芯片工作的基础，所以时钟信号的分布应当是对称式的连接到各个寄存器单元，从而使时钟从同一个时钟源到达各个寄存器，时钟延迟差异最小；寄生参数提取是指对布局布线中产生的一些不可避免的寄生电容、寄生电感等参数进行提取的过程；静态时序分析在前端过程中使用的是理想模型，不存在实际的时序信息，也就是两个相邻的逻辑之前并不存在延时信息，所以在完成了布局布线后，需要重新对 ASIC 电路进行静态时序分析以保证时序的满足；版图物理验证是指在完成 ASIC 设计后，对设计的结果进行物理验证的过程，主要包括布局与原理图验证（Layout Vs Schematic，LVS）、设计规则检查（Design Rule Checking，DRC）、电气规则检查（Electrical Rule Checking，ERC）等，最终，物理版图将以 GDSII 的文件格式交付给芯片代工厂在晶圆硅片上进行实际电路的制作。

相信看到这里，读者已经对 ASIC 设计流程有了一个完整的认识。接下来，我们将详细学习 ASIC 最终实现的关键步骤——逻辑综合。

4.1.2 Design Compiler 流程概述

在详细地学习 DC 工具之前，我们希望读者对它的工作流程有一个大致的了解。完整的 DC 流程总共包括 7 步，如图 4.1 所示。

1. 设置 HDL 文件结构（Develop HDL files）

在这一步中我们需要完成环境变量的设置、目录结构的创建、临时文件存放目录的指定，以及自定义命令的指定。

2. 指定综合库文件（Specify library）

在这一步中我们需要指定完成最终 RTL 映射到的库文件以及相关库文件。

3. 读取 RTL 文件（Read design and link）

读取 RTL 代码以开始综合。

4. 设置综合环境（Define design environment）

进行编译选项设置，例如连线、端口、模块的命名规范等。

5. 设置约束文件（Set design constraint）

进行设计规则约束（Design Rule Constraint，DRC）、时序约束、面积约束。

6. 选择设计编译策略（Set design strategy）

选择自底向上或自顶向下的编译策略。

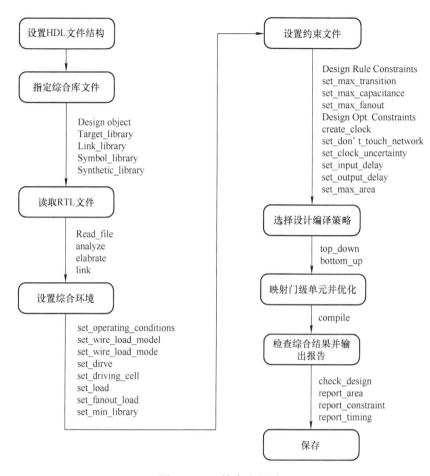

图 4.1　DC 综合流程图

7. 映射门级单元并优化（Optimize the design）

通过 compile 将 RTL 映射成门级网表里的逻辑并对门级网表进行优化。

8. 检查综合结果并输出报告（Analyze and solve design problems）

检查最终生成的电路与需求之间的差异，并输出结果报告。

4.1.3　Design Compiler 配置

DC 是 Synopsys 综合工具的命令行接口，通过在 Linux 系统中键入命令行来调用，包括 dc_shell、dc_shell－t 和 design_vision。若使用 dc_shell 命令行将会基于 Synopsys 本身的语言格式进行调用，使用 dc_shell－t 则会使用标准的 Tcl 语言进行调用。不同于前两者，design_vision 将会以图形化界面的方式进行调用。在标准的工业流程中通常会以前两种方式调用 DC，读者在初学阶段可以先尝试使用图形化界面进行体验。

市面上大多数 EDA 工具在使用之前都需要通过设置文件来指定工艺库位置以及其他用于综合的参数，Synopsys 也不例外。Synopsys 对这些信息的格式进行了自定义，我们应该重点学习。

1. 对象、变量和属性

在学习 DC 之前，我们需要对 DC 中的关键要素做一些介绍，在掌握这些专用术语后，我们可以更好地完成脚本程序的编写。

首先，我们需要明确 DC 工具的设计对象：设计（Design），也就是 RTL 描述的具有一定逻辑功能的电路；单元（Cell），也就是设计中子设计模块的例化名称；引用（Reference），也就是 cell 的参考对象；引脚（Pin），也就是设计单元中的输入、输出；端口（Port），也就是原始设计的输入、输出，端口为一组连续的引脚，可以同时对多个引脚的状态进行读写；连线（Net），将端口与引脚或者引脚之间进行连接的导线；时钟（Clock），也就是用来作为时钟源的端口或者引脚；库（Library），对应的设计综合的目标或者引用连接特定工艺库单元的集合。

变量是 DC 工具在进行综合过程中用作存储信息的占位符。其包含 DC 预先设定的一部分和设计人员自定义的一部分，用于对最终的网表文件进行调整。

属性在本质上与变量相同，都用来储存信息。但是属性则用于存储特定设计对象的信息。因此不同于变量，属性需要预定义并且对 DC 具有特殊的意义，我们也可以通过以下命令来设置、获取或者删除设计对象的属性：

```
#设置设计对象属性
set_attribute          < object list >
                       < attribute name >
                       < attribute value >

#获取设计对象属性
get_attribute          < object list >
                       < attribute name >

#删除设计对象属性
remove_attribute       < attribute_name >
```

2. 系统库变量

接下来我们将详细学习 DC 中库变量 target_library、link_library、symbol_library。

target_library 是目标工艺库的名称，其为最终 ASIC 芯片需要映射到的工艺库。DC 需要通过推断将 RTL 映射到该工艺库。

link_library 是参考工艺库的名称，DC 不会使用该工艺库进行推断。该工艺库设置了模块或者单元电路的引用，对于所有 DC 可能用到的库，我们都需要在 link_library 中指定，其中包括可能会用到的 IP 库。我们可以使用一个标准单元库作为 target_library，指定其他工艺库作为 link_library，这样我们将会使用 target_library 进行综合设计，再使用 link_library 进行例化。

symbol_library 则是包含工艺库中的单元图形表示的库名称。当使用图形化的前端工具 Design Vision（DV）时，需要调用该库。其中包含了 ASIC 电路中所需要使用的门电路的原理图。每个工艺厂商都会针对自己的工艺库提供一个对应的符号库，通过该符号库可以绘制电路的原理图。如果在 DC 启动文件编写时没有设置 symbol_library，DC 会自动使用一个"generic. sdb"通用符号库单元来绘制电路的原理图。工艺库与符号库之间的单元名与引脚名必须精确匹配，否则会出现无法使用对应符号库的情况。

3. 设计输入

在前文中我们提到，综合需要输入 RTL 格式文件到 DC 中。在 DC 中一共有两种设计输入的方法，也就是"read"命令与"analyze/elaborate"命令。由于"analyze/elaborate"命令产生时间处于"read"命令之后，并且效果更强大、运行速度更快。它们之间的区别如表 4.1 所示。

表 4.1 "read"和"analyze/elaborate"命令的区别表

类别	"analyze/elaborate"命令	"read"命令
输入格式	Verilog/VHDL 的 RTL	所有格式：Verilog HDL、VHDL、EDIF、db 等
推荐用法	综合使用 Verilog 或 VHDL 格式的 RTL	读网表、预编译设计等
设计库	使用 – library 选项来指定设计库，而不是调用 dc_shell 目录	不保存分析结果

4. HDL 编译指令

在进行 DC 综合之前，由于综合与仿真环境之间的差异，所以需要从源文件本身对综合过程加以控制。DC 为 Verilog HDL 和 VHDL 设计格式提供了许多编译指令。这些指令能够直接在 HDL 源码中完成对综合过程的控制，这些指令在 HDL 源码中仅仅起到注释的作用，但是对于 DC 来说则具有特殊意义。在这里我们只对 Verilog HDL 设计格式的编译指令做简单介绍，如果读者有兴趣的话可以翻阅 DC 参考手册进行学习。

translate_off 和 translate_on 指令是 HDL 编译指令中最为常见且有用的编译指令。"//synopsys translate_off"指令用于停止 Verilog 的源码转换，"//synopsys translate_on"用于启动 Verilog 的源码转换。它们必须成对使用，并且必须以"//synopsys translate_off"指令为起始。

让我们通过以下示例来对 translate_off 和 translate_on 指令进行学习。

```
//synopsys translate_off
    `ifdef BAUTE_RATE_CHOOSE
//synopsys translate_on
        `define BAUTE_RATE = 115200
//synopsys translate_off
```

```
        ' else
            ' define BAUTE_RATE = 9600
        ' endif
//synopsys translate_on
```

在上述一段 Verilog 代码中，"' ifdef" 用于仿真时在命令行中进行参数的设置。显然这种代码是不可综合的，所以我们可以通过 translate_off 和 translate_on 指令将 "' ifdef BAUTE_RATE_CHOOSE" 这行忽略。在这里读者需要注意，在上述代码中首先使用了 "//synopsys translate_off" 指令。然后在后续的指令使用中，我们通过 "//synopsys translate_off" 指令将定义波特率为 9600 的部分进行了忽略，所以最终起到作用的参数定义为 "' define BAUTE_RATE = 115200"。

5. 启动文件

DC 工具存在一个 Tcl 格式的 .synopsys_dc.setup 启动文件，其中包含了工艺库的路径信息和其他环境变量。DC 工具存在一个安装默认的启动文件，它的功能就是加载 Synopsys 和一些与工艺无关的库和其他参数。用户可以通过启动文件中指定 Synopsys 安装目录、用户主目录、项目工作目录来满足自身的需求。其中项目工作目录具有最高的优先级，其设置将会覆盖前两步中的设置。

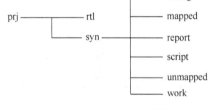

图 4.2　项目文件夹文件结构图

在编写启动文件前，我们需要先创建一个项目文件夹。该文件夹结构如图 4.2 所示。

文件夹中的文件类型如下所示：

脚本文件：	< filename >. tcl
RTL Verilog 文件：	< filename >. v
已综合的 Verilog 文件：	< filename >. sv
Synopsys 数据库文件：	< filename >. rpt
日志报告文件：	< filename >. log

在使用 DC 工具时，启动文件中应当至少包含搜索路径（search_path）、工作路径、DC 路径、库路径等路径信息，以及 target_library、link_library、symbol_library 等库信息。典型的启动文件如下所示，首先，我们设置各路径信息：

```
#设置工作路径和 DC 路径
set SYN_PATH            /home/Desktop/ASIC/prj
set RTL_PATH            $ SYN_PATH/rtl
set CONFIG_PATH         $ SYN_PATH/syn/config
set SCRIPT_PATH         $ SYN_PATH/syn/script
set UNMAPPED_PATH       $ SYN_PATH/syn/unmapped
set MAPPED_PATH         $ SYN_PATH/syn/mapped
set REPORT_PATH         $ SYN_PATH/syn/report
```

```
set WORK_PATH                        $ SYN_PATH/syn/work
set DC_PATH                          /opt/Synopsys/Synplify2015
#设置工作路径
define_design_lib work – path $ WORK_PATH
#定义库路径
set SYMBOL_PATH                      /opt/Foudary_Library/TSMC90/aci/sc – x\
                                     /symbols/synopsys
set LIB_PATH                         /opt/Foudary_Library/TSMC90/aci/sc – x\
                                     /synopsys
```

通过上述命令我们已经完成了路径的定义，接下来我们将开始编写启动文件。启动文件如下：

```
#设置 search_path
set search_path        [list    . $ serach_path $ LIB_PATH            \
                                $ SYMBOL_PATH $ RTL_PATH             \
                                $ SCRIPT_PATH                        \
                                ${ DC_PATH} /libraries/syn]
#设置 target library
set target_library      [list slow. db]
#设置 link library
set link_libraray       [list ∗ ${ target_library} dw_foundation. sldb]
#设置 symbol library
set symbol library      [list tsmc090. sdb]
```

至此启动文件编写完毕。

4.2　Synopsys 工艺库使用

由于广泛的使用，Synopsys 的工艺库已经成为了工业界实际意义上的库标准。绝大多数布局布线工具都支持 Synopsys 工艺库的时序模型与布局布线的时序模型的一对一映射。这意味着工艺库与布局布线工具之间的模型转换是无损且准确的。所以，学习 Synopsys 工艺库可以帮助我们理解布局布线工具所需的计算参数。

同时，对于我们设计人员而言，虽无需关注工艺库的构建细节，但是了解其大致结构并充分理解单元描述、线载模型、工作条件、延时模型及计算方法可以帮助我们更好地使用综合工具并进行设计的优化。在本节中，我们将重点学习工艺库的结构、重要参数及其在综合中的作用。

4.2.1　什么是工艺库

本章 4.1 节已经介绍了在 DC 综合开始前，需要配置 . synopsys_dc. setup 文件，并给出了一个配置示例。在 .synopsys_dc.setup 文件的开始，需要分别指定综合时使用到的四个库：目标库（target_library）、链接库（link_library）、符号库（symbol_library）、算数运算库（synthetic_library）。工艺库往往指目标库和链接库的组合。

1. 目标库

综合和优化过程中，RTL 转化的电路网表要映射到具体工艺的库。其一般由晶圆厂（Foundary）提供，为 .lib 或 .db 格式。.db 格式是由 Library Compilier（LC）生成的二进制文件。DC 只支持 .db 格式的库，所以需要使用 LC 将 .lib 格式库进行转换。目标库包含了引脚（Pin）到引脚的时序、引脚的类型与功能、面积（在深亚微米工艺下以平方微米为单位，在亚微米工艺下以门为单位）以及功耗等信息。

2. 链接库

标识引用的单元或模块的库。对于 DC 在综合过程中用到的所有的单元或模块（包括 IP），都需在链接库中指定。链接库与目标库的区别是，目标库为 DC 将 RTL 代码转化为网表时，将其中已知的单元或模块映射到具体工艺的库。目标库包含了 RTL 代码中实例化的未知单元或模块，这些单元或模块不是以 RTL 的形式例化的，而是包含在链接库指定的 .db 格式的库文件中。在链接库的文件列表中，要包含目标库，否则 DC 会给出无法解析网表中单元的警告。

通常，目标库和链接库在实际工程中可以用于工艺节点的切换。可将旧工艺列于链接库文件列表中，将新工艺列于目标库中，从而实现旧工艺向新工艺的切换。工艺库的学习到这里已经可以结束了，但为了库的学习的全面性，还需要了解一下符号库和算数运算库。

3. 符号库

工艺库中单元的图形表示的库。我们在使用 DC 查看电路原理图时，其中单元或模块的图形就来自符号库，用于标识工艺库中的单元或模块。

4. 算数运算库

一般指 Synopsys 的 IP 库 DesignWare Library，也可以是用户自定义的运算库。在 RTL 代码中，运算符号，如"＊""＋"可以映射到用户指定的 IP 下。包含这些运算单元的 IP 库就是算数运算库。

在 DC 工具中可能需要使用到的库的类别就介绍到这里。需要注意的是，Synopsys 的另一款综合工具 Physical Compiler 除了以上列举的库外，还有 physical_library 选项，也就是物理库。它描述了单元的物理尺寸、层信息及单元方位相关数据。而上文介绍的四类库都为逻辑库，也就是不包含单元物理层面信息的库。下面的学习内容都是基于逻辑库的，也是设计人员经常接触的库。

4.2.2 库的结构

一个典型的库的总体结构如图 4.3 所示。

最外层的逻辑库（Logic Library）包含整个库的库类，库内又分为四个层次：日期和版本（Date and Revision）、库属性（Library Attributes）、环境描述（Environmental Descriptions）和单元描述（Cell Descriptions）。其中，环境描述和单元描述内部又分为了几个层次，其中的重点部分我们将在后文详细学习。

本节内容我们将对自行构建的示例库（demo. lib）进行讲解，供读者参考。由于库的内容有很多细节，不可能一一列举，下面只学习针对设计人员而言比较重要的部分。

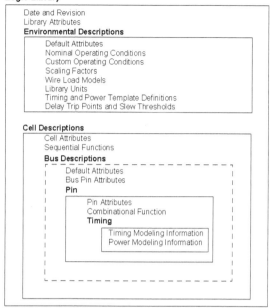

图 4.3　库的结构图

4.2.3　库类

库类语句以 library 关键字开头，首先在圆括号内声明库名，右接一左花括号，花括号内进行整个库的内容描述，最后整个库类以右花括号结束，如下所示：

```
library（demo）｛ / ∗ Start of library demo ∗ ／
…
< library description >
…
｝ / ∗ End of library demo ∗ ／
```

库的名称建议与库的文件名保持一致，避免混淆。

4.2.4　库级属性

根据图 4.3，可以看到库级属性是作用于整个库的。然而，一般的库文件并不严格按照图 4.3 的结构进行编写。在开头的库级属性下还包含了延迟计算模型、版本、库特征、各种参数的计算单位、静态时序分析计算参数等。

```
delay_model : table_lookup ;
revision : "0.1" ;
library_features（report_delay_calculation, report_power_calculation）;
time_unit : 1ns ;
voltage_unit : 1V ;
```

```
current_unit : 1mA ;
capacitive_load_unit(1, pf) ;
pulling_resistance_unit : 1kohm ;
leakage_power_unit : 1uW ;
input_threshold_pct_fall : 50 ;
input_threshold_pct_rise : 50 ;
output_threshold_pct_fall : 50 ;
output_threshold_pct_rise : 50 ;
slew_derate_from_library : 0. 5 ;
slew_lower_threshold_pct_fall : 30 ;
slew_lower_threshold_pct_rise : 30 ;
slew_upper_threshold_pct_fall : 70 ;
slew_upper_threshold_pct_rise : 70 ;
in_place_swap_mode : match_footprint ;
nom_process : 1 ;
nom_temperature : 0 ;
nom_voltage : 1. 21 ;
default_cell_leakage_power : 0 ;
default_fanout_load : 1 ;
default_inout_pin_cap : 1 ;
default_input_pin_cap : 1 ;
default_leakage_power_density : 0 ;
default_output_pin_cap : 0 ;
define_group(decap, magma_decoupling) ;
define_group(decap_lut_template, library) ;
define_group(esr_conductance, magma_esr) ;
define_group(esr_lut_template, library) ;
define_group(magma_decoupling, cell) ;
define_group(magma_decoupling, pin) ;
define_group(magma_esr, pin) ;
define(index_1, decap, string) ;
define(index_1, decap_lut_template, string) ;
define(index_1, esr_conductance, string) ;
define(index_1, esr_lut_template, string) ;
define(magma_decoupling_version, library, float) ;
define(supply, magma_decoupling, string) ;
define(supply, magma_esr, string) ;
define(values, decap, string) ;
```

```
define( values, esr_conductance, string) ;
define( variable_1, decap_lut_template, string) ;
define( variable_1, esr_lut_template, string) ;
define( when, magma_decoupling, string) ;
define( when, magma_esr, string) ;
magma_decoupling_version : 1 ;
voltage_map( VNW, 1. 21) ;
voltage_map( VDD, 1. 21) ;
voltage_map( VSS, 0) ;
voltage_map( VPW, 0) ;
…
```

delay_model 指明计算单元延迟（cell delay）的模型，延迟计算模型将在本节后续详细介绍。library_features 指该库可用于进行哪些计算，report_delay_calculation 代表可以计算延迟，report_power_calculation 代表可以计算功耗。

由于 DC 工具本身并不定义计算单位，所以需要在库中指明，定义包括 time_unit（时间单位）、pulling_resistance_unit（上下拉电阻单位）等。这部分对应图 4.3 结构中环境描述下的 Library Units。

input_threshold_pct_fall 至 slew_upper_threshold_pct_rise 的部分对应图 4.3 结构中的环境描述下的 Delay Trip Points and Slew Thresholds。

in_place_swap_mode 用于指示综合工具是否可以在优化设计时自动替换网表中的单元。它有两个参数，为 match_footprint 和 no_swapping，分别代表根据引脚匹配和不允许替换。

其余参数读者可翻阅库的参考手册进一步了解。结合参考手册和上面的内容，读者应该不难理解上述代码。

4. 2. 5　环境描述

在库级属性后，我们需要定义库的环境属性。库的环境属性，主要包括工作条件、比例缩放因子（也常称为 K 因子）、用于 DC 综合的线载模型，以及时序和功耗模型。下面我们将依次学习这几个重要模型。

1. 工作条件

工作条件是对于工作时制造工艺、电压和温度（Process Voltage Temperature, PVT）偏差的建模。它以 operation_condition 关键字指明，圆括号内为工作条件的类别。花括号内为具体的工作条件参数。

```
operating_conditions( typical) {
    process : 1 ;
    temperature : 85 ;
```

```
        voltage : 1. 1 ;
            tree_type :balanced_tree ;
    }
    default_operating_conditions : fast;
```

可见花括号内指定了工艺（process）、温度（temperature）、电压（voltage）和 RC 树模型（tree_type）这四种参数。通常，工作条件分为三种：最差情况、常规情况和最优情况，分别对应的 RC 树模型为 worst_case_tree、balanced_tree 和 best_case_tree。一个逻辑库只能包含一种工作条件，对应一种 RC 树模型。所以逻辑库也分为三种库：最差、常规和最优情况。下面为最差情况（slow）和最优情况（fast）的工作条件示例。

```
    operating_conditions( slow) {
        process : 1;
        temperature : 0 ;
        voltage : 0. 99 ;
        tree_type : worst_case_tree ;
    }
    operating_conditions( fast) {
        process : 1;
        temperature : 0;
        voltage : 1. 21;
        tree_type : best_case_tree;
    }
```

2. 比例缩放因子

库中定义的比例因子是基于工艺、温度和电压偏差而得到的乘数，在综合工具中用来计算延迟，从而提供优化方法。

```
        k_process_cell_leakage_power       : 0;
        k_temp_cell_leakage_power          : 0;
        k_volt_cell_leakage_power          : 0;
        k_process_internal_power           : 0;
        k_temp_internal_power              : 0;
        k_volt_internal_power              : 0;
        k_process_rise_transition          : 1;
        k_temp_rise_transition             : 0;
        k_volt_rise_transition             : 0;
        k_process_fall_transition          : 1;
        k_temp_fall_transition             : 0;
        k_volt_fall_transition             : 0;
```

```
k_process_setup_rise          : 1;
k_temp_setup_rise             : 0;
k_volt_setup_rise             : 0;
k_process_setup_fall          : 1;
k_temp_setup_fall             : 0;
k_volt_setup_fall             : 0;
k_process_hold_rise           : 1;
k_temp_hold_rise              : 0;
...
```

上面，以 k_process、k_temp、k_volt 为前缀的比例因子分别代表由于工艺、温度和电压影响导致的不同系数。cell_leakage_power 后缀代表单元泄漏功耗；internal_power 代表短路功耗；rise_transition 代表电平由低至高的转换时间；fall_transition 为电平由高至低的转换时间；setup_rise 为单元输入的低电平有效至高电平有效的上升时间。

3. 线载模型

库中定义的线载模型用于在布图前阶段计算互连线的延迟信息。工艺库针对不同逻辑的面积大小定义了不同的线载模型，如下所示。

```
wire_load("Zero") {
    resistance : 0.00397143;
    capacitance : 0.000206;
    area : 0;
    slope : 0.0;
    fanout_length (1, 0.0);
}
wire_load("Small") {
    resistance : 0.00397143;
    capacitance : 0.000206;
    area : 1e-40;
    slope : 2.9;
    fanout_length (1, 4.35);
}
wire_load("Medium") {
    resistance : 0.00397143;
    capacitance : 0.000206;
    area : 1e-40;
    slope : 4.35;
    fanout_length (1, 7.25);
}
```

```
wire_load("Large") {
    resistance : 0.00397143 ;
    capacitance : 0.000206 ;
    area : 1e - 40 ;
    slope : 5.8 ;
    fanout_length (1, 11.6) ;
}
wire_load("Huge") {
    resistance : 0.00397143 ;
    capacitance : 0.000206 ;
    area : 1e - 40 ;
    slope : 7.25 ;
    fanout_length (1, 18.85) ;
}
default_wire_load : "Small";
default_wire_load_mode : top;
```

 线载模型可以用于估计互连线带来的电容、电阻，以及面积开销。同时，也可以根据扇出数量来估计网络的长度。resistance 代表单位长度电阻值；capacitance 代表单位长度电容值；area 代表单位长度对应的面积值；slope 代表线性插值计算的斜率，这与超出扇出数量的互连线计算方法有关。fanout_length（x，y）则表示扇出数量为 x 的互连线与面积 y 之间的对应关系。比如，fanout_length（1，18.85）代表扇出数量为 1 的互连线对应的面积为 18.85。

4. I/O 压焊块属性

 该属性定义 I/O 压焊块（PAD）的电平属性，即输入/输出的高电平和低电平的判决门限，以及最小和最大输入/输出电压。

```
input_voltage(clockpin) {
    vil : 0 ;
    vih : 1.1 ;
    vimin : 0 ;
    vimax : 1.1 ;
}
input_voltage(default) {
    vil : 0 ;
    vih : 1.1 ;
    vimin : 0 ;
    vimax : 1.1 ;
}
output_voltage(clockpin) {
    vol : 0 ;
```

```
                voh : 1.1 ;
                vomin : 0 ;
                vomax : 1.1 ;
            }
        output_voltage(default) {
                vol : 0 ;
                voh : 1.1 ;
                vomin : 0 ;
                vomax : 1.1 ;
            }
```

input_voltage 代表输入电压；output_voltage 代表输出电压。括号内分别有两类：default 和 clockpin，这是因为普通 I/O 和时钟的引脚是有区别的。

vih：输入高电平门限。当输入电平高于 vih 时，则认为输入电平为高电平；

vil：输入低电平门限。当输入电平低于 vil 时，则认为输入电平为低电平；

voh：输出高电平门限。逻辑门的输出为高电平时的电平值都必须大于 voh；

vol：输出低电平门限。逻辑门的输出为低电平时的电平值都必须小于 vol。

默认情况下，vimin 与 vil 一致，vimax 与 vih 一致，vomin 与 vol 一致，vomax 与 voh 一致。

5. 时序和功耗模板

时序查找表模板是为库中单元提供的调用延时数值的模板。通过时序查找表，可以得到较为准确的单元延时值，在本 demo 库中，查找表是基于非线性模型的。

```
        lu_table_template(cnst_3x3) {
            variable_1 : constrained_pin_transition ;
            variable_2 : related_pin_transition ;
            index_1("1, 2, 3") ;
            index_2("1, 2, 3") ;
        }
        lu_table_template(tmg _7x7) {
            variable_1 : input_net_transition ;
            variable_2 : total_output_net_capacitance ;
            index_1("1, 2, 3, 4, 5, 6, 7") ;
            index_2("1, 2, 3, 4, 5, 6, 7") ;
        }
```

功耗查找表模板是为库中单元提供的调用功耗数值的模板。通过功耗查找表，可以得到较为准确的单元功耗值。

```
        power_lut_template(pwr _7) {
        variable_1 : input_transition_time ;
        index_1("1, 2, 3, 4, 5, 6, 7") ;
```

```
    }

    power_lut_template( pwr_ 7x7) {
        variable_1 : input_transition_time ;
        variable_2 : total_output_net_capacitance ;
        index_1("1, 2, 3, 4, 5, 6, 7");
        index_2("1, 2, 3, 4, 5, 6, 7");
    }
```

对于时序的计算模型与计算方法，我们将在 4.2.7 小节详细学习，此处只需了解计算模板的基本结构即可。

4.2.6 单元描述

单元描述是对库中每个单元的功能、时序，以及与其他单元相关的描述。我们无需知晓每个细节的内容。下面的示例只针对一个单元的关键信息进行展示和解释。

```
    cell(BUFX) {
        area : 0.7183 ;
        cell_footprint : BUFX ;
        leakage_power() {
            related_pg_pin : "VDD" ;
            when : "! A" ;
            value : "0.00111241352" ;
        }
        ...
        pin(A) {
            capacitance : 0.000683137 ;
            direction : input ;
            fall_capacitance : 0.000679083 ;
            input_voltage : default ;
            max_transition : 1.218 ;
            related_ground_pin : VSS ;
            related_power_pin : VDD ;
            rise_capacitance : 0.000687212 ;
        }
        pin(Y) {
            direction : output ;
            function : "A" ;
            max_capacitance : 0.0719035 ;
            max_transition : 1.218 ;
```

```
                    min_capacitance : 0.0001 ;
                    output_voltage : default ;
                    related_ground_pin : VSS ;
                    related_power_pin : VDD ;
                    power_down_function : "! VDD + VSS" ;
                    ...
                }
            timing() {
                related_pin : "A" ;
                timing_sense : positive_unate ;
                timing_type : combinational ;
                cell_fall(tmg_7x7) {
                    index_1("0.00222, 0.0240898, 0.100857, 0.247456, 0.475851, \
                    0.796314, 1.218");
                    index_2(...);
                    values(...);
                }
                cell_rise(tmg_7x7) {
                    index_1("0.00222, 0.0240898, 0.100857, 0.247456, 0.475851, \
                    0.796314, 1.218");
                    index_2(...);
                    values(...);
                }
                ...
            }
        }
```

单元描述以面积（area）开始，其次是单元名称（cell_footprint）、泄漏功耗（leakage_power）、引脚描述（pin）以及时序（timing）相关的描述。上面比较关键的属性为 max_capacitance 和 max_transition。这两个属性与厂商的制造工艺相关，且不能违反 DRC 属性。max_transition 属性定义任何转换时间大于负载引脚 max_transition 指定值的连线不能连接到该引脚。输出引脚同理，max_capacitance 指定驱动单元的输出引脚不能和总电容大于等于该值定义的互连线相连。

虽然，一旦发生 DRC 违例，DC 会自动将满足条件的单元替换驱动单元，但是这样替换的结果可能不是我们想要的。因此，我们在设计时，需要谨慎考虑 DRC 相关的问题。

4.2.7　延时模型与计算

前文在时序和功耗模板中提到，demo 库中的模板是基于非线性延时模型的，并给出了相应示例。Synopsys 支持的延时模型包括 CMOS 通用延时模型、CMOS 分段线性延时模型和 CMOS 非线性延时查找表模型。前两种模型由于精度较差而被淘汰，而非线性延时模型是目前主流计算模型之一。下面，我们将首先学习非线性延时模型。

非线性延时模型（Non – Linear Delay Model，NLDM）是用于计算单元延迟的。在时序分析时，模型通过构建一个二维查找表，并且使用输入信号转换时间（input_net_transition）与输出总电容负载（total_output_net_capacitance）作为索引，经过查表后得到决定最终单元延迟的决定因子。模型的精度取决于输入的精度和范围。然而，输入的索引值并不总是与表内设置的索引值相等。那么，我们应当如何精确计算此时的延时呢？答案是使用多项式插值的方法。

我们一起学习一个应用查找表模板的示例：

在前面 4.2.6 节单元描述中的时序（timing）描述中，可见如下部分：

```
cell_fall( tmg_7x7) {
    index_1("0.00222, 0.0240898, 0.100857, 0.247456, 0.475851, \
    0.796314, 1.218");
    index_2(...);
    values(...);
}
```

这说明：单元的高电平输入转换为低电平输出的逻辑门延迟的时序计算使用了 tmg_7x7 模板，并且输入的索引分别为 index_1 和 index_2。表中的延迟值为 values，详细的对应关系如图 4.4 所示。

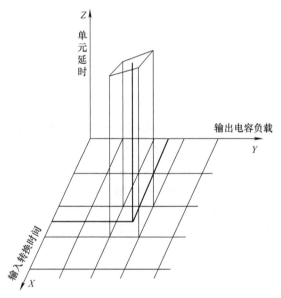

图 4.4　NLDM 查表计算图

XY 平面的网格中的每条线都代表查找表中列出的输入索引值。图中可见输入转换时间和输出负载电容在进行查表时，使用的都不是已列出的索引值，所以需要

利用周围的四个已知的延迟值进行插值计算，从而得到当前输入索引的延迟值。

4.3　设计与环境约束

Design Compiler 的本质是一个由设计约束驱动的综合工具，它最终的综合结果直接取决于设计人员对该 ASIC 电路添加的约束条件。所以学习 DC 中的各种约束类型并学会应用是非常重要的。接下来我们将详细学习 DC 中涉及的约束条件。

4.3.1　环境约束

在进行设计的环境约束前，假定我们已经完成了 RTL 代码设计与仿真的过程。我们接下来要做的就是描述整个 RTL 电路的设计环境。在这一步中，我们需要定义用于实现 RTL 电路工艺的参数、RTL 电路的 I/O 端口的属性、RTL 连线负载模型。整个设计的环境约束的过程如图 4.5 所示。

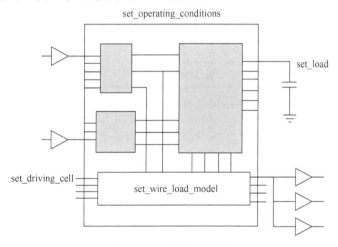

图 4.5　DC 综合流程图

1. 工艺参数定义

在进行工艺参数定义时主要需要对操作条件、临界条件、默认环境属性和比例缩放因子进行定义。操作条件（Operation Conditions）用于设置工艺的制成、温度与电压；临界条件定义（Threshold Definition）用于设置电路的极限值，例如输入和输出的上升沿与下降沿的最大与最小值、时钟抖动的最大值与最小值等；默认环境属性（Default Attributes）用于设定工艺中晶体管的漏电流功耗密度、标准单元的漏电流功耗、I/O 端口的电容等参数；比例缩放因子（K–Factors）用于计算不同制程、电压和温度下单元的延迟。由于一般的单元库中只设定了标准单元在特定制程、电压和温度下的延迟，所以需要通过比例缩放因子来进行各种制程、电压和温度下的单元的延迟的计算。接下来我们将通过例子对工艺参数定义这一过程进行学习。

工艺厂商所提供的工艺库中的标准单元的延迟是在标准条件下进行测量的，所以在工作条件发生变化后，标准单元的延迟必然发生了变化。因此工艺厂商所提供的工艺库通常会提供最好情况（Best Case）、典型情况（Typical Case）和最差情况（Worst Case）三种工作条件。通过这三种工作条件的设置，我们可以完成对工艺参数的定义。

　　进行工艺参数定义时主要用到"set_min_library"和"set_operation_conditions"两个命令实现。它们的基本用法如下：

```
set_min_library < max library filname > - min_version < min library filename >
set_operation_conditions < name of operating conditions >
```

　　在默认情况下 DC 不会自动指定工作条件。通过"report_lib"命令我们可以列出当前 DC 环境中的工艺库提供的所有工作条件。在这里我们引入一个例子。

　　图 4.6 中的工艺库中总共有三种工作条件，读者可以查看工艺库的工作条件名称、制程、温度和电压参数。

```
Operating Conditions:

Name          Library   Process   Temp     Volt
-----------------------------------------------------
typ_25_1.80   my_lib    1.00      25.00    1.80
slow_125_1.62 my_lib    1.00      125.00   1.62
fast_0_1.98   my_lib    1.00      0.00     1.98
```

图 4.6　示例工艺库工作条件图

　　当我们进行建立时间时序分析时，需要用到最差的条件，也就是"slow_125_1.62"这样一个高温、低电压的条件。

```
#设置最差工作条件,其中 - max 用于表征最差工作条件,用法如下:
set_operating_conditions - max" slow_125_1.62"
```

　　当我们进行保持时间时序分析时，需要用到最好的工作条件，也就是"fast_0_1.98"这样一个性能最好的工作条件。

```
#设置最好工作条件,其中 - min 用于表征最好工作条件,用法如下:
set_operating_conditions - min" fast_0_1.98"
```

　　如果我们需要同时对建立时间与保持时间进行时序分析时，则通过如下命令行进行工作条件指定。

```
#设置工艺库文件, core_ slow. db 和 core_ fast. db 分别是最好和最差工作条件
#下的工艺库
set_min_library core_slow. db - min_version core_fast. db
set_operating_conditions - max "slow_125_1.62" - min" fast_0_1.98"
```

　　至此我们完成了对工作条件的选择，也就是工艺参数的定义。

2. I/O 端口属性定义

I/O 端口或者输入、输出引脚的基本属性，包括驱动强度、驱动负载、电容负载等。驱动强度和驱动负载设置用于模拟真实的外部单元驱动。在设置驱动强度后，DC 可以通过计算得到输入信号到达输入端口的转换时间，从而精确地计算输入电路的延迟；电容负载设置用于模拟端口上的外部电容负载。同样的，在设置输出单元驱动的总负载后，可以精确计算输出电路的延迟。

对输入端口的属性进行定义主要通过"set_drive"和"set_driving_cell"两个命令进行设置，它们的基本用法如下：

set_drive ＜ value ＞ ＜ object_list ＞
set_driving_cell － lib_cell ＜ cell name ＞ － pin ＜ pin name ＞ ＜ object list ＞

其中"set_drive"用于对输入端口的驱动强度进行设置。在这里我们以图 4.7 中的逻辑电路为例，进行输入端口基本属性的定义。

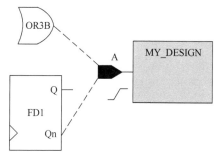

图 4.7　逻辑电路图实例 1

设置脚本如下：

#驱动强度设置
set_drive 1.8 ｛A｝
#驱动负载设置
set_driving_cell － lib_cell OR3B － pin ［ get_ports A ］
set_driving_cell － lib_cell FD1 － pin Qn ［ get_ports A ］

对输出端口的属性定义主要通过"set_load"命令进行设置，命令的基本用法如下：

set_load ＜ value ＞ ＜ object list ＞

同样地，我们以逻辑电路为例，进行输出端口的属性定义。

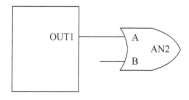

图 4.8　逻辑电路图实例 2

设置脚本如下：

```
#load_of 进行库 mylib 中的单元的电容值引用
set_load［load_of  mylib/AND2/A］［get_ports OUT1］
```

至此，对输入输出端口的基本属性定义完成。

3. 连线负载模型定义

连线负载模型是由半导体工艺厂商根据自身工艺特点开发的一个包含单位长度面积因子、电容、电阻，以及扇出与线长查找表。在前文中我们通过工艺参数的定义完成了各个标准单元的延时和功耗信息，但是各个标准单元之间的互联线的物理信息仍是未知的。在这种情况下，我们就需要通过连线负载模型来估算实际电路实现后的线负载大小。通过扇出与线长查找表，我们可以通过扇出预估线长，然后通过线长进行线上电阻、电容、面积等参数的估算。

下面就是一个名为"Wire133"负载模型的例子。例子中给出了单位长度的互联线电阻、电容、面积、每扇出对应的互连线长度。

```
wire_load("Wire133")｛
    resistance        :    8.5e - 8
    capacitance       :    1.5e - 3
    area              :    0.7
    slope             :    133.334
    fanout_length     :    (1,133.334)
｝
```

对线负载模型的定义主要通过"set_wire_load_mode"命令进行设置。它的基本用法如下：

```
set_wire_load_mode - name ＜wire - load model＞
```

如果我们需要对一个名为"SoC_ADD"的模块的连线负载模型定义为前文提到的"Wire133"线负载模型则需要执行以下命令：

```
current_design SoC_ADD
set_wire_load_mode - name Wire133
```

"set_wire_load_mode"命令提供了三种进行连线负载模型建立的模式，分别为 top、enclosed 和 segmented。以图 4.9 中的互连线模型为例，在 top 模式下，所有子模块将会继承顶层模块的连线负载模型；在 enclosed 模式下，所有包含某一特定子模块的模块将会继承该子模块的连线负载模型；在 segmented 模式下，子模块会使用它们特定的连线负载模型，而各个子

图 4.9 互联线模型示意图

模块之间的互联线将会继承 Top 模块定义的连线负载模型。

　　同样地,通过"set_wire_load_mode"命令的可以完成对三种模式的选择。具体用法如下:

　　　　set_wire_load_mode ＜ top｜enclosed｜segmented ＞

　　至此,我们完成了整个环境约束的流程。接下来我们将对设计的其他因素进行约束。

4.3.2　设计约束

　　在 RTL 模块一般综合流程中,设计约束所涉及的步骤及其作用如图 4.10 所示。

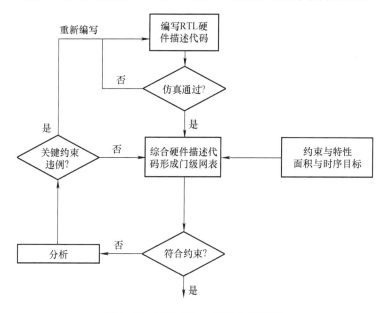

图 4.10　RTL 模块一般综合流程图

　　设计约束主要描述了设计目标,主要包含设计规则约束、设计时钟约束、设计面积约约束以及高级约束。上图展示了 RTL 模块的一般综合流程。DC 将会根据设计人员规定的设计约束进行优化,直到满足设计约束的要求。所以设计人员需要保证其约束必须是实际可实现的。其基本命令如图 4.11 所示。

1. 设计规则约束

　　在进行设计约束之间,我们需要先对 DRC 进行学习。DRC 是工艺厂商规定的设计规则,通过这些约束来规定 DC 综合时最多可以有多少个单元进行联结。在工艺厂商提供的工艺库中已经包含了设计规则约束,如果我们定义的约束比该约束更松,工艺厂商将无法保证该电路能够正常工作。设计规则约束主要包括"set_max_transition""set_max_fanout"和"set_max_capacitance"。

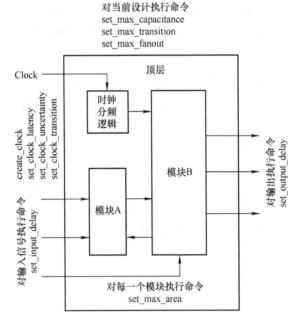

图 4.11 设计约束命令图

其中，"set_max_transition"命令用于设置最大转换时间。在时钟约束中我们将详细介绍转换时间的概念。其具体用法如下：

```
#设置当前模块最大转换时间为 0.3ns
set_max_transition 0.3 current_design
```

"set_max_fanout"命令用于设置输出端口的最大扇出。具体用法如下：

```
#设置输出端口最大扇出数为 3
set_max_ fanout 3.0 [all_output]
```

"set_max_capacitance"命令用于设置输出端口的最大扇出。其具体用法如下：

```
#设置输出端口最大负载电容为 1.5pF
set_max_ capacitance 1.5 [get_ports O]
```

至此，我们完成了设计规则约束。我们后续的所有模块都将遵循该设计规则。

2. 时序约束

在进行时序约束之前，我们需要对时钟树属性有一个简单的了解。时钟树包含的基本属性包括时钟偏移、时钟抖动、时钟转换时间和时钟延迟。

时钟偏移（Clock skew）：时钟信号通过不同的路径到达不同的寄存器的延迟不同，这导致时钟分支在到达寄存器的时钟端口时存在相位差，这个相位差就是时钟偏移。

时钟抖动（Clock jitter）：实际的时钟并不像理想时钟那样存在着固定的占空

比和周期长度，它存在着不随时间积累、时而超前时而滞后的抖动。

时钟转换时间（Clock transition）：理想中的时钟的跳变是瞬间发生的，但实际时钟则需要通过电容充放电实现时钟的跳变，充放电完成的时间也就是时钟转换时间。

时钟延迟（Clock latency）：时钟延迟是指时钟信号从时钟源到寄存器的时钟端口的时间。时钟延迟分为时钟源延迟和时钟网络延迟。如图 4.12 所示，时钟源延迟是指时钟信号从实际原点到模块时钟端的延迟，也就是图中的 3ns；时钟网络延迟是指时钟信号从模块的时钟端到达寄存器时钟端口的延迟，也就是图中的 1ns。

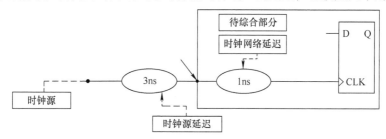

图 4.12　时钟延迟图

在时序约束中，除了需要对时钟的属性进行约束，还需要对时序路径进行约束。时序路径是数据传输的路径。图 4.13 中一共存在四条时序路径，分别是从 A 端口到第一个 D 触发器的 D 端口、第一个 D 触发器的 Q 端口到第二个 D 触发器的 D 端口、第二个 D 触发器到 Z 端口以及从 A 端口到 Z 端口的完整的模块输入输出路径。

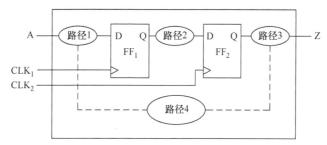

图 4.13　时序路径图

这些基础概念将会帮助读者理解后续的约束命令。

接下来我们将学习具体的时钟约束命令。首先，"create_clock"命令用于创建时钟信号。其基本用法如下：

> create_clock – period ＜clock_period_value＞ – waveform［list a b］＜clock_name＞

如果我们需要创建一个周期为 20ns，占空比为 50% 的时钟，可以这样写：

> create_clock – period 20 – waveform［list 0 20］clk

其中"［list 0 20］"表示时钟正边沿开始于 0ns 处，下降边沿发生于 20ns 处。我们可以通过改变下降边沿的位置，从而改变时钟的占空比。

创建好时钟后，我们需要设置时钟延迟，其中时钟网络延迟为预估值。进行时钟树综合时，我们将会以该预估值为目标来加入缓冲 buffer。通过 "set_clock_la-tency" 可以完成时钟延迟的约束，具体用法如下：

```
#设置时钟源延迟约束
set_clock_latency source 1 [ get_clocks clk ]
#设置时钟网络约束
set_clock_latency 0.5 [ get_clocks clk ]
```

由于实际的时钟存在不确定的时钟偏移和时钟抖动，其会对时钟的建立时间和保持时间产生影响。所以设置完时钟延迟后我们需要通过 "set_clock_uncertainty" 命令预估时钟偏移和时钟抖动，从而给时钟的建立时间和保持时间增加更多的余量。具体用法如下所示：

```
set_clock_uncertainty - setup 0.5 - hold 0.25 [ get_clocks clk ]
```

通过 "set_clock_transition" 命令我们可以完成对时钟转换时间的定义：

```
#设置时钟转换时间为 0.3ns
set_clock_transition   0.3 [ get_clocks clk ]
```

至此我们完成了对创建的时钟 clk 的所有约束。

3. 面积约束

芯片面积是直接关系芯片成本的因素。芯片面积越大，其生产成本越高。对模块面积的约束主要通过 "set_max_area" 命令进行设置，其基本用法如下：

```
set_max_area < area_value >
```

< area_value > 的单位由工艺厂商提供，通常有三种标准：二输入与非门的大小作为量纲、晶体管的数目作为量纲，以及模块在硅晶片上的实际面积作为量纲。设置 < area_value > 为 0，DC 工具就会尽可能小得进行面积约束。

4. 输入输出约束

"set_input_delay" 命令用于指定输入数据相对于时钟信号的到达时间。通过该命令可以指定输入端口的在时钟沿后数据到达稳定状态所需的时间。命令的具体用法如下：

```
#设置最大输入延迟为 12ns
set_input_delay - max 12ns - clock clk {data}
#设置最小输入延迟为 2ns
set_input_delay - min 2ns - clock clk {data}
```

在图 4.14 中，我们可以看到一个占空比为 50%，周期为 20ns 的时钟 Clock 和设置了相应延迟的输入数据 data。通过这种设置，我们可以计算出时钟的建立时间为 8ns，保持时间为 2ns。

"set_output_delay" 命令用于指定输出端口的数据输出相对于设计中参考时钟边沿的延迟：

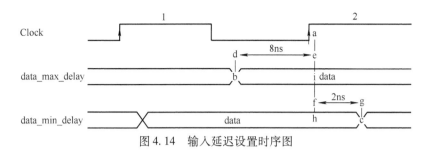

图 4.14　输入延迟设置时序图

```
#设置输出延迟为12ns
set_output_delay   12ns – clock clk ｛data｝
```

在图 4.15 中我们可以看到一个占空比为 50% ，周期为 20ns 的时钟 Clock 和设置了相应延迟的输出数据 data。

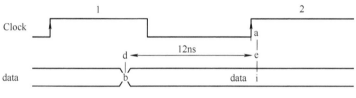

图 4.15　输出延迟设置时序图

5. 高级约束

在前文中我们介绍了常用的约束，接下来我们将学习一些高级约束。

"set_false_path" 用于指示 DC 忽视某一路径的时序或者优化。模块中存在一些虚假路径，这些虚假路径的电路功能不会发生或者无需时序约束。如果我们不做虚假路径约束，DC 将会对所有路径进行优化。这将会导致我们的关键路径受到影响。该命令的具体用法如下：

```
#设置虚假路径,该路径为从 input_0 端口开始,穿过 U1 模块中的 Z 端口,
#结束于 output_0 端口
set_false_path – form input_0 – through U1/Z – to output_0
```

在前文中，我们使用单周期关系来分析数据路径，即数据的发起沿与捕获沿是相邻的一对时钟沿。图 4.14 所示就是典型的单周期关系。但是在实际的工程中，由于数据传输路径过长或者逻辑延迟过长，数据发起后需要经过多个时钟周期才能到达捕获寄存器；或者在数据发起的多个周期后，后续的逻辑才能使用。在这个时候我们就需要使用 "set_multicycle_path" 来设置多周期路径进行时序检查：

```
#数据经过两个时钟周期才被捕获,数据路径为从一个与门的 A 端口
#到达另一个与门的 A 端口
set_multicycle_path 2 – setup – form ［get_pins and_gate_0/A］ – to   \
                           ［get_pins and_gate_1/A］
```

"set_max_delay" 和 "set_min_delay" 两条命令用于定义某一路径按照时间单位所需的最大和最小延迟：

> set_max_delay [delay_time] – from [all_inputs] – to [all_outputs]
> set_min_delay [delay_time] – from [all_inputs] – to [all_outputs]

4.3.3　时钟约束

在综合设计中，最关键的约束之一就是时钟约束，并且时钟约束需要在布图前后分别定义。在过去传统的 ASIC 设计中，时钟设计考虑的是如何通过大的缓冲器，以及布尽可能粗的时钟线来增强时钟驱动能力，同时提供尽可能小的时钟偏移。这种方法对于亚微米工艺而言是可行的，然而深亚微米（VDSM）工艺使用更细的走线，这就会导致更大的电阻和更长的时钟转换时间。在这种情况下，必须要在综合时就引入时钟的偏移和延迟，传统的时钟设计方法已经逐渐落后。

随着布图工具的飞速发展，目前时钟约束的主流方法是通过在 DC 中描述时钟树来效仿最终布图后的时钟延迟和偏移。这种时钟树的建模分为布图前和布图后两个阶段。下面将依次阐述。

1. 布图前时钟约束

由于在先进工艺下需要引入时钟的延迟和偏移，在布图前的综合阶段最好给出设计人员估计的时钟树延迟和偏移。以下是相关的 DC 脚本：

```
dc_shell – t > create_clock – period 40 – waveform {0 20} CLK
dc_shell – t > set_clock_latency 2.5 CLK
dc_shell – t > set_clock_uncertainty – setup 0.5 – hold 0.25 CLK
dc_shell – t > set_clock_transition 0.1 CLK
dc_shell – t > set_dont_touch_network CLK
dc_shell – t > set_drive 0 CLK
```

其中，create_clock 指令声明了名为 CLK 的时钟周期为 40ns，占空比为 50%。set_clock_latency 指令约束 CLK 的总延迟为 2.5ns。set_clock_uncertainty 指令设置了时钟的不确定性，其可以近似时钟的偏移，同时也可以针对建立时间和保持时间设置不同的不确定性。set_clock_transition 指令指定了时钟的转换时间。由于目前阶段为布图前，无法获得实际布图后得到的每条时钟线的转换时间，所以为所有的时钟线均指定 0.1ns 的转换时间。该条指令十分重要。若不指定转换时间，DC 会由于 CLK 驱动大量的门而计算得到较长的转换时间，这与真实情况相违背。事实上，布线后得到的时钟树可以保证较短的转换时间。set_dont_touch_network 指令阻止 DC 为时钟线插入缓冲器，并且将所有与 CLK 相连的门设置为 "dont_touch" 属性。set_drive 指令设置 CLK 的驱动强度为最高。

2. 布图后时钟约束

布图后，时钟树已经插入到布图前 DC 生成的网表中了。一些布图工具提供了与 DC 之间的数据交互接口，支持将时钟树插入后的网表返回 DC，在 DC 中就可以自动分析出时钟的延迟和偏移。在这种情况下，实施布图后综合将采用以下指令约束时钟：

```
dc_shell – t > create_clock – period 40 – waveform [list 0 20] CLK
dc_shell – t > set_propagated_clock CLK
dc_shell – t > set_clock_uncertainty – setup 0.25 – hold 0.05 CLK
dc_shell – t > set_dont_touch_network CLK
dc_shell – t > set_drive 0 CLK
```

通过与布图前时钟约束脚本的对比，可以发现布图后的时钟约束缺失了 set_clock_latency 和 set_clock_transition 项，多了 set_propagated_clock 项。这么做的原因是布图后的网表中已经包含了时钟树的拓扑结构，无须将延迟定义为某个特定的值，而是使用 set_propagated_clock 指令设定传播时钟，DC 会自动计算每个时钟连线终点的延迟。同理，转换时间也无须声明，而是通过负载来自动计算。时钟的不确定性相对布图前变小，这是由于良好的时钟树的插入使时钟的偏移更小。但是我们仍旧可以声明一个较小的不确定性数值来保证设计的鲁棒性，避免由于工艺或温度偏差带来的不良影响而使设计无法正常工作。

目前主流的布图工具都支持时钟树插入后生成 DC 网表的功能。然而一旦使用了不支持该功能的布图工具，或是请外包人员进行布图时，就只能获得整个设计（包含时钟树）的点对点时序 SDF 文件。此时，进行布图后综合就需要将 SDF 文件反标注到原始的网表中，而不是传播时钟。在进行静态时序分析时，时钟的偏移和延迟都由 SDF 文件决定。

3. 多时钟约束

许多较为复杂的设计中，包含的时钟往往不止一个，典型的案例是时钟分频逻辑，如图 4.16 所示。

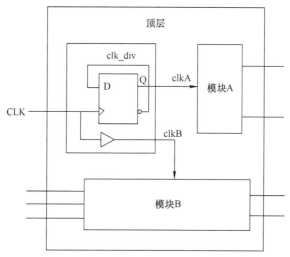

图 4.16　包含时钟分频的设计框图

　　图中，clkB 由主时钟 CLK 经过缓冲生成，并驱动模块 B。clkA 由 CLK 驱动一个 D 触发器，并从 Q 端口生成，驱动模块 A。在这种情况下，如果按照本节开始部分介绍的布图前方法来约束主时钟 CLK，并且只约束 CLK，那么 DC 可以为经过缓冲得到的 clkB 自动生成时钟对象。原因是缓冲器被视作 CLK 到 clkB 整条连线的一部分，clkB 通过连线继承了 CLK 对象。不幸的是，DC 不能自动为生成的 clkA 生成时钟对象。其原因是 CLK 上的时钟对象经过了一个 D 触发器，从而使时钟对象被打断。解决这种问题的方法也很简单，就是再次为 clkA 指定时钟对象。我们可以使用如下指令实现：

```
dc_shell – t  >  create_clock – period 40 – waveform {0 20} CLK
dc_shell – t  >  create_clock – period 80 – waveform {0 40}        \
                                       find( port, "clk_div/clkA")
```

第二行指令也可以使用 create_generated_clock 命令描述时钟：

```
dc_shell – t  >  create_generated_clock – name clkA       \
                                        – source CLK      \
                                        – divide_by 2
```

　　可以发现，create_generated_clock 命令对于时钟的源和周期关系较为清晰，一般情况下推荐使用这种命令表述。

4.3.4　综合示例

　　下面给出一个综合示例，其中包含了本章讲述的部分指令。每条或每类指令都附有一行简洁的注释说明该指令的作用。我们建议仔细阅读这个示例，当作是本章学习效果的自我检验。

　　. synopsys_dc. setup 文件：

```
# ------------------------------------------
#   Library Setup
# ------------------------------------------

set search_path      "../ref/db  \
                      ./rtl   \
                      ./scripts" ;          # 设置库文件、设计和约束的查找路径
set target_library "sc_max. db" ;         # 设置目标库名称
set link_library   " * $ target_library "; # 设置目标库名称
set symbol_library "sc. sd " ;   # 设置符号库名称
# 打印已设置的库用于检查设置结果
echo " \n\nSettings:"
echo " search_path:         $ search_path"
echo "link_library:        $ link_library"
echo "target_library:      $ target_library"
```

```
echo " symbol_library：      $ symbol_library"

define_design_lib DEFAULT – path ./analyzed；  # 设置设计文件分析结果的保存路径


#  ----------------------------------------
#   History
#  ----------------------------------------


history keep 200；  # 缓存 200 条历史指令


#  ----------------------------------------
# Analyze and elaborate
#  ----------------------------------------



analyze – format verilog TOP. v  ；  # 分析语法并转换为中间文件
elaborate TOP；  # 加载中间文件并转换为 GTECH 组成的网表
current_design TOP；  # 指定 TOP 模块为当前设计对象
link；  # 链接其他设计或库中模块到当前 TOP 模块
check_design  ；  # 检查设计中是否有未连接的引脚等问题


#  ----------------------------------------
#   Constraints
#  ----------------------------------------



source TOP. con；  # 设置约束,将在后文说明


#  ----------------------------------------
#   Compile and write the database
#  ----------------------------------------



Compile；  # 开始综合
current_design TOP；  # 指定 TOP 模块为当前设计对象
write – hierarchy – output TOP. db  ；  # 输出综合后结果的 . db 文件
write – format verilog – hierarchy – output TOP. sv  ；  #输出综合后网表
```

```
# ---------------------------------------
#   Check reports
# ---------------------------------------



report_timing – nworst 50
```

TOP. con 文件:

```
set lib_name mylib_max ;   #设置 lib_name 变量为工艺库的名称
current_design TOP ;   # 指定 TOP 模块为当前设计对象
reset_design          ;   # 重置所有约束

# 设置线载模型和工作环境
set_wire_load_mode enclosed
set_wire_load_model – name 16000
set_operating_conditions WORST

# 创建时钟对象并设置不确定性
create_clock – period 2 [ get_ports Clk ]
set_clock_uncertainty 0. 2 [ get_clocks Clk ]
set_dont_touch_network [ list Clk Reset ]

# 设置输入端口的约束
set_driving_cell – library $ lib_name – lib_cell sdcfq1 [ remove_from_collection [ all_inputs ]
[ get_ports Clk ]] ;   # 设置除 Clk 外的所有输入的驱动单元
set_input_delay 0. 1 – max – clock Clk [ remove_from_collection [ all_inputs ] [ get_ports
Clk ]] ;   # 设置除 Clk 外的所有输入的最大延时
set_input_delay 1. 2 – max – clock Clk [ get_ports Neg_Flag ] ;   #设置#Neg_Flag 端口的输
入最大延时

# 设置输出端口的约束
set_output_delay 1 – max – clock Clk [ all_outputs ] ;   # 设置所有输出的最大延时
set_load [ expr [ load_of $ lib_name/an02d0/A1 ] * 15 ] [ all_outputs ]        ;
#设置所有输出的负载
```

　　一般为了工程的可维护性,将约束文件从启动文件中分离,并在启动文件中通过 source 指令进行约束的读入。这样做的好处是可以设置不同的综合阶段的约束在不同的文件中,避免混乱。

4.4　优化设计

本节内容旨在介绍如何使用 DC 的指令和优化选项进行对设计的优化，学习顺序如下：首先，介绍 DC 的两种不同的综合模式：基于线载模型（WLM）模式和拓扑（Topographical）模式（当然还有其他模式，但是不作为本书的重点）。其次，重点说明 DC 在综合过程中自动优化的三个阶段，包括结构级优化、逻辑级优化和门级优化阶段。最后，对综合过程中的时序优化做了详细介绍。

4.4.1　DC 的两种综合模式

需要注意的是，DC 的拓扑模式只有在较新版本的 DC 中才可以使用。如 2017 版本中，可以采用 dc_shell - topo 指令启动该模式。若不指定 - topo 选项，则以基于线载模型模式启动。

在本章之前的学习中，并未严格区分 DC 的综合模式，这是因为前面我们重点学习的是 DC 的整个工作流程，而与综合工具的具体模式选择关系不大。无论是哪种模式，都需要进行添加工艺库、读入设计文件、链接、设置环境和设计约束这几个过程。

然而在优化设计中，探讨这两种工作模式是有意义的，这是因为优化的过程是迭代的，往往在 ASIC 的全流程的各个节点都需要进行综合优化。下面，我们首先学习何为基于线载模型模式和拓扑模式。图 4.17 为芯片布图和互连线示例图。

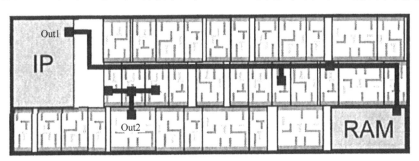

图 4.17　芯片布图和互连线示例图

在图中，可以看到 Out1 和 Out2 都是同时驱动了三个单元的输出引脚，但是在连线拓扑结构上有很大差别：Out2 的三个负载距离 Out2 引脚较近，Out1 横跨整个芯片内部到达了三个距离较远的不同位置。对于线载模型模式下 DC 而言，如果我们假设 Out1 和 Out2 驱动的单元的负载电容一致，那么这两个引脚的驱动单元（drive cell）的单元延迟完全一致，因为线载模型的单元延迟计算仅依赖单元的扇出数量。这就导致 Out1 和 Out2 中总有一个引脚对应的驱动单元的估计延迟相对实际延迟而言，要么过于理想，要么过于悲观。对于拓扑模式而言，DC 首先进行粗略布局，从而在综合过程中具有拥塞识别的能力，这种方法获得的估计延迟和布图后的真实延迟更为接近，并且可以获得更好的时间、功耗、面积结果，以及更快的设计完成速度。相比之下，线载模型模式需要后续物理设计工具更多的迭代时间来优化前面不合理的估计延迟。

在了解了 DC 的两种综合模式后，我们重新考虑如何合理使用它们。由于优化设计的节点大体上可分为布图前和布图后，所以在布图前，对于一个较大规模的设计，为了获取大概的设计约束违例情况，对优化程度不做很高要求。因此，在初步综合时选择基于线载模型的模式或者拓扑模式的默认选项，可以获取较快的综合速度，从而减小设计迭代时间。在布图后的综合优化阶段，由于从后端布局布线设计人员处获取了芯片真实的版图结构，可以获得更真实的延迟，这时使用拓扑模式下的 DC 再次综合优化，可以获得更接近真实情况的综合结果，比如真实的最差路径往往在此时可以被提取出来。下面，我们将基于 DC 这两种不同的综合模式进行案例分析。

4.4.2　DC 自动优化的三大阶段

前面的章节中已经介绍，在添加工艺库、读入设计文件、链接、设置环境和设计约束之后，就可以调用 compile 命令（compile 是线载模型模式下命令，拓扑模式下使用 compile_ultra）开始让 DC 自动综合优化设计。DC 对于读入的 RTL 代码或网表文件（.ddc）进行的综合分为三个阶段：RTL 转换到非特定工艺的门级网表、逻辑优化、将非特定工艺下的门级网表映射到特定工艺上。自动优化在这三大阶段中展开，如图 4.18 所示。

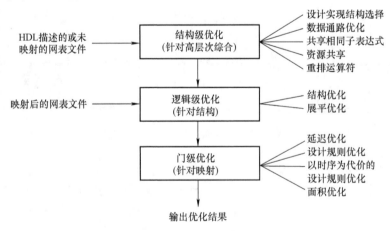

图 4.18　DC 综合和优化的三大阶段示意图

接下来我们将详细学习三个阶段的具体内容。

4.4.3　结构级优化

结构级优化（Architectural – Level Optimization）阶段主要是针对 RTL 代码而非电路结构的，所以也称为高层次综合。其包含了设计实现结构选择（Implementation Selection）、数据通路优化（Data – path Optimization）、共享相同子表达式（Sharing Common Sub – expressions）、资源共享（Resource Sharing）、重排运算符（Reordering Operators）。

设计实现结构选择，是指 RTL 代码的描述具体转化为哪类电路单元，如三元运算符表达的多路选择器（MUX）、always 块表达的除法器等。同时，若设计者拥有 DesignWare 的许可证，则可以在 DesignWare 中选择最合适的结构或算法实现电路的功能，如乘、除法等。

数据通路优化是指利用更先进的结构实现相同的功能，如进位保留加法器（Carry – Save – Adder，CSA）替代传统的进位加法器。这与设计实现结构选择不同的是不需要额外的 IP 库。

共享相同子表达式是指 RTL 代码中多个表达式中含有一部分共同的子表达式。这部分共同的子表达式可以使用同一个逻辑结构。如下给出了一个组合逻辑示例：

```
sum1 = a + b + c;
sum2 = a + b + d;
sum3 = a + b + e;
```

可以看出，sum1、sum2、sum3 三个加法结果共同使用了（a + b）这一输入，因此逻辑可化简为如下逻辑，从而减小面积。

```
common = a + b;
sum1 = common + c;
sum2 = common + d;
sum3 = common + e;
```

资源共享，该概念与共享相同子表达式类似，都是使用了一部分相同逻辑的共享。如下为一个示例：

```
module resources (
    input a_in,
    input b_in,
    input c_in,
    input d_in,
    input sel,
    output [1:0] sum
);
    assign output = sel ? (a_in + b_in) : (c_in + d_in);
endmodule
```

可以看出，输入 a_in、b_in、c_in、d_in 都为位宽相同的加法器输入，且加法的逻辑都是二输入的全加器。若不使用资源共享，则综合的结果如图 4.19 所示。

若加入资源共享后，则可以通过 SEL 信号复用加法器逻辑，综合的结果如图 4.20 所示。

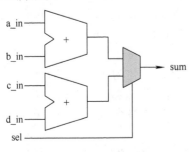

图 4.19　未使用资源共享的设计图

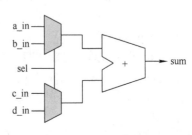

图 4.20　使用资源共享的设计图

默认情况下，算术运算逻辑的资源共享是约束驱动的，通过设置如下约束可以将算术运算资源共享开启。

```
set   hlo_resource_allocation   area
```

该约束指示 DC 采用面积优化的策略，也就是资源共享优先。若不希望采用资源共享，则需要将 hlo_resource_allocation 设置为 none。此时若仍需要采用部分的资源共享，就需要完全依赖 RTL 的书写风格了。例如：

```
module resources (
    input a_in,
    input b_in,
    input c_in,
    input d_in,
    input sel,
    output [1:0] sum
);
    wire add_in_a;
    wire add_in_b;
    assign add_in_a = sel ? a_in : c_in;
    assign add_in_b = sel ? b_in : d_in;
    assign output = add_in_a + add_in_b;
endmodule
```

在上面这种 RTL 描述风格中，显然模块的四个输入通过一个选择器共享了一个加法器。然而，这种共享的情况在未注意到或是跨模块的情况下，是很难被发现的，一般我们都会让 DC 进行自动的资源共享。

那么，资源共享和共享相同子表达式有什么区别呢？资源共享往往指的是同一个逻辑电路可以被复用，但这种复用并不是显式描述的，需要综合过程中通过工具推断，且并不一定是算数资源的共享。而共享相同子表达式是指仅仅针对 RTL 而言，有相同的子表达式可以直接显式地被提取出来，这部分被提取的表达式只能是算数逻辑。

重排运算符是指对于同一个运算表达式，DC 可以根据 RTL 代码的书写风格自动进行结构的优化。这也为我们如何书写 RTL 代码提供了指导。例如，对于如下表达式：

assign SUM = A * B + C * D + E + F + G; // 表达式 1

DC 综合后的结构如图 4.21 所示。

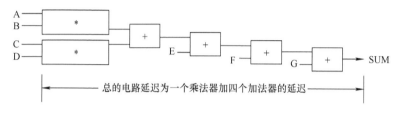

图 4.21　默认优先级的运算符综合结构图

对于高性能的设计，我们显然希望总的延迟越小越好。图 4.21 中的这种设计中，E、F、G 都和乘法的输入 A、B、C、D 无关。对于 Verilog 语言，表达式 1 的运算默认优先级为乘法高于加法，同时表达式从左到右依次解析。因此，E、F、G 的运算滞后于乘法。此时，总的电路延迟为一个乘法器加四个加法器的延迟。

但是，我们可以对表达式 1 进行如下调整，从而修改运算优先级：

assign SUM = (A * B) + ((C * D) + ((E + F) + G)); // 表达式 2

此时 DC 综合后的结构如图 4.22 所示。

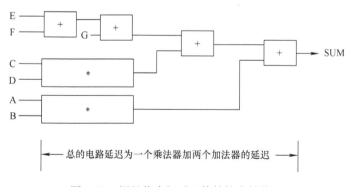

图 4.22　调整优先级后运算符综合结构图

可见（(E + F) + G）运算和乘法运算同时进行，总的电路延迟减小为一个乘法器加两个加法器的延迟。

4.4.4 逻辑级优化

逻辑级优化（Logic – Level Optimization）阶段指在结构优化后，针对输出的 GTECH 映射的网表进行逻辑门级别的优化。其主要包含两部分：结构优化（Structuring）和展平优化（Flattening）。逻辑级优化流程如图 4.23 所示。

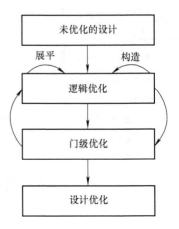

图 4.23　逻辑级优化流程图

1. 展平

展平优化，是指把多级的组合逻辑路径减少为只有两级，从而变为乘积之和（Sum – Of – Products，SOP）的电路，即先与（AND）后或（OR）的电路，如图 4.24 所示。

展平优化可以使电路性能提升，但是面积也会同时增大。展平可以更好地帮我们理解电路中的逻辑功能，在进行电路优化时提供更多信息。

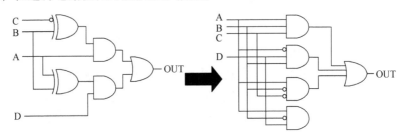

图 4.24　展平优化过程图

在进行展平时，我们需要使用"set_flatten"命令将电路中的子模块展开成其中包含的逻辑门电路，并将其与主电路合并成一个更大的逻辑门电路。通过这一步可以更好地优化整个电路，减少电路的延迟和面积。命令的基本用法如下：

```
set_flatten  < true | false >
        – design  < list of designs >
        – effort  < low | medium | high >
        – phase  < true | false >
```

通过 < true | false > 选项我们可以开启或关闭展平命令。如果我们只希望在当前模块上进行展平，其他子模块不继承当前属性，则需要在 < list of designs > 选项中使用 current_design；如果希望其他子模块也同样进行展平，则需要明确指定其他子模块。在进行最终工艺映射优化之前，通过使用 – effort 命令可以依据展平设计的形式构造展平的设计。通过这种方法可以有效地减小面积。

2. 构造

考虑下面的优化前的门级电路，其结构优化前电路图如图 4.25 所示。

该电路的功能表达式为

$$f_0 = ab + ac$$
$$f_1 = b + c + d$$
$$f_2 = \bar{b}\,\bar{c}\,e$$

结构优化后，得到如下门电路，其结构优化后电路图如图 4.26 所示。

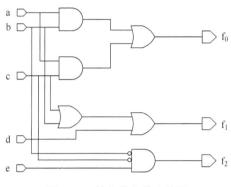

图 4.25　结构优化前电路图　　　　　　图 4.26　结构优化后电路图

可见优化后面积变小了，功能表达式如下：

$$t_0 = b + c$$
$$f_0 = a\,t_0$$
$$f_1 = t_0 + d$$
$$f_2 = \bar{t}_0\,e$$

构造可以用于改变包含规则结构的逻辑设计，添加可以分解的逻辑变量以实现逻辑的共享，从而实现面积的减小。需要注意的是，经过构造后的逻辑与构造前的逻辑的延迟并没有总体延迟上的差别。但是如果在构造时没有指明时序约束，将会导致生成的逻辑产生大的跨模块边界延迟。因此，在进行构造时除了使用默认设置，还需要指定实际的约束。

构造分为时序优化和布尔优化两种。布尔优化用于减少综合的面积，其对时序有着更大的影响。因此我们通常会对非关键的时序电路进行布尔优化，通过布尔优化减少这些电路的面积。通过 "set_structure" 命令可以完成构造操作，其基本用法如下所示：

```
set_structure   < ture | false >
                – design  < list of design >
                – boolean  < ture | false >
                – timing  < true | false >
```

同样地，在通常情况下只是用默认设置就能够得到较好的结果。然而，如果当我们对非关键的时序电路进行优化时。就需要通过 "set_max_area 0" 设置面积约束并通过布尔优化来最小化面积。

在通常情况下，我们只需要使用默认的设置进行编译，就能够得到不错的效果。对于没有通过时序目标的设计可以进行展平，然后进行构造即可。如果完成构造后仍然没有通过时序目标，就需要不断重复展平和构造的过程。也可以通过反转赋值的相位来进行设计，即通过在 set_flatten 命令中使用 – phase true 选项。

4.4.5 门级优化

GTECH 映射的网表经过逻辑级优化后，进入门级优化（Gate – Level Optimization）阶段。该阶段主要完成组合逻辑和时序逻辑的映射，并且分为了延迟（Delay）优化、设计规则优化（DRC 1）、以时序为代价的设计规则优化（DRC 2）和面积（Area）优化共四个阶段。

组合逻辑映射的过程理解起来很简单，就是 DC 使用目标库中的工艺替换 GTECH 工艺库中的门级单元，如图 4.27 所示。

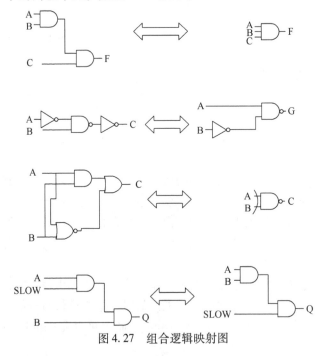

图 4.27　组合逻辑映射图

时序逻辑的映射和组合逻辑映射类似，DC 从目标库中选择合适的时序单元来组成能同时满足性能和面积要求的设计。为了提高速度和减少面积，DC 会选择功能比较复杂的时序单元（如带有输入使能端口的触发器），如图 4.28 所示。

设计规则优化是指映射过程中，DC 会检查电路是否满足设计规则的约束，若

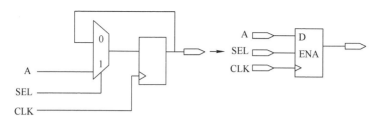

图 4.28　时序逻辑映射图

违反，DC 则通过插入缓冲器（Buffers）和修改单元的驱动能力（Resizes cells）进行设计规则的优化。一般的设计规则有 max_capacitance、max_transition 和 max_fanout，其包含在厂商提供的工艺库中。优化设计规则分为两个步骤：

首先，DC 在不影响面积和速度的情况下，尝试修正电路中所有违反设计规则的地方。

其次，如果找不到其他方法，DC 将以牺牲时间和面积为代价，修正电路中所有违反设计规则的地方。

DC 停止综合的条件有：所有的约束都满足、用户中断、综合收益递减（继续综合对结果没有太大改善）。三个条件满足任意一个，DC 就会停止综合。

4.4.6　多个实例解析

在进行时序优化之前，需要解析设计中子模块的多个实例。在进行 DC 综合之前，我们需要将设计中存在的多个实例进行解析。如图 4.29 所示，假设我们在 TOP 模块中，对模块 A 例化了两次，即模块 1 和模块 2，并且我们已经设定好了时间预算编译策略，并且综合了该 TOP 模块。

在这种情况下，DC 工具将会提示例化信息错误并且中止编译。解决这一问题的方法，是通过使用"uniquify"命令将 TOP 模块唯一化。此时，模块 A 将生成两个单独的模块 A_0 和 A_1，如图 4.30 所示。模块 1 和模块 2 被认为是由模块 A_0 和 A_1 分别例化得到的。

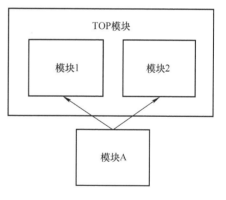

图 4.29　多个实例解析模块图

在 DC 中唯一化设计是十分重要的，是不可忽略的一步。

4.4.7　编译设计

在完成 DC 综合后，如果所得结果满足了时序和面积的要求，就可以将门级网表和设计约束交给后端工具做布局、时钟树综合和布线等工作，以生成最终交给工艺厂商的 GDSII 文件。但是如果我们的设计仍然不满足要求，则需要根据问题采取相应措施。这些问题往往是时序问题。

当时序违规比较严重，即时序违规在时钟周期的 25% 以上时，设计人员需要重新修改 RTL 代码；当时序违规在 25% 以下时，可以使用"compile"命令或者"compile_ultra"命令进行优化设计。命令的基本用法如下：

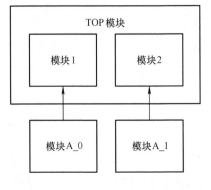

图 4.30　使用"uniquify"命令后模块图

```
compile    – map_effort < low | mediuem | high >
           – incremental_mapping
           – in_place
           – scan
compile_ultra   – area_high_effort_script
                – no_uniquify
                – timinq_high_effort_script
                – no_boundary_optimization
                – no_autoungroup
```

1. "compile" 命令

"compile"命令适用于线负载模式。通过"compile"命令，HDL 代码将会映射到指定的工艺库。"compile"命令中的 – map_effort 提供了三种等级来帮助设计人员得到理想的结果。在通常情况下，只需要使用 – map_effort medium 即可得到理想的结果。如果编译完成后仍然达不到理想的要求，设计人员就需要通过 – map_effort high 命令使 DC 围绕关键路径进行逻辑的重构和重映射来满足约束要求。

– incremental_mapping 选项应用于门级网络，所以只有在初次完成门级网络的映射后才能使用该命令。使用该命令在绝大多数情况下将会改善逻辑的时序并修正 DRC，但是在极少数情况下仍然有可能让设计变得更糟糕。

– in_place 选项用于调整门级电路中门的大小。为了保证布图后时序收敛，在某些情况下我们需要通过调整逻辑的大小来修正时序违例。

– scan 选项用于指定将逻辑文件编译为逻辑扫描链路文件，以便进行逻辑扫描链路的后续优化。逻辑扫描链路是在硬件测试期间用于故障诊断和测试的一种技术。

使用 – scan 选项编译设计时，Design Compiler 会对设计进行一些转换，以便在扫描链路中插入扫描寄存器，并为扫描寄存器生成逻辑扫描链路。这些逻辑扫描链路通常比设计的原始逻辑更简单，并且可以通过减少延迟和功耗来提高设计的性能。

2.　"compile_ultra"命令

"compile_ultra"命令与"compile"命令一样是进行编译的命令，其在拓扑模式下运行。使用"compile_ultra"命令可以得到更小的电路延迟，所以在高性能计算电路中应用较多。并且，该命令非常易于使用，它会自动设置所有需要的选项和变量。

－no_uniquify 选项用于加速含多次例化模块设计的运行时间。

－timinq_high_effort_script 选项用于对设计的时序进行优化。

－area_high_effort_script 选项用于对设计的面积进行优化。

－no_boundary_optimization 选项用于关闭边界优化选项。如图 4.31 所示，边界优化是指 DC 工具对传输常数、没有连接的引脚和补码信息进行优化。

－no_autoungroup 选项用于关闭自动取消划分特性。

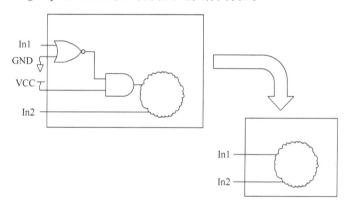

图 4.31　边界优化选项示意图

4.4.8　层次划分

层次结构在 ASIC 设计中应用广泛。一些大的设计中，其逻辑层次甚至高达十多层。对于设计复杂且规模巨大的电路，我们需要依据不同功能模块、设计大小和复杂程度、项目管理需求以及 IP 等因素对它进行划分。然后对划分后的简单且规模较小的电路进行处理。最后，设计人员需要将处理好的小规模电路重新集成为原本的大规模电路。

例如图 4.32 所示的一个 SoC 结构，设计人员需要根据该 SoC 中的不同的功能模块将其划分为多个层次。同样地，图中的 USB 模块也被划分为若干个子模块。

由于划分后的小规模电路更加容易分析和处理，在较短的时间内就能够达到所需要求。如图 4.33 所示，顶层设计中至少需要划分为顶层（TOP）、中间层（MID）和核心功能（FUNCTIONAL CORE），共 3 层结构。

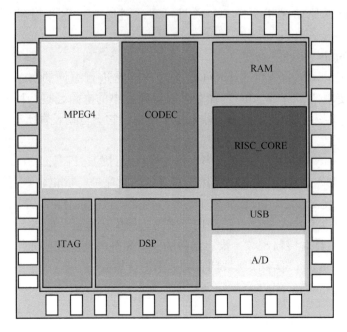

图 4.32 SoC 层次结构图

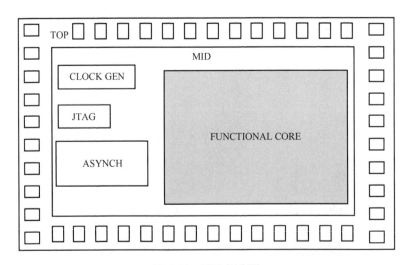

图 4.33 层次划分图

为了避免重复进行模块划分，需要按照以下策略进行层次的划分与消除：

1）不要跨过层次边界分离组合电路；

2）把寄存器的输出作为划分的边界；

3）划分的模块规模大小应当适中，运行时间合理；

4）把核心逻辑块，例如时钟产生电路、异步电路、JTAG 电路等，划分到不同的模块中。

通过以上的划分策略，我们能够让 DC 工具的综合结果更好、综合过程更简单、编译速度更快。

在理想情况中，所有的划分都应该在 HDL 代码中完成。在划分完成后，DC 可以避免跨边界优化。在默认情况下，DC 工具将会帮助我们保留设计原本的结构层次。但是设计中不必要的层次将会限制 DC 工具，导致其只能在逻辑结构边界内进行优化而不能跨层次优化。通过"ungroup"和"group"命令可以完成层次的消除和划分。如图 4.34a 所示，模块 T 中存在两个模块 A 和 B。如果我们想消除模块 A 和 B 这一层次，生成图 4.34b 中的模块 T，可以这么做：

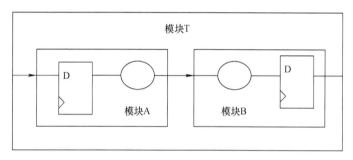

a) 取消层次前

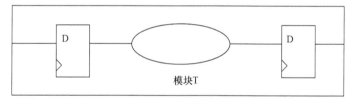

b) 取消层次后

图 4.34 取消层次前后对比图

```
#完成层次的消除
current_design Block_T
ungroup – flatten – all
#重新完成层次的划分
Group – design_name Block_T – cell_name Block_A｛D_flip_flop module_A｝
```

4.4.9 优化时钟网络

优化时钟网络在整个优化过程中是最具难度的。当我们使用超深微亚纳米工艺进行最终的实现时，金属的电阻将会急剧增加从而导致时钟引脚输入到寄存器的巨大延迟。

在早些时候，设计人员会通过在芯片顶层靠近时钟源的地方放置一个足以驱动设计中所有寄存器的大的缓冲器，通过时钟主干和分支分布到整个芯片以减少时钟偏移并最小化 RC 延迟。但是这种方法已经不适用于 0.35μm 及以下的工艺了。

随着布图工具的升级迭代，设计人员可以通过布图工具综合时钟树。在布图过程中，需要先进行单元布局，然后进行时钟树综合，最后才能够进行布线。只有这样，布图工具才能知道在布局规划中的寄存器的准确位置，从而设置最优的防止缓冲器以最小化时钟偏移。通过在布图阶段进行时钟树综合可以有效地减少时钟优化的迭代次数。

虽然布图工具能够很好地帮助我们生成时钟树，但是设计人员仍然需要对时钟网络进行优化。对初始的网表优化越多，最终所得综合结果越好。事实上，通过"set_dont_touch_network"命令、"report_net"命令，以及"compile – in_palce"可以很好地优化时钟网络。

如前文所述，"set_dont_touch_network"命令可以确保 DC 工具不会生成缓冲器来修正 DRC。对于非门控时钟的网络，该命令可以很好地起到优化效果。但是对于门控时钟网络，使用"set_dont_touch_network"命令将会使组合逻辑同样继承"dont_touch"属性。这将会导致这部分门控时钟网络的未优化部分违反 DRC，从而影响整个设计的时序。

"report_net"命令可以找到设计中所有的高扇出逻辑。这时，设计人员可以通过"balance_buffer"命令实现点对点的缓冲。

"compile – in_palce"命令可以进行原地优化（In Place Optimization）以解决最大负载、最大扇出和最大转换时间的违例。

这三种命令都能够对时钟网络进行优化。有些时候只需要使用其中一条命令即可达到理想的效果，有些时候则需要使用全部的命令才能够得到理想的效果。在进行综合时，设计人员应当考虑布图过程中需要做些什么。对于不带有门控时钟的设计，我们需要在布图前就进行时钟树综合；对于带有门控时钟的电路，我们则需要仔细分析设计（综合前后）中的时钟，采取合适的优化方法。

4.4.10 优化面积

利用 DC 工具进行优化时，时序的优先级最高。但是对于一些非关键时序却面积集中的设计，我们则需要首先对面积进行约束。在初次编译时，我们只通过面积要求对设计进行综合即可实现。

值得注意的是，设计中存在的高驱动力的逻辑门往往占用较大的面积。我们可以通过设置"dont_use"属性来减少高驱动逻辑门的使用。一旦完成了门级电路的映射，就需要再次进行面积和时序约束。再次约束时，就需要使用增量编译以确保已经完成的结构的逻辑发生膨胀。

第5章 高级数字 SoC 设计与验证

5.1 时钟域

在一个正常工作的系统中，往往会有多个频率不同的时钟，此时，每个时钟便对应一个时钟域。本节将详细介绍数字电路设计中时钟域的概念、同步与异步电路，以及跨时钟域（Clock Domain Crossing，CDC）的处理方法。

5.1.1 时钟域的基本概念

时钟是现代数字电路中最重要的信号，它控制着电路中的寄存器存储单元在同一时刻进行状态的切换，从而保证数据可以沿着时序路径不断传输。为了保证在时钟控制下的数据传输的正确性，我们首先需要了解理想时钟与真实环境中非理想时钟的时钟特性（非理想时钟将在 5.1.5 节介绍），进而学习与时钟相关的电路设计。

1. 理想时钟

理想时钟的特性包括时钟周期（Clock Period）和时钟占空比（Clock Duty Cycle），如图 5.1 所示。

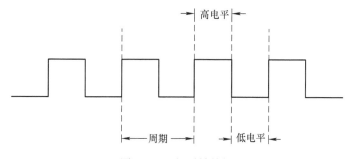

图 5.1　理想时钟特性

时钟周期是时钟频率的倒数，一般用大写字母 T 表示，代表从时钟上升沿到下一次时钟上升沿的时间差。

占空比等于时钟信号在一个时钟周期内的高电平信号的比例，即高电平信号持续时间/时钟周期。数字电路中，信号值非"1"即"0"，分别对应高电平与低电平。在一般的设计中，占空比保持为 50%，实际应用过程中也可根据需要进行更改。

2. 时钟之间的关系

两个理想时钟之间的关系可能是以下任意一个：

1）时钟之间频率相同，相位相同；

2）时钟之间频率相同，相位不同；

3）时钟之间频率不同。

其中，第一种情况的两个时钟为完全相同的时钟，另外两种情况为不同的时钟，三种情况的示意图如图5.2所示。

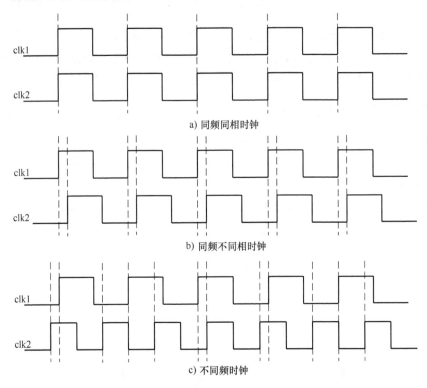

a) 同频同相时钟

b) 同频不同相时钟

c) 不同频时钟

图 5.2　多时钟之间的关系

3. 多时钟域系统

时钟域，即电路中同一时钟所控制的区域。若系统中的时钟关系为图5.2中b或c任意一种情况，则该系统包含多个时钟域，一个典型的多时钟域系统如图5.3所示，其中时钟 clk1 控制时钟域 1，时钟 clk2 控制时钟域 2，时钟域 1 与时钟域 2之间有数据交换。在实际工程实现中，不同时钟域下的数据交换是一大重点，将在5.1.4节中进行介绍。

5.1.2　同步与异步

随着设计技术和制造工艺的提高，现在的数字电路系统大都会使用多个时钟进

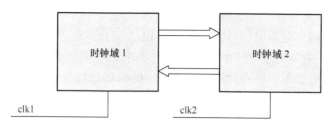

图 5.3 典型的多时钟域系统

行驱动。特别地，在 SoC 设计中，系统需要工作在不同的工作状态，例如：睡眠状态和正常工作状态，同时其各个外设可能也需要工作在不同的时钟域下，以满足整个系统对性能的要求。往往单个外设或子模块可以由单一时钟驱动，这属于同步电路设计，也便于设计人员使用现有的 EDA 工具进行快速设计与静态时序分析。在由不同时钟驱动的同步电路设计之间进行数据交互需要使用异步电路设计，或者对于特殊的电路和严苛的性能要求时，也需要使用有不同时钟驱动的异步电路。

本章将重点介绍同步电路与异步电路，给出典型的同步电路结构和异步电路结构，并介绍同步电路与异步电路设计的优缺点。此外，引出了同步复位与异步复位问题，以及异步复位同步释放技术。

1. 同步电路

同步电路是指电路中所有时序单元由一个统一的时钟控制的电路。一个典型的同步电路如图 5.4 所示，两个 D 触发器 DFF1 和 DFF2 由统一的外部时钟 clk 驱动，两者之间具有一定的组合逻辑，从时钟源端到不同 D 触发器的时钟端口有着不同的路径延时。

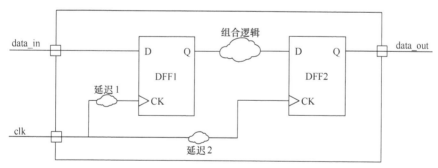

图 5.4 同步电路

当代数字 IC 设计中绝大部分电路均是同步电路，这主要是因为现有的静态时序分析 EDA 工具仅支持同步电路，使得设计人员在进行同步电路设计时的效率要远远大于异步电路设计。在进行同步电路设计时所需考虑的静态时序分析因素将在 5.2 节进行介绍，其最重要的便是要保证建立时间（setup time）和保持时间（hold time）不违例。

从工程的角度上看，同步电路相对于异步电路具有以下优点：

1）在进行同步电路设计时，通过使用 EDA 工具进行静态时序分析即可保证电路的时序收敛，避免同步电路中因不满足建立时间和保持时间而导致的亚稳态；

2）在同步电路中，所有时序单元在统一的时钟边缘处进行状态切换，可以很大程度的避免由于组合逻辑电路竞争冒险而引起的毛刺或噪声，电路工作更加稳定。

同时，同步电路设计也存在着一些缺点，主要集中在时钟时序问题和功耗问题上：

1）同步电路设计在进行静态时序分析和时钟树综合时需要考虑到时钟偏斜（clock skew）和时钟抖动（clock jitter），两者的具体描述将在 5.1.5 节进行介绍，这里我们更关注其造成的影响。由于时钟偏斜和时钟抖动的存在对同步电路的静态时序分析造成了一定的负面影响，特别是对建立时间和保持时间，有可能会造成时序不收敛的现象。

2）功耗问题则是由于系统中所有的触发器均在同一时钟有效沿进行翻转，这将会导致同步电路有着更大的瞬时功耗，事实上，在同步电路设计中，时钟驱动产生的功耗能占到系统功耗的 50% 以上。

2. 异步电路

相比于同步电路来说，异步电路的数据传输可以发生在任意时刻，可以由多个异步时钟驱动，因而其并没有一个统一的全局时钟。典型的异步电路如图 5.5 所示，包括分别有两个异步时钟 clk1 和 clk2 驱动的两个 D 触发器 DFF1 和 DFF2，触发器之间具有一定的组合逻辑，时钟源端到两级 D 触发器之间的路径延时并不相同。

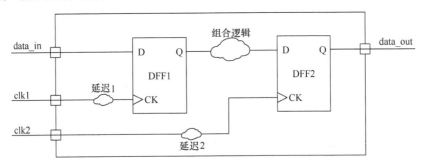

图 5.5　异步电路

尽管异步电路受限于 EDA 工具的支持，但由于其潜在的高性能特征和实际工程设计的必要性，异步电路设计也成为了数字电路设计的重点和难点。特别地，在不同时钟域的同步电路之间进行数据交换时，异步电路设计是必需的，相比同步电路来说，异步电路的优点包括：

1）具备更高性能的潜力，同步电路设计时主时钟需要考虑到整个电路中最差的关键路径延迟，这限制了时钟频率的提高，也限制了电路性能的提高。而异步电路的速度则更多的由电路的平均延迟所决定，理论上速度会高于同步电路。

2）没有时钟偏斜等问题，随着现代电路设计规模的增大，同步电路系统中时钟互连线的延迟和时钟树综合变得越来越重要，对时钟倾斜的控制也变得越来越难。异步电路则不需要考虑这个问题，因为其没有全局的时钟控制信号，可以使用本地的时序控制信号代替全局时钟。

3）具有更低的功耗，尽管可以使用时钟门控时钟等技术来降低部分功耗，但是同步电路设计需要一个全局的时钟控制整个电路的所有时序单元，随着电路规模的增大，维持该高速翻转的全局信号已经占据了整个系统功耗的很大一部分。异步电路设计则不需要全局的控制时钟，这也非常有利于功耗的降低。

异步电路设计的致命缺点也使得其目前很难被大规模应用，这主要是缺少相关 EDA 工具的支持，从而使得其设计十分复杂。在整个设计流程中的静态时序分析、布局布线等都需要人工分析，这也导致了现在的异步电路还局限于小规模的设计，所以在进行大规模设计时，为了更好地利用现有 EDA 工具加速设计，应更多地使用同步电路设计，避免使用异步电路设计。

3. 同步复位和异步复位

复位信号的作用是为了给电路一个初始状态，可以避免电路在上电之后处于一个随机的状态而导致系统出错等问题，正常情况下，一个好的设计需要为系统中的每个触发器都提供一个复位信号。

（1）同步复位

同步复位的复位信号只有当时钟端的时钟沿有效时复位才有效，否则复位不起作用。典型的可综合为同步复位的 Verilog 代码如图 5.6 所示，综合同步复位电路如图 5.7 所示。

```
module syn_dff (
  input      clk,
  input      rst_n,
  input      data_in,
  input      data_en,
  output reg data_out
);
  always @(posedge clk)
  begin
    if(!rst_n)
      data_out <= 1'b0;        //sync reset
    else if(data_en)
      data_out <= data_in;
    else
      data_out <= 1'b1;
  end
endmodule
```

图 5.6　同步复位 Verilog 代码

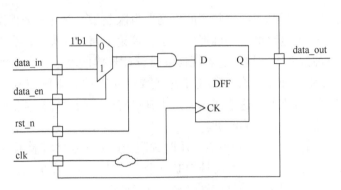

图 5.7   同步复位电路

使用同步复位的一个问题便是综合后的结果，复位信号会出现在数据端口，另外综合工具无法有效分辨同步复位信号和数据信号，这就使得图 5.6 所示的 Verilog 代码可能会综合出另外一种电路结构，如图 5.8 所示。

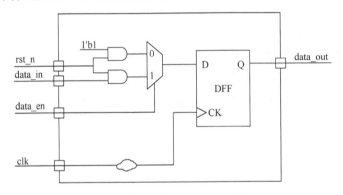

图 5.8   同步复位电路的另一种形式

为了避免综合器将同步复位信号与数据信号混淆，在综合时可以利用提供的编译指令告知综合器的哪个信号为同步复位信号，这便有利于综合工具在综合的过程中使同步复位信号距离数据输入端口尽可能的近。

使用同步复位的优点在于：

1）同步复位只发生在时钟信号有效沿，对复位信号的毛刺不敏感；

2）使用同步复位的电路可以综合出面积更小的触发器，因为没有异步复位逻辑。

同步复位的缺点如下：

1）部分 ASIC 的工艺库中没有内置的同步复位触发器，这是因为异步复位的触发器也可以综合出同步电路。此外，同步复位信号容易与数据信号混淆，导致将复位信号综合到离触发器更远的地方，如图 5.8 所示；

2）同步复位信号的有效依赖于时钟信号，时钟信号没有使能的时候，触发器无法复位，在使用门控时钟的数字电路上使用同步复位就有可能出现无法正确复位的问题；

3）同步复位信号有最小脉冲宽度的要求，这也是因为同步复位依赖于时钟信号，只有当时钟有效沿时可以采样到复位信号，才能正确复位，一般都要求复位信号保持多个时钟周期；

4）同步复位对关键路径的延迟有一定影响，这是因为同步复位信号出现在数据端口，需经过一定组合逻辑后输入到触发器。

（2）异步复位

异步复位一般为低电平有效，在异步复位电路中使用专门的拥有异步复位端口的触发器，一旦该端口信号有效，则触发器复位，不依赖于时钟信号。典型的可综合为异步复位电路的 Verilog 代码如图 5.9 所示，其综合出的异步复位电路如图 5.10 所示。

```
module asyn_dff (
  input        clk,
  input        rst_n,
  input        data_in,
  input        data_en,
  output reg   data_out
);
  always @(posedge clk or negedge rst_n)
  begin
    if(!rst_n)
      data_out <= 1'b0;        //sync reset
    else if(data_en)
      data_out <= data_in;
    else
      data_out <= 1'b1;
  end
endmodule
```

图 5.9　异步复位 Verilog 代码

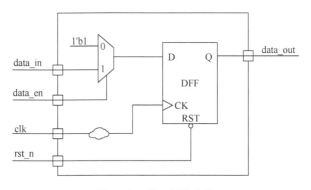

图 5.10　异步复位电路

实际项目中，会更多地选用异步复位，这主要是由于异步复位具有以下优点：

1) 使用异步复位可以很方便地让综合器识别出复位信号，并可以将复位路径与数据路径分离，保证数据路径是"干净"的，这对于一些时序非常紧凑的电路是非常有必要的；

2) 异步复位的另一大优点在于其复位是否有效仅取决于复位信号的值，而不依赖于时钟信号，这就可以保证电路在任意状态都可以完成复位。

同样，异步复位也存在着一定的缺点：

1) 异步复位最大的问题在于其复位和撤销都是一个异步过程，如果异步复位信号在时钟有效沿附近释放，那么触发器就有可能进入亚稳态而导致电路出现不可控的状况，一般使用异步复位同步释放电路解决该问题，相关内容将在下节详细介绍；

2) 异步复位的另一个问题在于其复位特别敏感，因为不依赖于时钟信号，所以一旦复位信号有效，则电路复位。所以复位信号源产生的毛刺或者窄脉冲等信号会导致电路出现伪复位，因而异步复位电路对复位信号的质量要求更高。

4. 异步复位同步释放

为了消除异步复位的缺陷，实际工程中经常会用到"异步复位，同步释放"的设计方法。其基本原则就是在复位的时候保持异步，在释放的时候要经过同步器再接入实际电路，以保证其异步复位信号满足恢复时间（recovery time）和移除时间（removal time）的时序要求，减少电路出现亚稳态的风险。一个典型的"异步复位，同步释放"设计 Verilog 描述如图 5.11 所示，对应电路结构如图 5.12 所示。

在异步复位信号有效时，rst_n 信号由高到低，此时 DFF1 和 DFF2 触发器立即复位，同时 rst_n_r1 信号立即拉低，即可保证在异步复位信号 rst_n 有效时后续电路可以立即复位，即与不加同步器的响应基本一致。在复位信号释放时，rst_n 信号由低到高，此时 DFF1 的输入端口 D 的数据在时钟的控制下传输到 Q 端，由于是异步复位，有可能不满足 recovery time 或 removal time 的时序要求，此时 rst_n_r1 将会出现亚稳态，当再次经过 DFF2 之后，经过一个时钟周期的稳定，DFF2 的输出 rst_n_r2 将会稳定，在后续的逻辑电路中使用已经稳定的 rst_n_r2 信号作为复位信号即可保证用于逻辑工作的电路在异步复位信号释放的过程中仍可正常工作。

5.1.3 门控时钟

在数字电路的设计中，时钟树的功耗和触发器状态切换所需的功耗占系统功耗的很大一部分，这两类功耗都可以采用一种被称之为门控时钟的技术降低，即将系统中不需要工作的模块的时钟信号关闭，便可减少时钟信号的负载同时关闭不需要模块的状态切换，达到降低系统功耗的目的。

1. 门控时钟的概念

门控时钟是指通过在时钟路径加入一定的逻辑电路，在电路不工作的时候关闭

```
module areset (
  input       clk,
  input       rst_n,
  input       data_in,
  input       data_en,
  output reg  data_out
);
  reg   rst_n_r1,rst_n_r2;
  always @(posedge clk or negedge rst_n)
  begin
    if(~rst_n) begin
      rst_n_r1 <= 1'b0;
      rst_n_r2 <= 1'b0;
    end
    else begin
      rst_n_r1 <= 1'b1;
      rst_n_r2 <= rst_n_r1;
    end
  end
  always @(posedge clk or negedge rst_n_r2)
  begin
    if(!rst_n_r2)
      data_out <= 1'b0;          //sync reset
    else if(data_en)
      data_out <= data_in;
    else
      data_out <= 1'b1;
  end
endmodule
```

图 5.11　异步复位同步释放 Verilog 描述

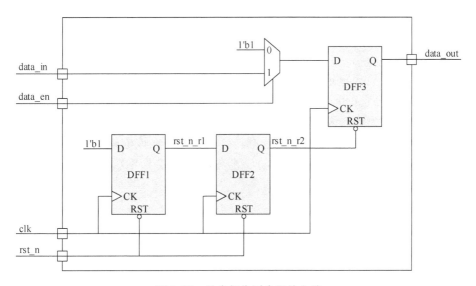

图 5.12　异步复位同步释放电路

时钟信号，进而达到降低功耗的目的。一个典型的可使用门控时钟的 Verilog 描述和时序图分别如图 5.13 和图 5.14 所示。

```
module areset (
    input        clk,
    input        rst_n,
    input        data_en,
    output reg   data_out
);
    always @(posedge clk or negedge rst_n)
    begin
        if(!rst_n)
            data_out <= 1'b0;          //sync reset
        else if(data_en)
            data_out <= ~data_out;
    end
endmodule
```

图 5.13　典型的可使用门控时钟的 Verilog 描述

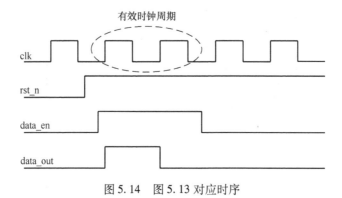

图 5.14　图 5.13 对应时序

在图 5.13 的 Verilog 描述使用综合器综合之后，data_out 会被综合为一个触发器，但由于使能信号 data_en 的存在，data_out 并不会在时钟的每个有效沿都翻转，而只有在 data_en 为高的区域内时钟有效沿翻转，换句话说，时钟 clk 只有在 data_en 为高时才是有效的，其他都是无效翻转。所以可以在该电路中使用门控时钟的设计方法，在触发器的时钟输入端口加入控制逻辑以减少不必要的功耗损失，具体的设计方法将在下面两节详细介绍。

2. 使用组合逻辑的门控时钟

对于门控时钟来说，最简单的方法便是使用简易的组合逻辑"与门"来实现，直接将使能信号与时钟信号通过"与门"后再接入时钟端，具体电路如图 5.15 所示。

简单地使用组合逻辑实现的时钟门控在一定程度上可以降低功耗，但如果使能信号出现的时间过短，或在时钟为高时使能信号发生该低电平切换则可能对电路造

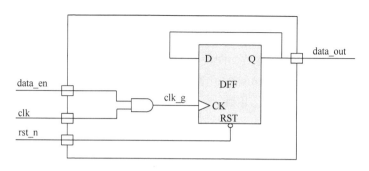

图 5.15　"与门"实现的时钟门控

成负面的影响，甚至影响其正常的功能。如图 5.16 所示时序图，在 data_en 使能的第一段时间内，由于其结束时间过早，导致 clk_g 的输出变为一个毛刺，在第二段使能时间内，由于在 clk 为高时才使能，导致 clk_g 开始过早，进而也产生了一个毛刺，clk_g 的脉冲信号的产生对于数字电路的设计是"有害"的，为了避免毛刺的产生，使用带锁存器的时钟门控是一个更好的选择。

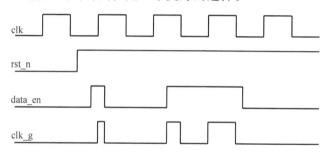

图 5.16　"与门"时钟门控时序图

3. 使用锁存器的门控时钟

利用电平敏感的锁存器和"与门"或"或门"构成的时钟门控可以有效地避免毛刺的出现，加入的锁存器可以在使能信号过早结束或过晚开始的情况下保持门控时钟输出不变。

从图 5.16 我们可以看到，如果 data_en 信号在 clk 信号为高的时候发生状态变换，将会导致 clk_g 出现毛刺，反而在 clk 为低时的状态切换对 clk_g 没有影响。那么现在的问题便是如何在 clk 为高电平——期间可以保持使能信号 data_en 的值不变，一个简单的方法便是在"与门"前加入一个低电平敏感的锁存器，将 data_en 信号锁存后再进行逻辑运算，这种方式便是"锁存器 + 与门"的门控时钟，另外还有一种"锁存器 + 或门"的门控时钟。

由低电平敏感的"锁存器"和"与门"构成的门控时钟如图 5.17 所示，时序图如图 5.18 所示。因为在"与门"前加入了低电平有效的锁存器，所以在 clk 为高电平期间，即使 en 信号发生了改变，或者有毛刺存在，该变化也不会穿过锁存器到与门，同时因为锁存器在 clk 为低电平期间是透明的，data_en 信号直接透过锁存器，但由于此时的 clk 为低电平，即使在此期间使能信号存在毛刺，经过"与门"之后也可滤除。这样，data_en 信号在整个时钟周期范围的任意时刻的翻转都不会引起后续电路的时钟信号产生毛刺。

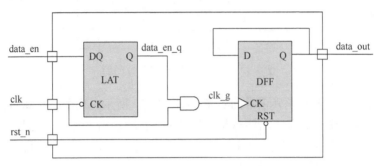

图 5.17　"锁存器 + 与门"门控时钟电路结构

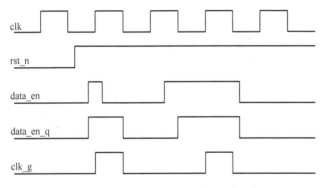

图 5.18　"锁存器 + 与门"门控时钟时序图

　　同样地，还可以使用高电平有效锁存器、反相器和"或门"组成另一种结构的门控时钟，其电路结构和时序图分别如图 5.19 和图 5.20 所示。其第一级锁存器为高电平有效，Q 端输出经过一个反相器之后与时钟 clk 通过"或门"得到门控时钟，与"锁存器 + 与门"不同的是，门控时钟 clk_g 无效时保持在高电平状态，实际工程中可根据需要选择"锁存器 + 与门"或"锁存器 + 或门"的门控时钟。

5.1.4　跨时钟域

　　前面 5.1.1 节介绍了时钟域的概念以及什么是多时钟域，另外有一个已经被多次提及的名词"亚稳态"。本节我们将着重介绍，什么是亚稳态，什么情况下会导致亚稳态以及如何避免亚稳态。

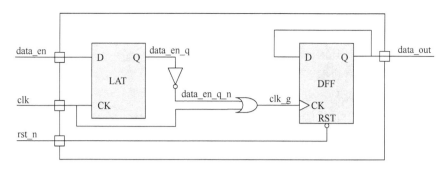

图 5.19　"锁存器 + 或门"门控时钟电路

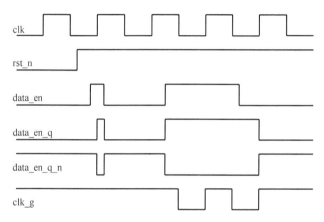

图 5.20　"锁存器 + 或门"门控时钟时序图

1. 亚稳态

数字电路中的触发器都具有一定的时序特性，即建立时间和保持时间。在正常工作的同步电路中，数据在时钟信号有效沿之前和有效沿之后保持稳定，且满足器件的建立时间和保持时间，此时电路可以正常工作且不会发生亚稳态。但是如果数据延迟到达或提前改变，违背了建立时间或保持时间，那么便会出现亚稳态。

亚稳态窗口（Metastability Window）指时钟有效沿前后数据需要保持稳定的时间，如图 5.21 所示，对于一个指定工艺下的器件来说，亚稳态窗口是一个固定时间长度。$t_{MW} = t_{su} + t_h$，其中 t_{MW} 表示亚稳态窗口；t_{su} 表示建立时间；t_h 表示保持时间。如果数据在亚稳态窗口内发生变化，那么触发器就有可能进入亚稳态。一般来说，

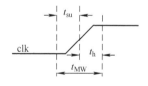

图 5.21　亚稳态窗口

希望亚稳态窗口越小越好，亚稳态窗口越小，发生亚稳态的几率就越低。

当数据信号在亚稳态窗口期间发生改变时，则触发器有可能发生亚稳态，但不是一定的，是否发生亚稳态还取决于生产工艺和外部环境。图 5.22 为可能发生亚

稳态时的时序图，当数据 D 在斜线范围内发生切换时即有可能产生亚稳态，其中t_{co}为时钟上升沿时刻，触发器从数据 D 端口传输数据到 Q 端口的延时，t_{MT}为电路从亚稳态状态中恢复出来所需要的时间。如果触发器由于不满足时序要求而进入亚稳态状态，其输出 Q 便会在高低电平之间波动，

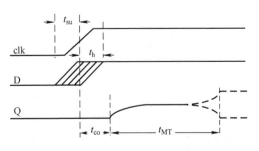

图 5.22　可能发生亚稳态时的时序图

并且该状态可能会传递，亚稳态是一个非常不稳定的状态，很容易由于外界扰动等因素恢复出来，但是其恢复得到的值是不确定的，有可能是高电平，也有可能是低电平，如图 5.22 所示。

2. 如何避免亚稳态

通过上述的描述了解到亚稳态的出现可能会导致电路的系统故障，亚稳态在实际电路中是一定存在的，不可能完全消除，但可以采取一些方法去降低亚稳态发生的概率。

避免亚稳态发生最简单的方法就是降低系统工作频率，即保证时钟周期足够长，一旦发生亚稳态，电路可以在本时钟周期内恢复过来。但该方法会导致系统工作频率降低，不利于性能的提高。工程中一般使用 N 级（多使用两级或三级）的背靠背 D 触发器组成的同步器去降低亚稳态发生的概率，"背靠背"指的是在触发器之间没有多余的组合逻辑，如图 5.23 所示。

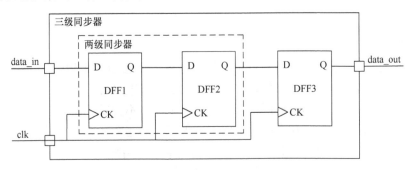

图 5.23　同步电路

可以使用 MTBF（Mean Time Between Failures）来量化衡量故障率，便可以计算出触发器发生故障（亚稳态）的概率。对于一个工作在固定频率下的触发器，其发生亚稳态的概率可以用式（5.1）来计算。

$$\mathrm{MTBF} = \frac{e^{t_r/\tau}}{t_{MW} f_c f_d} \tag{5.1}$$

式中，t_r指允许超过器件正常传输延迟时间的解析时间；τ 指触发器的亚稳态解析

时间，是一个常数；t_{MW} 指亚稳态时间窗口，对于一个工作在一定条件下的器件来说是一个常数；f_c 指时钟频率；f_d 指触发器 D 端口信号的边沿频率。

总的来说，在一个数字电路系统中，亚稳态的发生不可能完全避免，但可以采取一定的措施降低其发生的概率：

1）采用多级触发器组成的同步电路，如图 5.23 所示；

2）降低时钟频率，即增大时钟周期；

3）使用亚稳态窗口更短的触发器，即反应更快的触发器；

4）降低触发器 D 端口数据变化速率；

5）使用变化更快的输入信号。

3. 单 bit 信号跨时钟域

单 bit 信号的跨时钟域处理方法可进一步划分为针对电平信号的处理和针对脉冲信号的处理，一般将长时间不发生变化或变化速度远小于时钟频率的信号称为电平信号。考虑如图 5.24 所示的单 bit 数据跨时钟域电路，电路包括两个 D 触发器，每个 D 触发器对应一个时钟，由于是异步电路，DFF1 的 Q 端数据何时切换状态并不确定，如果到达 DFF2 的 D 端口的数据不满足 DFF2 的建立时间或保持时间，那么 DFF2 便可能会出现亚稳态。

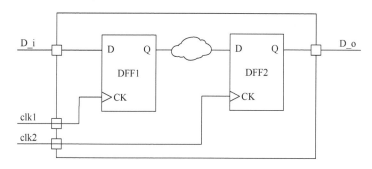

图 5.24　单 bit 数据跨时钟域电路

（1）单 bit 电平信号

对于单 bit 电平信号来说，可以在 clk1 时钟到 clk2 时钟之间加入如图 5.23 所示的两级同步电路，使其 MTBF 足够大，则可以有效降低在 clk2 时钟域发生亚稳态的概率，其对应的 Verilog 描述、综合电路结构，以及时序图见图 5.25、图 5.26 和图 5.27。

（2）单 bit 脉冲信号

由图 5.27 时序图可以看到，在进行跨时钟域数据传输时，从 D_r1 发生变化到 D_o 产生输出所需的延迟在 1 ~ 2 个目标时钟周期范围内。另外，在图 5.26 中 clk1 与 clk2 为异步信号，为了保证 DFF2 可以正确采样到 clk1 传递的 D_r1 信号，便对信号质量和时钟关系有了更高的要求。

```
module one_bit_level_async (
    input       clk1,
    input       clk2,
    input       rst_n,
    input       D_i,
    output reg  D_o
);
    reg         D_r1,D_r2;
    always @(posedge clk1 or negedge rst_n)
    begin
      if(!rst_n)
        D_r1 <= 1'b0;
      else
        D_r1 <= D_i;
    end
    always @(posedge clk2 or negedge rst_n)
    begin
      if(!rst_n)
        D_r2 <= 1'b0;
      else
        D_r2 <= D_r1;
    end
    always @(posedge clk2 or negedge rst_n)
    begin
      if(!rst_n)
        D_o <= 1'b0;
      else
        D_o <= D_r2;
    end
endmodule
```

图 5.25　单 bit 电平信号跨时钟域 Verilog 描述

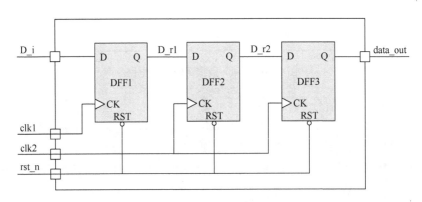

图 5.26　单 bit 电平信号跨时钟域电路

如果是电平信号，那么 DFF2 一定可以正确采样到 D_r1 信号，所以只需要经过两级的同步电路即可完成信号的跨时钟域，但是如果是脉冲信号，即 D_r1 仅保持一个 clk1 时钟周期，又因为 clk1 与 clk2 是异步时钟，那么就无法保证 DFF2 可以正确采样到数据信号。

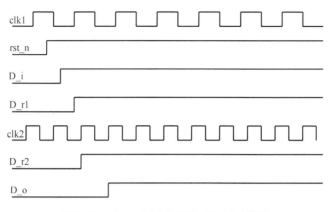

图 5.27 单 bit 电平信号跨时钟域时序图

进一步将单 bit 脉冲信号的跨时钟域分为三种情况：

1）慢时钟域到快时钟域，如果发射时钟 clk1 相比于接收时钟 clk2 足够慢，那么对于 clk2 时钟域来说，可以将 D_r1 看作是电平信号，可以直接使用如图 5.26 所示电路结构进行跨时钟域操作即可；

2）快时钟域到慢时钟域，该情况下由于 D_r1 所持续的时间会小于 clk2 的时钟周期，将会有很大的概率 DFF2 无法正确采样到数据信号，所以需要将 D_r1 展为电平信号以保证 DFF2 可以正确采样到数据信号之后再进行跨时钟域数据传输；

3）上述两种情况都是建立在 clk1 和 clk2 关系已知的前提下，但如果异步时钟之间的关系不确定又该如何去实现呢？答案是可以使用握手的方式来进行数据传递，其基本原理也是将脉冲信号展为电平信号后再进行跨时钟域，等待确认另一方已经成功接收到信号之后再回到初始状态，本节将重点介绍该方法。

使用握手方式进行单 bit 脉冲信号跨时钟域传输的 Verilog 描述、电路结构和时序图如图 5.28、图 5.29 和图 5.30 所示。完整的握手电路共需要 6 个触发器，DFF1 用于将输入信号 D_i 展为电平信号 D_i_level，然后通过由 DFF2 和 DFF3 组成的两级同步器将电平信号同步到 clk2 时钟域，此处增加了一个触发器 DFF4 将脉冲信号延迟后再经过一个"非门"和"与门"组成的组合逻辑进行上升沿检测，可以在 clk2 时钟域将脉冲信号恢复出来。到此为止，电路已经成功将 clk1 时钟域的单 bit 电平脉冲转移到 clk2 时钟域的单电平脉冲。

进一步，为了让电路具有连续检测功能，需要将所有电平信号恢复到其初始状态，这里，增加触发器 DFF5 和 DFF6 用于将在 clk2 时钟域下的电平信号 D_i_level_r2 跨时钟域传输到 clk1 时钟域，该信号则表示 clk2 时钟域已经成功接收到了目标信号，可以恢复到初始状态了，经过一个两路选择器接回到 DFF1 即可完成所有电路的设计。

```
module one_bit_pluse_cdc (
  input     clk1,
  input     clk2,
  input     rst_n,
  input     D_i,
  output    D_o

);
reg         D_i_level;
reg         D_i_level_r1;
reg         D_i_level_r2;
reg         D_i_level_r3;
reg         D_o_level_r1;
reg         D_o_level_r2;
always @(posedge clk1 or negedge rst_n)
begin
  if(~rst_n)
    D_i_level <= 1'b0;
  else if(D_i)
    D_i_level <= 1'b1;
  else if(D_o_level_r2)
    D_i_level <= 1'b0;
end
always @(posedge clk2 or negedge rst_n)
begin
  if(~rst_n)
    begin
      D_i_level_r1 <= 1'b0;
      D_i_level_r2 <= 1'b0;
      D_i_level_r3 <= 1'b0;
    end
  else
    begin
      D_i_level_r1 <= D_i_level;
      D_i_level_r2 <= D_i_level_r1;
      D_i_level_r3 <= D_i_level_r2;
    end
end
always @(posedge clk1 or negedge rst_n)
begin
  if(~rst_n)
    begin
      D_o_level_r1 <= 1'b0;
      D_o_level_r2 <= 1'b0;
    end
  else
    begin
      D_o_level_r1 <= D_i_level_r2;
      D_o_level_r2 <= D_o_level_r1;
    end
end
  assign D_o = D_i_level_r2& (~D_i_level_r3);
endmodule
```

图 5.28 单 bit 脉冲信号跨时钟域 Verilog 描述

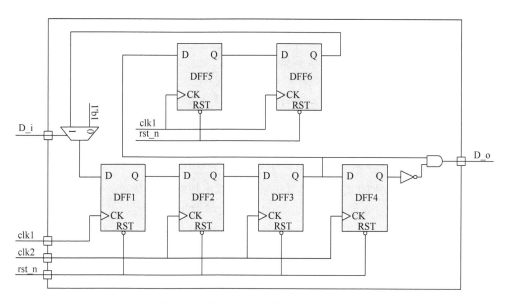

图 5.29 单 bit 脉冲信号跨时钟域电路

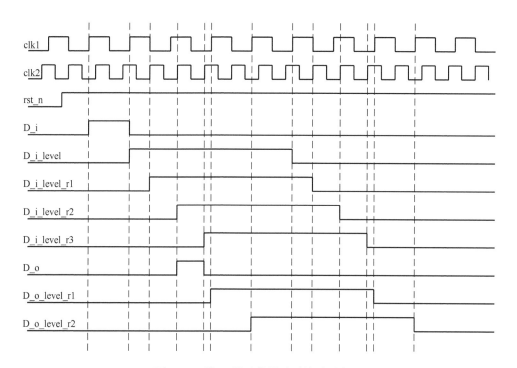

图 5.30 单 bit 脉冲信号跨时钟域时序图

4. 多 bit 信号跨时钟域

多 bit 信号的跨时钟域问题要比单 bit 信号更加复杂，考虑如下情况：在一个数字电路系统中，具有一个 2bit 的控制状态寄存器，00 表示关机，01 表示等待，10 表示正常工作，在真实环境中状态寄存器从 01 切换到 10 的时序图如下图 5.31 所示。由于真实环境中信号线的状态切换具有一定延时，在时钟有效沿采样即有可能发生亚稳态，同时因为亚稳态经过一段时间之后恢复不确定是恢复到 "0" 或是

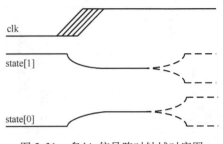

图 5.31 多 bit 信号跨时钟域时序图

"1"，那么在从 01 到 10 的切换过程中便有可能出现第三个状态，即有可能是 00，也有可能是 11。通过先前的描述知道 00 表示设备关机，11 表示未定义状态，那么在该多 bit 传输过程中由于亚稳态的发生，将可能给电路系统带来不可恢复的错误。为了避免这个问题的发生，在工程实践中可以使用下述几种方法。

（1）握手机制

使用握手方式进行多 bit 信号的跨时钟域传输更加适用于数据传输不频繁的情况，其基本原则就是给多 bit 信号加一个使能信号，首先通过两级同步电路将使能信号传输到接收时钟域，此时，多 bit 数据信号也已经稳定，再在接收时钟域使用多路选择器将多 bit 数据采样即可，其电路结构和时序图如图 5.32 和图 5.33 所示，因为电路使用到多 bit 数据选择器，因为也被称为 D – MUX 电路。

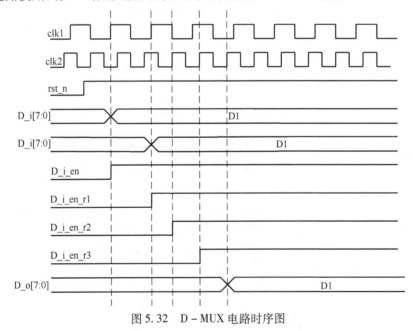

图 5.32 D – MUX 电路时序图

握手机制的使用具有一定的局限性，其依赖于数据传输速度以及异步时钟之间的关系，比如图 5.33 结构只适用于慢时钟域到快时钟域的数据传输，如果是快时

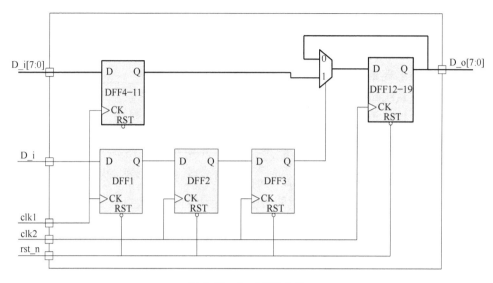

图 5.33　D – MUX 电路

钟到慢时钟或者时钟关系不确定，则需要先将信号展开为足够宽的电平信号之后再进行数据传输，另外可以看到使用 D – MUX 结构进行一次数据传输需要经历多个时钟周期，延迟时间很长，所以该结构也不适用于连续数据的传输，对于更复杂的情况，更推荐使用异步 FIFO 进行跨时钟域数据传输。

（2）异步 FIFO

异步 FIFO 是在不同时钟域下传输大量数据最常用的方式，在进行 IC 设计或者 FPGA 设计时一般都可以直接使用现有的 IP 核，在两个异步时钟域之间进行大量数据传输的示意图如图 5.34 所示。异步 FIFO 写端口包括写数据信号 wdata 和写使能信号 wen，读端口包括读数据信号 rdata 和读使能信号 ren，另外写端口的 full 表示当前异步 FIFO 数据已经写满，不能继续写数据，读端口 empty 则表示当前 FIFO 内数据已经被全部读完。

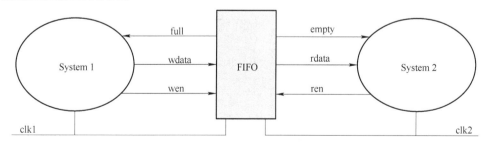

图 5.34　使用异步 FIFO 进行跨时钟域数据传输

异步 FIFO 的电路结构主要包括双端口的 RAM 存储单元和格雷码跨时钟域单元，之所以使用格雷码用于跨时钟域是因为其相邻两组数据之间仅有 1bit 数据不一样。由图 5.32 的 D – MUX 电路时序图可以看到，当相邻两组数据有 2bit 及以上数据不同时，就有可能在传输过程中出现第三个数据，这就有可能导致系统错误，使用格雷码传输 2bit 数据从 10 到 00 的时序图如图 5.35 所示。由于变化过程中只有 1bit 数据线会发生状态切换，那么就只有 1bit 数据有可能会

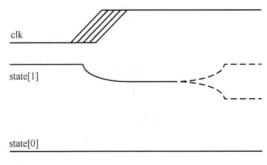

图 5.35　格雷码跨时钟域时序图

发生亚稳态，在这种情况下，经过同步电路之后采样到的数据只会是 10 或 00，不会出现第三种数据，因而使用格雷码进行跨时钟域只影响同步数据早一个时钟周期到达还是晚一个时钟周期到达，而不会导致电路出错。

5.1.5　非理想时钟

在真实的数字电路系统中，时钟信号往往由晶振产生，再经过锁相环（Phase Locked Loop，PLL）等电路输入到数字电路。数字电路由组合逻辑电路与时序逻辑电路组成，时序逻辑电路由时钟驱动的触发器组成，从时钟源到不同的触发器需要经过不同的传输路径，这就导致从时钟源发出的时钟信号到达不同级触发器的延迟并不相同。另外在时钟信号的产生和传输过程中会受到诸多因素的干扰，这些都是导致非理想时钟产生的原因，实际上，在真实的物理环境中，我们设计或使用的电路都是工作在非理想时钟下的。

非理想时钟相比于 5.1.1 节介绍的理想时钟有着更多的特性，其特性包括时钟周期（clock period）、时钟占空比（clock duty cycle）、时钟转换时间（clock transition time）、时钟延迟（clock latency）、时钟偏斜（clock skew）和时钟抖动（clock jitter）。一个典型的非理想时钟如图 5.36 所示。

（1）时钟周期（clock period）

时钟周期指时钟波形经过一次完整循环所需的时间，如图 5.36 所示。

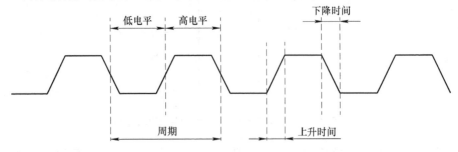

图 5.36　非理想时钟

（2）时钟占空比（clock duty cycle）

时钟占空比指在一个时钟周期内，高电平所占的比例，图 5.37 分别为占空比 50% 的非理想时钟和占空比 75% 的非理想时钟。

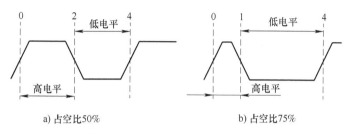

a) 占空比50%　　　　　　　b) 占空比75%

图 5.37　非理想时钟的占空比

（3）时钟转换时间（clock transition time）

真实的时钟信号在高低电平切换的过程中受到电压、工艺、扇出和负载的影响，需要一定的时间才能完成电平转换。由低电平转换到高电平所需时间为上升时间，从高电平转换到低电平所需时间为下降时间，如图 5.36 所示。一般定义转换时间为从标准电压的 10% 转换为标准电压的 90% 所需的时间间隔，实际在不同条件下可做适当修正。对于转换时间越短、上升时间和下降时间越对称的时钟，其时钟质量便越好。

（4）时钟延迟（clock latency）

时钟延迟指时钟信号从时钟源发出到达时序单元时钟输入端所需的时间，其受到工艺（process）、电压（voltage）和温度（temperature）的影响，实际使用中希望时钟延迟越小越好，典型的时序单元的时钟延迟电路如图 5.38 所示。

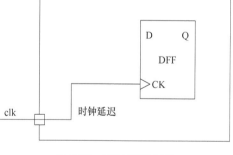

图 5.38　时钟延迟电路

（5）时钟偏斜（clock skew）

由于不同时序单元的时钟线的延迟不同导致的时钟信号到达同一时序路径下相邻两个时序单元时钟端口的时间具有一定时间差，这个时间差就是该时钟的时钟偏斜。实际设计中，时钟偏斜是一定存在的，这也是在电路进行静态时序分析（Static Timing Analysis，STA）时需要重点考虑的因素。典型的时钟偏斜如图 5.39 所示，其中的时钟偏斜 clcok skew = Latency2 − Latency1。

（6）时钟抖动（clock jitter）

理想情况下，我们希望在时钟信号传输过程中可以保持其周期、占空比、转换时间和延迟完全不变，从而保证整个数字电路系统可以正常工作。然而，实际的电

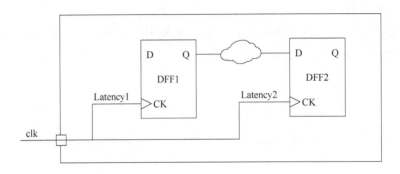

图 5.39　时钟偏斜电路

路设计由于不同门电路单元的速度并不完全一致，甚至在不同的时刻也可能有差异，这些都导致了到达时序单元时钟输入端口的时钟信号会相比于理想时钟信号产生一定程度的偏移，该偏移称为时钟抖动。与时钟偏移相同，实际数字电路中时钟抖动一定会存在，一个典型非理想时钟的时钟抖动如图 5.40 所示。

图 5.40　时钟抖动

5.2　静态时序分析

5.2.1　静态时序分析基本概念

静态时序分析（Static Timing Analysis，STA）区别于动态时序分析（Dynamic Timing Analysis，DTA）。动态时序分析通常指仿真，针对给定的仿真输入信号波形，模拟设计在器件实际工作时的功能和延时情况，给出相应的仿真输出信号波形，主要用于验证设计在器件实际延时情况下的逻辑功能，由动态时序仿真报告无法得到设计的各项时序性能指标，如最高时钟频率等。动态时序分析的优点是结果精确，并且适用于更多的设计类型；缺点是速度慢，并且可能会遗漏一些关键路径。

静态时序分析则是指不需要外部激励，通过分析每个时序路径的延时，计算出设计的各项时序性能指标，如最高时钟频率、建立保持时间等，从而找出时序违例，仅仅聚焦于时序性能的分析，并不涉及设计的逻辑功能。静态时序分析不需要输入向量就能穷尽所有的路径，运行速度快，占用内存小。不仅可以对芯片设计进行全面的时序功能检查，还可以利用时序分析的结果来优化设计。静态时序分析是最常用的分析、调试时序性能的方法和工具。

5.2.2　静态时序分析相关参数

1. 发射沿（launch edge）

第一级寄存器数据变化的时钟边沿，也是静态时序分析的起点。

2. 采样沿（latch edge）

第二级寄存器数据锁存的时钟边沿，也是静态时序分析的终点。采样沿又称为锁存沿。

3. 建立时间（setup time，T_{su}）

时钟有效沿到来之前数据从不稳定到稳定的最小时间。假设建立时间不满足要求，那么数据将不能在这个时钟上升沿被稳定的输入触发器。建立时间示意图如图 5.41 所示。

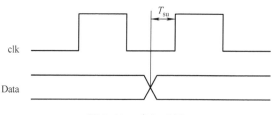

图 5.41　建立时间

4. 保持时间（hold time，T_h）

时钟有效沿到来之后，下一个时钟有效沿到来之前，数据必须保持稳定的最小时间。假设保持时间不满足要求，那么数据相同也不能被稳定的输入触发器。保持时间示意图如图 5.42 所示。

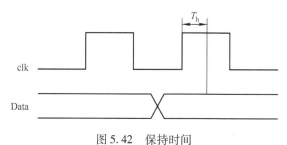

图 5.42　保持时间

5. 寄存器输出延时（Clock – to – Output Delay，T_{CO}）

当时钟有效沿变化后，数据从有效时钟输入端到寄存器输出端的最小时间间隔。

6. 传输数据延时（T_{data}）

两个寄存器之间组合逻辑的延时和布局布线的延时。

7. 时钟偏移（clock skew，T_{skew}）

指时钟源扇出信号到达两个不同寄存器时钟端的时间差。时钟偏移示意图如图 5.43 所示。

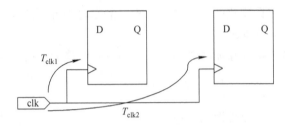

图 5.43　时钟偏移

时钟偏移的计算公式如下：

$$T_{skew} = T_{clk2} - T_{clk1}$$

8. 数据到达时间（Data Arrival Time）

输入数据在有效时钟沿后到达所需要的时间。

主要分为三部分：时钟到达寄存器时间（T_{clk1}），寄存器输出延时（T_{CO}）和传输数据延时（T_{data}），如图 5.44 所示。

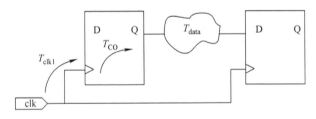

图 5.44　数据到达时间

数据到达时间计算公式如下：

$$\text{Data Arrival Time} = \text{Launch edge} + T_{clk1} + T_{CO} + T_{data}$$

9. 时钟到达时间（Clock Arrival Time）

时钟从采样沿到达寄存器时钟输入端所消耗的时间为时钟到达时间，如图 5.45 所示。

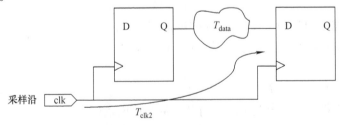

图 5.45　时钟到达时间

时钟到达时间计算公式例如以下：

$$\text{Clock Arrival Time} = \text{Lacth edge} + T_{\text{clk2}}$$

10. 数据需求时间（Data Required Time）

在时钟锁存的建立时间和保持时间之间数据必须稳定，从源时钟起点达到这样的稳定状态需要的时间即为数据需求时间，如图 5.46 所示。

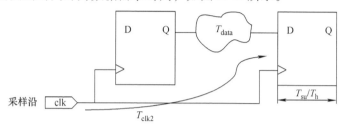

图 5.46　数据需求时间

（建立）数据需求时间计算公式如下所示：

$$\text{Data Required Time} = \text{Clock Arrival Time} - T_{\text{su}}$$

（保持）数据需求时间计算公式如下所示：

$$\text{Data Required Time} = \text{Clock Arrival Time} + T_{\text{h}}$$

11. 建立时间余量（setup slack）

要求数据到达时间和数据实际到达时间的差值。

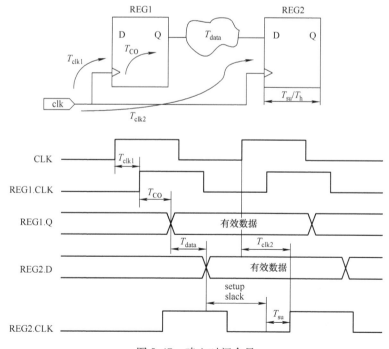

图 5.47　建立时间余量

建立时间余量如图 5.47 所示，计算步骤如下，其中 T_{cycle} 指时钟周期：

$$setup\ slack = Data\ Required\ Time - Data\ Arrival\ Time$$

要求数据达到的时间：

$$Data\ Required\ Time = T_{cycle} + T_{clk2} - T_{su}$$

实际数据到达的时间：

$$Data\ Arrival\ Time = T_{clk1} + T_{CO} + T_{data}$$

故建立时间余量：

$$setup\ slack = T_{cycle} + T_{clk2} - T_{su} - (T_{clk1} + T_{CO} + T_{data})$$

由上面的公式可知。正的余量表示数据需求时间大于数据到达时间，满足时序（时序的余量）。负的余量表示数据需求时间小于数据到达时间，不满足时序（时序的欠缺量）。

12. 保持时间余量（hold slack）

数据实际结束位置和要求数据结束位置的差值。

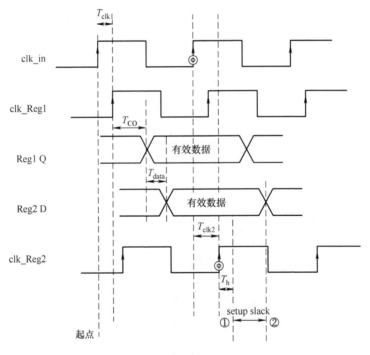

图 5.48　保持时间余量

保持时间余量如图 5.48 所示，计算步骤如下：

$$hold\ slack = Data\ End\ Time - Data\ Required\ End\ Time$$

实际数据结束的时间：

$$Data\ End\ Time = T_{cycle} + T_{clk1} + T_{CO} + T_{data}$$

要求数据结束的时间：

$$\text{Data Required End Time} = T_{\text{cycle}} + T_{\text{clk2}} + T_{\text{h}}$$

保持时间余量：

$$\text{hold slack} = T_{\text{cycle}} + T_{\text{clk1}} + T_{\text{CO}} + T_{\text{data}} - (T_{\text{cycle}} + T_{\text{clk2}} + T_{\text{h}})$$

从上面的公式中可以看出建立时间余量（hold slack）与时钟周期 T_{cycle} 无关，所以时钟频率也与保持时间余量无关。

5.2.3　时序路径

时序路径（Timing Path）是指设计中数据信号传播过程中所经过的逻辑路径。每一条时序路径都存在与之对应的一个始发点和一个终止点。

时序分析中定义的起点有两种：

1）电路的数据输入端口；

2）时序单元的时钟输入端口。

时序分析中定义的终点有两种：

1）电路的数据输出端口；

2）时序单元的数据输入端口。

输入和输出排列组合后一共有 4 种路径：

1）Path1：电路输入端口到触发器的数据 D 端（Pad – to – Setup）；

2）Path2：触发器的 clk 端到触发器的数据 D 端（Clock – to – Setup）；

3）Path3：触发器的 clk 端到电路输出端口（Clock – to – Pad）；

4）Path4：电路输入端口到电路输出端口（Pad – to – Pad）。

如图 5.49 所示的电路一共有 4 条路径。

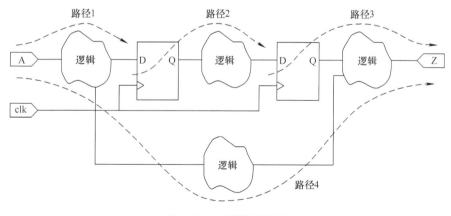

图 5.49　时序路径分析

关键路径（Critical Path）：从输入到输出，延时最大的那条路径称为关键路径。关键路径是系统中延时最大的路径，它决定了系统所能达到的最大时钟频率。

5.2.4 关键参数计算

1. 最小时钟周期计算

1）当数据需求时间大于数据到达时间时，时钟具有余量；

2）当数据需求时间小于数据到达时间时，不满足时序要求，寄存器经历亚稳态或者不能正确获得数据；

3）当数据需求时间等于数据到达时间时，这是最小时钟执行频率。刚好满足时序。

从以上三点能够得出最小时钟周期为数据到达时间等于数据需求时间，运算公式如下：

$$\text{Data Required Time} = \text{Data Arrival Time}$$

由上式推出以下公式：

$$T_{\min} + \text{Latch edge} + T_{\text{clk2}} - T_{\text{su}} = \text{Launch edge} + T_{\text{clk1}} + T_{\text{CO}} + T_{\text{data}}$$

终于推出最小时钟周期为：

$$T_{\min} = T_{\text{CO}} + T_{\text{data}} + T_{\text{su}} - T_{\text{skew}}$$

2. 建立时间计算

由建立时间余量相关介绍可得数据应在其需要到达时间之前到达，故：

$$\text{Data Required Time} \geqslant \text{Data Arrival Time}$$

$$T_{\text{setup}} \leqslant T_{\text{cycle}} - \left(T_{\text{CO}} + T_{\text{data}} \right) + T_{\text{skew}}$$

建立时间与时钟周期、两个寄存器之间的时延，以及时钟偏移有关。时钟周期越大，时延越小，时钟偏移越大，建立时间越容易满足。

3. 保持时间计算

由保持时间余量相关介绍可得数据应在其需要结束时间之后结束，故：

$$\text{Data End Time} \geqslant \text{Data Required End Time}$$

$$T_{\text{h}} \leqslant \left(T_{\text{CO}} + T_{\text{data}} \right) - T_{\text{skew}}$$

保持时间与时钟周期无关，与两个寄存器时间的时延以及时钟偏移有关。时延越大，时钟偏移越小，保持时间越容易满足。

5.2.5 时序违例的修复方法

时序违例通常指建立时间违例（setup violation）和保持时间违例（hold violation），建立时间违例随着布局到布线阶段的推进不断恶化，而线延迟会有益于保持时间违例的修复，故保持时间违例修复通常由后端完成，而数字设计前端通常专注于建立时间违例的修复。通俗点说，建立时间违例指的是数据在传输过程中速度太慢，在采样沿不能采样到正确的数据。

建立时间违例修复有很多方法。

1. 优化网表

（1）流水线（Pipeline）

硬件描述语言的一个突出优点就是指令执行的并行性。多条语句能够在相同时钟周期内并行处理多个信号数据。但是当数据串行输入时，指令执行的并行性并不能体现出其优势。而且很多时候有些计算并不能在一个或两个时钟周期内执行完毕，如果每次输入的串行数据都需要等待上一次计算执行完毕后才能开启下一次的计算，那效率是相当低的。流水线就是解决多周期下串行数据计算效率低的问题。

流水线的核心思想是把一个重复的过程分解为若干个子过程，每个子过程由专门的功能部件来实现。将多个处理过程在时间上错开，依次通过各功能段，这样每个子过程就可以与其他子过程并行进行，用面积换取时间。

数据的处理路径也可以看作是一条生产线，路径上的每个数字处理单元都可以看作是一个阶段，会产生延时。流水线设计就是将路径系统分割成一个个数字处理单元（阶段），并在各个处理单元之间插入寄存器来暂存中间阶段的数据。被分割的单元能够按阶段并行地执行，相互间没有影响。所以最后流水线设计能够提高数据的吞吐率，即提高数据的处理速度。流水线设计的缺点在于各个处理阶段都需要增加寄存器来保存中间计算状态，而且多条指令并行执行，势必会导致功耗增加。

乘法器是常见的流水线应用场景之一。常数的乘法都会用移位相加的形式实现，例如：

1）A = A << 1；　　　　//完成 A * 2；

2）A = (A << 1) + A；　　//对应 A * 3；

3）A = (A << 3) + (A << 2) + (A << 1) + A；//对应 A * 15。

用一个移位寄存器和一个加法器就能完成乘以 3 的操作。但是乘以 15 时就需要 3 个移位寄存器和 3 个加法器（当然乘以 15 可以用移位相减的方式）。有时候数字电路在一个周期内并不能完成多个变量同时相加的操作。所以数字设计中，最保险的加法操作是同一时刻只对 2 个数据进行加法运算，最差设计是同一时刻对 4 个及以上的数据进行加法运算。如果设计中有同时对 4 个数据进行加法运算的操作设计，那么此部分设计就会有危险，可能导致时序不满足。此时，设计参数可配、时序可控的流水线式乘法器就显得有必要了。

被乘数按照乘数对应 bit 位进行移位累加，便可完成相乘的过程。假设每个周期只能完成一次累加，那么一次乘法计算时间最少的时钟数恰好是乘数的位宽。所以建议，将位宽窄的数当作乘数，此时计算周期短。

（2）重定时（Retiming）

重定时是一种时序优化技术，用在不影响电路输入/输出行为的情况下跨组合逻辑寄存器从而提高设计性能。

重定时就是重新调整时序。任何的数字电路都可以等效成组合逻辑加 D 触发器的形式，两个 D 触发器之间的组合逻辑路径决定了系统的工作频率，决定了芯片的性能。所以为了提高芯片的工作频率，使用流水线技术在组合逻辑中插入寄存器。如图 5.50、图 5.51 所示，comb1 的延迟为 30ns，comb2 的延迟为 10ns，系统的最高工作频率是由最长路径决定的，也就是说系统最高工作频率的周期不小于 30ns，这时不改变时序，采用重定时技术，将 comb1 部分组合逻辑移动至 comb2，使得各个组合逻辑之间的延迟均为 20ns，这样系统最小工作周期为 20ns，提高了最高工作频率。

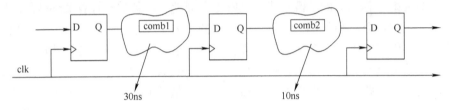

图 5.50　重定时前路径

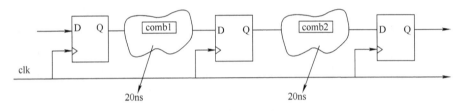

图 5.51　重定时后路径

2. 布局（place）**阶段调整布局规划**（floorplan）

布局规划时要注意的几个点：

1）有一些宏单元（macro）需要靠近端口（port），需要提前注意；

2）有相互关联的宏单元要摆在一起；

3）宏单元出引脚（pin）的地方预留走线空间；

4）有特殊要求需要放得比较近的一些单元（cell），可以添加区域（region）限制模块（module）的布局（place）空间。

3. 通过路径组（group path）**优化时序**

1）细分路径组；

2）根据需要设置不同组的权重；

3）设置目标余量，使工具能更强的优化对应的时序。

4. 通过路径组（group path）**优化时序**

（1）更换不同阈值电压（Vt）的单元库

HVT、LVT、SVT 等是指工艺库中可提供的单元（cell）类型，HVT 表示高阈值电压，LVT 表示低阈值电压，SVT（RVT）表示标准阈值电压。同种阈值电压的单元又会分为多种沟道长度（channel length），如 C20、C24、C28、C32，沟道长度数值越高，速度越慢。阈值电压越低，掺杂浓度越低，饱和电流变小，所以速度性能越高。但是因为漏电流会变大，因此功耗会变高。

速度大小按快到慢依次排列：LVT > SVT > HVT。

功耗大小：LVT > SVT > HVT。

（2）插入缓冲（buf）

由于建立时间违例绝大部分是由于驱动（drv）造成的。比如单元的延时其实是根据它的输入信号转换时间（input transition），以及输出负载（output load）查表计算得来。因此，我们解决了容性负载（cap）和信号转换时间（slew）的问题，时序（timing）问题其实自然也得到了解决。比如连线（net）连接得太长导致驱动变弱，可以插入 buf 打断连线，来提高驱动；扇出（fanout）太大，也可以通过插入 buf 来减少扇出数目。

（3）增大单元（size up the cell）

如果某个单元的驱动能力太弱，容易产生比较大的延时，因此我们可以通过增大这个单元来提高驱动能力，比如 X1 的 buf 换成 X4、X8 的等。但是我们在增大单元前也需要注意该单元的输入/输出转换时间的变化情况，因为驱动能力强的单元，它本身的负载会比较大，可能会造成前一级单元驱动不了它的情况，所以实际的数据路径情况会比较复杂，不一定换大驱动的单元，延时就会变小。一般情况下，如果我们看到某个单元的输出转换时间比输入转换时间大很多，那说明这个单元的驱动不够，我们可以尝试增大一下。

（4）层分配（layer assignment）

高层金属有电阻小、延迟低的特点。所以可以通过更换布线层次来实现建立时间的修复。例如删除连线后，设置绕线属性，让它绕在高层。

5. 增加采样时钟路径延时（capture clock path delay）

也可以叫作通过有用时钟偏移（useful skew）来修复。时钟路径位置如图 5.52所示。

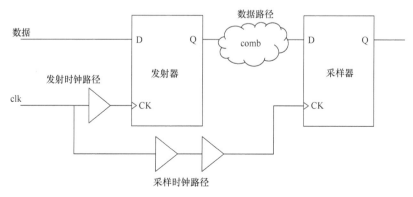

图 5.52　时钟路径

在采样沿路径上追加延时单元（delay cell）使得采样时钟路径和发射时钟路径的到达时间一样，而达到约束条件，这样的方法叫作有用时钟偏移（useful skew）。但是，由于这样会动到时钟路径，所以我们插入单元前还是需要很谨慎的。首先我们得确保从采样时钟出发的下一级路径是不是有建立余量（setup margin），同时，检查一下到当前该级寄存器的输入引脚上有没有保持余量（hold margin）。

6. 减小发射时钟路径延时（launch clock path delay）

这也是使用时钟路径来修复建立时间违例的一种方法，需要减小发射时钟路径延时。这类方法一般用得比较少。理论上我们可以通过减少时钟路径的级数来实现，但实际操作起来还是要分析清楚时钟的结构。

5.2.6 FPGA 时序分析

在快速系统中 FPGA 时序约束不止包含内部时钟约束，还应包含完整的 I/O 口时序约束和时序例外约束才能实现 PCB 级的时序收敛。因此，FPGA 时序约束中 I/O 口时序约束也是一个重点。

因为 I/O 口时序约束分析是针对电路板整个系统进行时序分析，所以 FPGA 需要作为一个总体分析，当中包含 FPGA 的建立时间、保持时间以及传输延时。传统的建立时间、保持时间以及传输延时都是针对寄存器形式的分析。

1. 总体概念

如图 5.53 所看到的，为分解的 FPGA 内部寄存器的性能参数：

1）T_{din} 为从 FPGA 的 I/O 口到 FPGA 内部寄存器输入端的延时；

2）T_{clk} 为从 FPGA 的 I/O 口到 FPGA 内部寄存器时钟端的延时；

3）T_{su}/T_h 为 FPGA 内部寄存器的建立时间和保持时间；

4）T_{CO} 为 FPGA 内部寄存器输出延时；

5）T_{out} 为从 FPGA 寄存器输出到 I/O 口输出的延时。

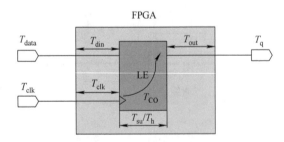

图 5.53 FPGA 时序模型

对于整个 FPGA 系统分析，能够又一次定义这些参数，FPGA 建立时间能够定义为：

1）FPGA 建立时间：$FT_{su} = T_{din} + T_{su} - T_{clk}$；

2）FPGA 保持时间：$FT_h = T_h + T_{clk}$；

3）FPGA 传输数据时间：$FT_{CO} = T_{clk} + T_{CO} + T_{out}$。

由上分析当 FPGA 成为一个系统后就可以进行 I/O 时序分析了。FPGA 模型变为如图 5.54 所看到的。

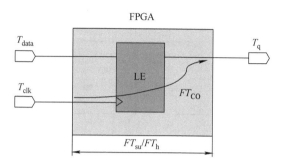

图 5.54　FPGA 系统模型

2. 输入延时

外部器件发送数据到 FPGA 系统模型如图 5.55 所示。

对 FPGA 的 I/O 口进行输入最大、最小延时约束是为了让 FPGA 设计工具可以尽可能的优化从输入端口到第一级寄存器之间的路径延迟，使其可以保证系统时钟可靠的从外部芯片到 FPGA 的信号。

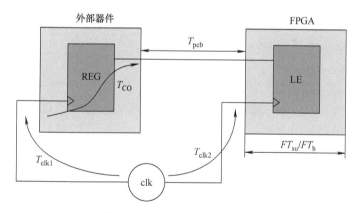

图 5.55　FPGA 数据输入模型

输入延时即为从外部器件发出数据到 FPGA 输入端口的延时时间。

当中包含时钟源到 FPGA 延时和到外部器件延时之差，经过外部器件的数据发送 T_{CO}，再加上 PCB 上的走线延时。如图 5.56 所看到的，为外部器件和 FPGA 接口时序。

（1）最大输入延时

最大输入延时（input delay max）为当从数据发送时钟沿（launch edge）经过

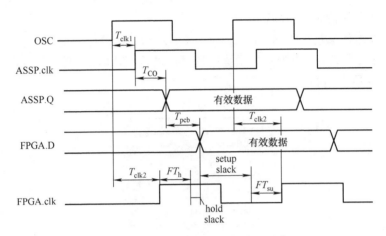

图 5.56 外部器件和 FPGA 接口时序

最大外部器件时钟偏斜（T_{clk1}），最大的器件数据输出延时（T_{CO}），再加上最大的 PCB 走线延时（T_{pcb}）。减去最小的 FPGA 时钟偏移（FT_{su}）的情况下还能保证时序满足的延时。这样才能保证 FPGA 的建立时间，准确采集到数据值，即为建立余量（setup slack）必须为正。如图 5.56 所看到的。计算公式例以以下式所示：

setup slack $= [T_{clk} + T_{clk2}(\min)] - [T_{clk1}(\max) + T_{CO}(\max) + T_{pcb}(\max)] + FT_{su} \geq 0$

推出例以以下公式：

$$T_{clk1}(\max) + T_{CO}(\max) + T_{pcb}(\max) - T_{clk2}(\min) \leq T_{clk} + FT_{su}$$

input delay max = Board Delay(max) − Board clock skew (min) + T_{CO}(max)

结合本系统参数公式为：

$$\text{input delay max} = T_{pcb}(\max) - [T_{clk2}(\min) - T_{clk1}(\max)] + T_{CO}(\max)$$

（2）最小输入延时

最小输入延时（input delay min）为当从数据发送时钟沿（lanuch edge）经过最小外部器件时钟偏斜（T_{clk1}），最小器件数据输出延时（T_{CO}），再加上最小 PCB 走线延时（T_{pcb}），此时的时间总延时值一定要大于 FPGA 的最大时钟延时和建立时间之和。这样才不会破坏 FPGA 上一次数据的保持时间。即为 hold slack 必须为正，如图 5.56 所看到的，计算公式例以以下式所示：

hold slack $= [T_{clk1}(\min) + T_{CO}(\min) + T_{pcb}(\min)] - [FT_h + T_{clk2}(\max)] \geq 0$

推出例以以下公式：

$$T_{clk1}(\min) + T_{CO}(\min) + T_{pcb}(\min) - T_{clk2}(\max) \geq FT_h$$

input delay max = Board Delay (min) − Board clock skew (min) + T_{CO}(min)

结合本系统参数公式为

$$\text{input delay max} = T_{pcb}(\min) - [T_{clk2}(\max) - T_{clk1}(\min)] + T_{CO}(\min)$$

进行输入最大、最小延时的计算，我们需要估算 4 个值：

1）外部器件输出数据通过 PCB 到达 FPGA 端口的最大值和最小值 T_{pcb}，PCB

延时经验值为 $600\text{mil}^{\ominus}/\text{ns}$；

2）外部器件接收到时钟信号后输出数据延时的最大值和最小值 T_{CO}；

3）时钟源到达外部器件的最大、最小时钟偏斜 T_{clk1}；

4）时钟源到达 FPGA 的最大、最小时钟偏斜 T_{clk2}。

当外部器件时钟为 FPGA 提供的时候。T_{clk1} 和 T_{clk2} 即合成 T_{skew}，如图 5.57 所示。

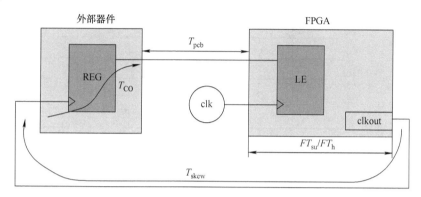

图 5.57　FPGA 输出时钟模型

3. 输出延时

FPGA 输出数据给外部器件模型如图 5.58 所示。对 FPGA 的 I/O 口进行输出最大、最小延时约束是为了让 FPGA 设计工具可以尽可能的优化从第一级寄存器到输出端口之间的路径延迟。使其可以保证让外部器件能准确地采集到 FPGA 的输出数据。

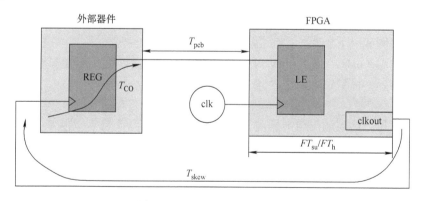

图 5.58　FPGA 输出延时模型

输出延时即为从 FPGA 输出数据后到达外部器件的延时时间。

$\ominus$　$1\text{mil} = 25.4 \times 10^{-6}\text{m}$。

当中包含时钟源到 FPGA 延时和到外部器件延时之差、PCB 上的走线延时以及外部器件的数据建立和保持时间。

如图 5.59 所示, 为 FPGA 和外部器件接口时序图。

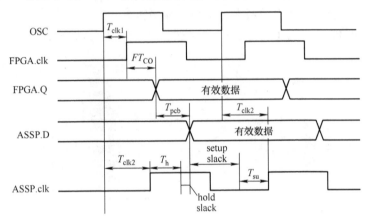

图 5.59　FPGA 和外部器件接口时序图

（1）最大输出延时

最大输出延时的计算公式为:

output delay max = Board Delay（max）– Board clock skew（min）+ T_{su}

由公式可知。最大输出延时（output delay max）为当从 FPGA 数据发出后经过最大的 PCB 延时、最小的 FPGA 和器件时钟偏斜, 再加上外部器件的建立时间。约束最大输出延时, 是为了约束 I/O 口输出, 从而使外部器件的数据建立时间, 即建立余量（setup slack）必须为正, 计算公式如以下式所看到的:

$$\text{setup slack} = [T_{clk} + T_{clk2}(\min)] - [T_{clk1}(\max) + FT_{CO}(\max) + T_{pcb}(\max) + T_{su})] \geqslant 0$$

推导出例如以下公式:

$$FT_{CO}(\max) + T_{pcb}(\max) - [T_{clk2}(\min) - T_{clk1}(\max)] + T_{su} \leqslant T_{clk}$$

再次推导, 得到例如以下公式:

$$FT_{CO}(\max) + \text{output delay max} \leqslant T_{clk}$$

由此可见, 约束输出最大延时, 即为通知编译器 FPGA 的 FT_{CO} 最大值为多少。依据这个值得出正确的综合结果。

（2）输出最小延时

输出最小延时的计算公式为:

output delay min = Board Delay（min）– Board clock skew（max）– T_h

由公式可知, 最小输出延时（output delay min）为当从 FPGA 数据发出后经过最小的 PCB 延时、最大的 FPGA 和器件时钟偏斜, 再减去外部器件的建立时间。约束最小输出延时, 是为了约束 I/O 口输出, 从而使 I/O 口输出有个最小延时值, 防止输出过快, 破坏了外部器件上一个时钟的数据保持时间。导致保持余量（hold slack）为负值，不能正确的锁存到数据。最小输出延时的推导计算公式如下式所看到的：

$$\text{hold slack} = \left[T_{\text{clk1}}(\min) + FT_{\text{CO}}(\min) + T_{\text{pcb}}(\min) \right] - \left[T_{\text{h}} + T_{\text{clk2}}(\max) \right] \geqslant 0$$

推导出例如以下公式：

$$FT_{\text{CO}}(\min) + T_{\text{pcb}}(\min) - \left[T_{\text{clk2}}(\max) - T_{\text{clk1}}(\min) \right] - T_{\text{h}} \geqslant 0$$

再次推导，得出例如以下公式：

$$FT_{\text{CO}}(\min) + \text{output delay min} \geqslant 0$$

由公式可知，约束输出最大延时，即为通知编译器 FPGA 的 FT_{CO} 最小值多少。依据这个值做出正确的综合结果。

进行输出最大、最小延时的计算，我们需要估算 4 个值：

1）FPGA 输出数据通过 PCB 到达外部器件输入 port 的最大值和最小值 T_{pcb}，PCB 延时经验值为 600mil／ns；

2）时钟源到达外部器件的最大、最小时钟偏斜 T_{clk2}；

3）时钟源到达 FPGA 的最大、最小时钟偏斜 T_{clk1}；

4）外部器件的建立时间 T_{su} 和保持时间 T_{h}；

当外部器件时钟为 FPGA 提供的时候，T_{clk1} 和 T_{clk2} 即合成 T_{skew}。如图 5.60 所示。

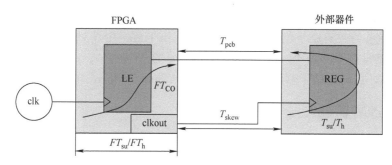

图 5.60　FPGA 提供时钟模型

5.3　数字 SoC 验证

5.3.1　验证的基本概念

数字验证就是指为确保芯片在流片之前，所有既定功能已被正确设计而所做的一系列工程活动，而验证的过程就是保证芯片实现符合规格说明书的过程。

通常来讲，芯片一旦被制造出来就无法再进行更改，部分芯片可能具备一定的更改可能（如数字 SoC 中的嵌入式软件部分），但此类更改的范围受到了极大的局限。考虑到流片的经济成本和时间成本，把问题拦截在流片环节之前异常重要，这正是数字验证工作存在的意义。

随着芯片规模的不断扩大，芯片功能的日趋复杂化，以及先进制程工艺生产成本快速增加，数字验证面临的挑战也愈发增大，市场对数字验证的准确性、效率等多个方面提出了更高的要求，目前数字验证工作已经成为 ASIC 设计中必不可少的关键环节。通常，成熟的数字 SoC 设计全流程中，数字验证部分投入的人力最多，验证人员数量与设计人员数量往往在 3∶1 左右。

进行数字验证需要掌握多种语言，包括 System Verilog（SV）、Verilog、C + +，而 SV 是后两种语言的扩展增强，提升了原有编程能力，对于进行高度复杂验证工作的工程师们来说具有很大的吸引力。如果有 C/C + + 编程经验，学习 SV 相对来说较容易，学习曲线很短。该验证语言与硬件描述语言相比，具有一些典型的性质：

1）生成具有约束的随机激励；

2）具有各种覆盖率。如代码覆盖率、断言覆盖率和功能覆盖率；

3）属于面向对象的编程，偏向软件化；

4）具有多线程及进行线程间的通信；

5）兼容硬件描述语言；

6）对事件施加控制采用事件仿真器。

利用这些特性有助于创建出高度抽象的测试平台，用其对设计进行验证。常使用的验证工具有 Mentor 的 Questasim、Cadence 的 NC – sim，以及 Synopsys 的 VCS 和 Verdi 等。需要熟悉了解的脚本语言有 per、shell、python、tcl 和 makefile。

5.3.2　UVM 验证方法学

方法学是一个抽象而且宽泛的概念，对于刚接触验证的初学者来说，可以暂时把其理解为是一个库，随着今后深入的学习，会对方法学有更深入的理解。UVM 验证方法学是一种应用于验证的标准规范，提供很多底层库，方便直接调用而无需自己编写，这些方法可以提高代码的可重用性和由随机性带来的高效性。

基于 SV 的验证方法学中，目前市面上有三种，分别是验证方法手册（Verification Methodology Manual，VMM）、开放式验证方法学（Open Verification Methodology，OVM）和通用验证方法学（Universal Verification Methodology，UVM）。因为 UVM 几乎完全继承了 OVM，又吸收了 VMM 中一些优秀的实现方式，因此大部分验证人员使用 UVM。

UVM 有五个关键特征如下：

1）数据设计：UVM 能够将用户的验证环境划分成一个个特定的数据项和组件的集合。例如利用 SV 搭建验证平台，数据的比较、复制等需要通过写函数或者任务来实现，但是利用 UVM 可以让这些操作自动进行。

2）激励产生：UVM 提供了类和底层结构，具有完整的激励产生机制，可根据需求产生各种激励，同时利用 config 机制，自定义的分层事件和数据流产生的用户可自由配置。

3）运行测试代码和验证平台的创建：验证自动化是 UVM 的一大优势。如果一个流程能够明确定义，那么具有多层次的环境被复用成为可能；另外用户利用一个通用的配置接口，不用修改原始实现即可配置实时运行的行为和测试用例的组合。

4）验证策略和覆盖模型的设计：可将需要验证的设计与成熟的设计相结合，并将数据验证和协议等整合在一个可重复使用的验证组件中。

5）调试和分析能力：验证过程中的大量信息，如事件日志、序列追踪和错误信息报告等可由 UVM 的库和一些方法提供。

UVM 提供基于 SV 的库，这个库由基本类、工具及宏组成。如图 5.61 所示为 UVM 的类库地图，从下面这张图中可见各个类之间的继承关系。

其中，component 与 object 是 UVM 两大最基本的概念。UVM 会分成 uvm_component 和 uvm_object 两大类，几乎所有的类均继承于这两者，虽然 uvm_component 也是继承于 uvm_object，很显然前者还具有后者所不具备的特点，表现为两个方面，一是 uvm_component 使用 new 函数来指定 parent 从而形成一种树形结构；二是有九大 phase 的自动执行特点。继承于 uvm_component 的类用于构成验证环境组件，形成验证环境层次，这些组件在仿真过程中一直存在，但有时候我们并不需要某些东西持续存在于仿真中，例如 transaction（激励）发送完其生命周期就结束了，读者定义的所有 transaction 派生自 uvm_sequence_item 类，而 uvm_sequence_item 又继承于 uvm_object 类，所以 uvm_object 及其子类用于构成环境配置属性和数据传输，下面介绍几种常用的机制。

1. UVM factory 机制

如果我们用 SV 构建验证平台，构建好了之后，想改变平台中的某些组件，例如将 driver 改成 driver_new，我们需要重新定义一下 driver_new，或者直接从 driver 继承，但是我们还需要在 driver 对象例化的地方将 driver drv 改成 driver_new drv，如果需要多个组件的更新，以及多次的平台复用，那代码量巨大，而且每次改变都要深入平台内部，非常烦琐。

基于上述问题，UVM 提出 factory 机制，该机制通过将拓展类在 factory 注册，可实现环境内部组件的创建与对象的重载，factory 机制主要针对构建验证环境层次的 uvm_component 及其子类，以及构成环境配置属性和数据传输的 uvm_object 及其子类。

（1）注册

使用 factory 机制的第一步就是将类注册到 factory。这个 factory 是整个全局仿真中存在且唯一的"机构"，所有被注册的类才能使用 factory 机制。

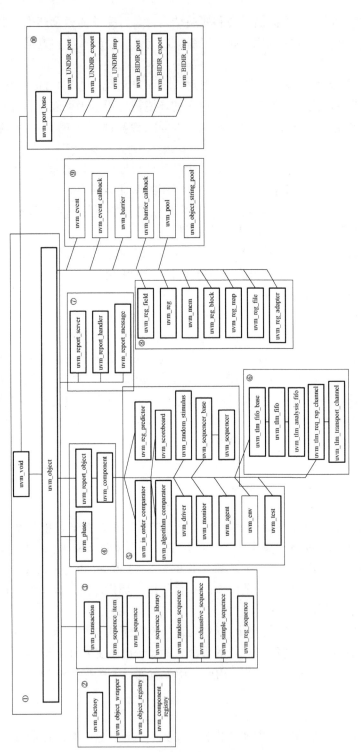

图 5.61　UVM 类库地图

　　继承于 uvm_component 类的使用' uvm_component_utils（类名）注册；继承于
uvm_object 类使用' uvm_object_utils（类名）注册。

　　（2）创建

　　创建就是实例化对象。有四种创建方法，如下 t1、t2、t3、t4 分别代表四种创建方式。

```
class object_create extends top;
  trans t1,t2,t3,t4;
  'uvm_component_utils(object_create)
function new( string name = "object_create",uvm_component parent = null);
  super. new( phase);
endfunction
function void build_phase(uvm_phase phase);
  super. build_phase( phase);
  uvm_factory f = uvm_factory::get();
  t1 = new("t1"); //direct construction
  t2 = trans::type_id::create("t2",this); //common method
  void '($ cast( t3, f. create_object_by_type( trans:: get_type(), get_full_name(),
"t3")));//factory method
    void '($ cast( t4, f. create_object ("trans" , "t4")));   //pre-defined method
inside component
endfunction
endclass
```

　　t1 直接调用 new 函数，这是 SV 的创建方式。

　　所有注册到 factory 的类均可通过 factory 独特的方式实例化对象。但 factory 的独特方式，实际上也是调用了 new 函数，也是先创建句柄再赋予对象，t2 的创建方式就是 factory 的独特方式，也是最推荐和最常用的。利用 UVM factory 创建相对于 new()函数创建的好处是，factory 可以提供很多便利，其中一个好处就是在不修改源代码基础上，做类型覆盖，实现自己想要的功能，即后面讲述的重载。

　　t3 利用 factory 来创建，用 uvm_factory 类对象 factory 调用下列函数：

```
create_component_by_name();
create_component_by_type();
create_object_by_name();
create_object_by_type();
```

　　t4 利用 uvm_component 或者 uvm_object 这两个类提供的创建方法。如 create ();
create_object(); create_component()等。

　　t3 和 t4 采用的两种方式，由于函数返回类型是 uvm_object 或者 uvm_component，是父类，所以要用$ cast 做类型转换，转换成子类。

（3）创建函数的重载

重载的意思是更新、覆盖、替换。创建函数的重载就是将父类的创建函数重载成子类的创建函数，也就是说，重载之后，子类句柄赋值给父类句柄，父类的句柄指向的是子类的实例。前提是子类和父类存在同名方法，并且父类方法申明为 virtual 型，先做覆盖再做类型的创建，那么重载才算成功。

```
class my_case extends uvm_test；
    set_type_override_by_type(monitor1::get_type( ),monitor2::get_type( ));
    //将 monitor1 类重载成 monitor2 类
    set_inst_override_by_type（"env. o_agt. mon"，monitor1::get_type( )，monitor2::get_
type( ));
    //只将 env. o_agt. mon 的创建函数重载
    set_type_override（"monitor1"，"monitor2"）；
    //将 monitor1 类重载成 monitor2 类,字符串的方法
    set_inst_override（"env. oagt. mon"，"monitor1"，"monitor2"）；
    //只将 env. o_agt. mon 的创建函数重载,字符串的方法
endclass
```

这是在 uvm_component 类内部实现重载，monitor2 重载 monitor1，monitor1 的句柄指向 monitor2 的实例，前提是两者是父与子的关系，monitor2 继承于 monitor1。

如果在 component 类外部，如在 tb 的 initial 块中，则用 uvm_factory 对象 factory 进行重载。

```
initial begin
    factory. set_inst_override_by_type（monitor1::get_type( )，monitor2::get_type( )，
"env. oagt. mon"）；
    factory. set_inst_override_by_name（"monitor1"，"monitor2"，"env. o_agt. mon"）；
    factory. set_type_override_by_type(monitor1::get_type( ),monitor2::get_type( ));
    factory. set_type_override_by_name（"monitor1"，"monitor2"）；
end
```

注意：覆盖采用 parent wins 模式，就是说顶层和次顶层同时对一个类做替换，那么顶层替换有效。

2. UVM field automation 机制

验证平台中很多组件，尤其是 transaction 都可能涉及复制、比较、打印等方法，如果为每个 class 都定义一遍 copy、compare、print 函数，就很烦琐，所以采用 field automation 机制，可以使用一些 UVM 内置的方法。field 指的是 UVM 类中任何成员变量。

（1）uvm_field 宏注册

该机制使用前需要使用 uvm_field 宏进行注册，不同数据结构有不同的注册方式。在宏注册之前，需要对 transaction 进行 factory 注册。

```
class ball extends uvm_object;
    int volum = 180;
    color_m color = BLACK;
    string name = "ball";
    `uvm_object_utils_begin(ball)
    `uvm_field_int(volum,          UVM_ALL_ON)
    `uvm_field_enum(color_m,       UVM_ALL_ON)
    `uvm_field_string(name,        UVM_ALL_ON)
    `uvm_object_utils_end
endclass
```

（2）uvm_field 注册之后

使用 uvm_field 注册之后的变量就可以直接使用复制、比较、打印等函数了，利用句柄调用函数即可，无须在 my_transaction 中手动定义。

3. UVM config_db 机制

在 SV 搭建的验证平台中，需要对各组件进行参数配置，但是配置各组件必须得在各组件实例化之后才能配置参数，例如 test 中必须得执行 env = new（），才能配置 env. i_agt. drv. pen_num = 10，此方法非常烦琐。而 UVM 提供的 config_db 机制可在组件实例化前就设定好配置信息，这样就可在 tb 的 initial 块中进行设定了，真正将这些配置信息落实在各 component，是在 testbench 运行过程中 build_phase 中。

config_db 主要用途包括传递 virtual interface 到环境中、设置变量值，以及传递配置句柄（config object）到环境中。

```
uvm_config_db(T)::set(uvm_component cntxt,string inst_name,string field_name,T value);
uvm_config_db(T)::set(uvm_component cntxt,string inst_name,string field_name,inout T value);
```

T 代表传递参数类型，可以是上述三种用途中的一种；uvm_component cntxt 代表当前层次，是实例的句柄；string inst_name 代表实例下面的某些实例名称，是字符串；string field_name 代表实例对应的某一个变量。前两个参数联合起来构成目标路径，value 传递值。

其中这两大函数 uvm_config_db:: set（）与 uvm_config_db::get（），先使用 set 函数将配置信息写好，相应的组件使用 get 获取配置信息，整个过程类似寄信和收信。

4. UVM 消息机制

传统的 SV 常使用 $ display（）打印信息，而 UVM 含有几个特定的打印方法，可自动打印详细信息，无需再调用 display 函数。

UVM 所有的消息打印方法均来自 uvm_report_object 类，而 uvm_component 类又

继承于 uvm_report_object 类，所以所有的 component 都含有消息打印的方法。

int verbosity 冗余度，表示消息的过滤等级，过滤等级越高，越容易不显示该消息，每个 component 都有其冗余度阈值，默认 UVM_MEDIUM，如果某个消息的冗余度≤冗余度阈值，就会打印，否则就不打印。

set_report_id_verbosity_level_hier（UVM_NONE）用于设置冗余度阈值，此处设为 UVM_NONE，所有消息都不打印。如果有些消息没有被过滤掉，则使用 uvm_root∷get（）来控制过滤，如下面这句代码为过滤掉 ID 为 CREATE 的消息。

uvm_root∷get（）.set_report_id_verbosity_level_hier（"CREATE"，UVM_NONE）；

uvm_severity 安全级别，有 UVM_INFO、UVM_WARNING、UVM_ERROR 和 UVM_FATAL，必须大写，而且分别对应着 uvm_report_info、uvm_report_warning、uvm_report_error 和 uvm_report_fatal 四种方法，如果安全级别为 fatal，则都打印消息后，立刻停止仿真。

5. UVM phase 机制

在 SV 搭建的平台中，每个组件都需要有个 task_run（），该方法用于启动仿真，同时由 test 控制仿真的结束。UVM 提供一套仿真运行规范，所有由 UVM 搭建的 testbench 都要在该规范下运行仿真。

该机制是 component 相比于 object 独有的。UVM 框架的产生和运行，全部从 testbench 中的全局函数 run_test（"my_test"）开始。run_test（"my_test"）中的 "my_test" 是用户 uvm_test 扩展来的自定义 test，也可写成 run_test（），仿真时在 transcript 写 + UVM_TESTNAME = my_test 指定要运行的 test。例如在 questasim 的 transcript 写 vsim − novopt work. tb − classdebug + UVM_TESTNAME = my_test，等价于 run_test（"my_test"）。

UVM 引入九大 phase 机制能够更加清晰地实现 UVM 树的层次例化，同时将仿真过程层次化。uvm_top 从时间和空间两个维度规定了执行顺序，时间上，仿真时不同 phase 按照某种时间顺序执行；空间上，仿真时同一 phase 不同组件按照某种层次顺序执行。

function 不消耗仿真时间，task 消耗仿真时间。所有 phase 中只有 run_phase（）是 task 任务，其他方法均为 function，立即返回结果。其中至少有一个组件的 run_phase（）中定义 raise_objection（）和 drop_objection（），这一对 "举手" "落手" 非常重要，防止仿真退出。当 run_phase（）中有时间延迟语句时，有了这两句话可以顺序执行完毕；如果没有这一对，只能执行 0 时刻的语句，然后退出 run_phase（），进入 extract_phase（）。如下代码所示。

```
task run_phase(uvm_phase phase);
    //phase. raise_objection(this);
    'uvm_info("UVM_TOP", "test is running", UVM_LOW)
#20ns;
```

```
    ‵uvm_info("UVM_TOP","test finished after 20ns",UVM_LOW)
    //phase. drop_objection(this);
endtask
```

仿真执行到‵uvm_info（"UVM_TOP"，"test is running"，UVM_LOW），立刻退出 run_phase（）。

各个 phase 的书写顺序也是 uvm 中 phase 的执行顺序。每个 phase 的功能见表 5.1。

表 5.1　phase 功能表

phase	方法类型	执行顺序	功能	典型应用
build_phase	function	自顶向下深度优先，字母表顺序	创建和配置测试平台的结构	创建组件和寄存器模型，设置或获取配置
connect_phase	function	自底向上	连接组件	连接 TLM/TLM2 的端口，连接寄存器模型和 adapter
end_of_elaboration_phase	function	自底向上	微调测试环境	显示环境结构，为组件添加额外配置
start_of_simulation_phase	function	自底向上	准备测试环境的仿真	显示环境结构，设置断点，设置初始运行的配置值
run_phase	task	全部 component 的 fork……join	激励设计	提供激励、采集数据和数据比较，与 OVM 兼容
extract_phase	function	自底向上	从测试环境中收集数据	从测试平台提取剩余数据，从设计观察最终状态
check_phase	function	自底向上	检查任何不期望的行为	检查不期望的数据
report_phase	function	自底向上	报告测试结果	报告测试结果，并写入文件中
final_phase	function	自顶向下深度优先，字母表顺序	完成测试活动并结束仿真	关闭文件，结束联合仿真引擎

5.3.3　验证的策略

1. 功能验证流程

功能验证流程大致分为三个阶段，分别是策略规划并制定验证计划、验证平台搭建、覆盖率分析和回归测试，如图 5.62 所示。

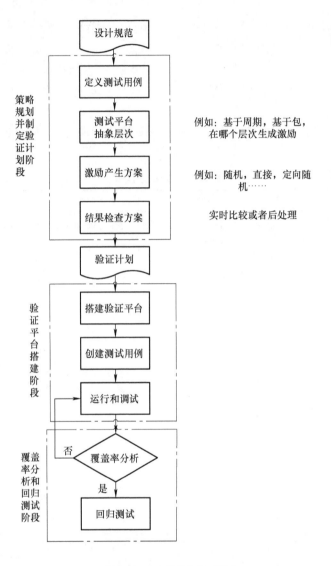

图 5.62　功能验证流程图

策略规划并制定验证计划阶段，首先拆分设计的主要功能点，有时候需要测试的功能点有很多，需要考虑将测试空间缩小到一个合适的范围，然后根据具体情况做出规划，制定一份详细的、可执行的验证计划，也包含测试用例。对于验证平台分层，层次不同，处理的对象有所区别，高层次的抽象建模可以实现验证平台中低层次的功能化。

验证平台搭建阶段，这是第二个阶段。在这个阶段，编写验证平台代码和测试用例，搭建的环境要尽可能供以后复用，本着可重用的原则。

覆盖率分析和回归测试阶段。几乎所有测试用例成功运行完毕之后，就进入该阶段了，根据覆盖率结果可查看设计被测试的程度，是验证收敛的重要标准；回归测试可能会发现设计存在新的缺陷，继而可能添加新的测试用例，再更新验证环境，降低漏洞率。

总而言之，明确验证步骤，大致如下：

1）熟悉规格。主要是熟悉验证对象，学习各种相关的文档材料，包括但不限于协议、需求、规格、功能说明、历史芯片文档、重用环境评估与恢复。

2）验证策略。划分为模块测试、集成测试和系统测试。无论设计还是验证，都应遵循"高内聚，低耦合"的原则，即尽量将相关功能放在一个模块或子系统实现，减少模块间功能耦合、交互，以及信号连线。

3）测试点划分。根据功能描述文档梳理出验证特性，然后根据验证特性制定验证计划，细化出测试点，明确测试目标以及测试方法。

4）验证架构。保证能覆盖到所有测试点。为了后期集成和重用，考虑标准化、参数化。

5）环境搭建。编写代码环节。

6）冒烟测试。设计人员与验证人员高度配合，发现代码漏洞即刻修改，确保寄存器读写正确，以及基本数据流可以正常传输。

7）验证执行。冒烟测试完成后，DUT 已经基本可以正常工作，这时候就正式开始进入验证执行阶段，按照测试点一个一个进行覆盖，写测试用例、调试，后期进行代码覆盖率和功能覆盖率的分析、用例增加，以及最后用例检视。这个阶段发现的所有 RTL 问题都必须解决。

8）验证报告。包括应用场景分析、测试点专项分析、代码重用分析、覆盖率分析、风险评估、验证结论。

2. 验证层次

一个完整的芯片系统按照验证层次划分可分为模块级、子系统级、系统级。模块级验证更侧重于内部功能，比如内部数据存储验证、数据打包功能等，仿真性能快，验证使用方法有随机约束和形式验证；子系统级与模块级相比，子系统更加封闭和稳定，更侧重模块之间的交互，比如相邻模块之间的互动信号，仿真性能中等，使用方法是随机约束和直接激励。系统级分为芯片系统级和硅后系统级，前者验证侧重子系统间的交互，使用方法是随机约束和直接激励，后者验证侧重实际软件用例，使用方法是直接激励，两者仿真性能都较慢。

能够在低层次完成的某一项功能验证，就不要在高层次完成，小的验证环境更有利于控制激励场景的产生，高层次应将低层次无法覆盖到的功能点全部覆盖。选择合适的验证级别，然后不同级别划分不同的验证功能点，这是实现验证完备性必须要掌握的技能。

3. 验证透明度

根据激励的生成方式和检查的功能点分布将验证划分为三种不同透明度：黑

盒、白盒和灰盒验证，其示意图如图 5.63 所示。

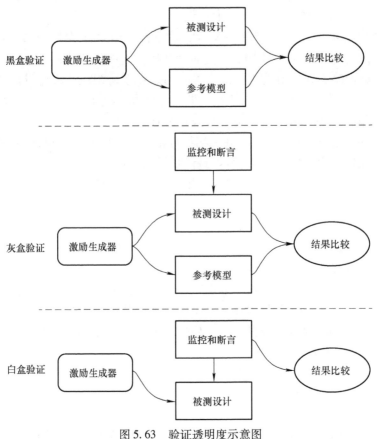

图 5.63　验证透明度示意图

（1）黑盒验证

如果对于设计细节不太了解，只需要给设计一侧输入激励，另一侧检查设计输出即可。测试成功与否，只需要检查一个输入是否得到正确的输出，验证环境本身不会关注设计本身。由此黑盒验证有一些缺陷：

1）测试失败后，无法深层次定位问题，进而无法与设计人员进行深度协作；

2）不了解设计细节，给出一些较窄的随机约束来产生激励，这就导致比较深的缺陷难以被发现，对功能覆盖率收敛没有太多帮助。

黑盒验证的优势是一旦设计添加了新的特性或者由于缺陷做了更新之后，不影响原先的测试列表，只考虑对设计更新以后再加入什么样的新的测试场景即可，有利于维护继承的测试环境。

（2）白盒验证

验证人员对设计有充分认识，了解设计内部工作逻辑，可以将测试深入到设计内部，也有利于验证设计有没有严格遵循功能描述文档，并且当测试失败时，能够快速定位问题。这种方式只充分检查内部各个逻辑驱动和结构，不会测试整体功能，所以有时候不需要参考模型，带来的问题是无法从整体入手给出实际用例，在数据一致性检查方面存在缺陷。此外，这种验证方式是从细节入手，一旦设计添加新特性或者更新之后，维护验证环境成本很高。

（3）灰盒验证

继承黑盒和白盒验证优势，灰盒验证将监控和断言、参考模型一同加入，用来完善验证。在设计复用的项目中，通常情况下，以黑盒验证为主，白盒验证为辅。

4. 验证检查方法

检查就是查看设计行为与功能描述文档是否一致，识别错误的输出，发现设计缺陷。依据被检查逻辑的层次，采用不同的检查方法。

表 5.2 所示为检查层次对应的方法。

表 5.2　检查层次与对应方法示意表

检查层次	检查方法
模块内部设计细节	监测器、断言、形式验证
模块输入与输出	监测器、参考模型、比较器
模块与相邻模块的互动	监测器、断言、形式验证
模块在芯片系统级的应用角色	直接测试、监测器、断言

检查方法有监测器、断言、形式验证、参考模型、比较器、直接测试。

监测器作用域一般同激励发生器，如果激励发生器给总线传输数据，那么监测器就应该监测总线传输。监测器监测范围分为模块内部与边界。

断言（assert）主要用来查看设计的时序，检查内部细节。有两种检查方法，分别是仿真和形式验证，根据具体情况进行选择。如果是模块级别，则选择形式验证，若在子系统或者芯片系统一级，则创建测试用例仿真；另一种情况，如果验证的功能点较分散或者更关心时序、细节，推荐采取灰盒模式的仿真验证；最后一种情况，如果断言可以将设计的功能部分都覆盖到，采取形式验证和白盒验证方式都是可以的。断言也有覆盖率，可以用来量化验证进度。

如上一小节验证透明度所述，白盒验证方式有时候可以没有参考模型，对于参考模型的要求也并不高，而黑盒模式相对来说，更加看重参考模型，参考模型的构建还与设计本身的尺寸和复杂度有关。

比较器一般依靠监测器和参考模型。监测器将监测到的数据传给参考模型，而进入比较器的两路数据分别是参考模型的输出和待测设计 DUT 的输出，比较器比较这两路数据，给出比较结果。

在系统级测试中，采用直接测试，系统处理器执行 C 或者汇编语言，更高级的语言也有利于复用。

5. 验证环境

在构建验证环境时，要谨记四要素，分别是单元组件的自闭性、回归创建、通信端口连接和顶层配置。

自闭性指的是单元组件（例如 uvm_env）自身可以独立编译运行，不依赖于其他并行组件。

回归创建主要利用 build_phase 函数，通过 build_phase 函数可以创建子组件，从而实现环境框架的建立。

通信端口连接，整个环境搭建完之后，各个组件的通信需要由端口来实现。这在 connect_phase 中进行，主要是 driver 和 sequencer、monitor 和 scoreboard 之间的通信。

顶层配置，采用 config 配置方式，利用字符串索引而非句柄，因为句柄会增加顶层环境与子环境的粘性，破坏子环境的自闭性，而且配置先于组件创建。

在 UVM 世界中，组件通过类（class）来实现。因为类中有函数（function）和任务（task），通过这些 function 和 task 可以完成各个组件的功能，UVM 采用树形的组织结构管理验证平台的各组件，如图 5.64 所示，这是一个简单的树形组织结构图，树的根是 uvm_top 组件，而 driver、monitor、scoreboard、reference model 都是从 env 派生来的，env 把 driver、monitor、scoreboard、reference model 等节点都组织在一个树上，包含其内部，方便执行后面操作。

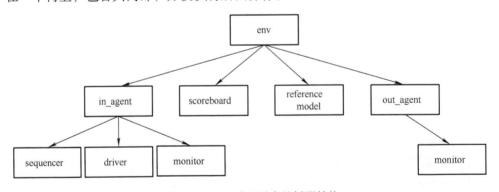

图 5.64　UVM 验证平台的树形结构

在实际的验证平台上，上述组件及其之间的接口和连接关系如图 5.65 所示。

组件可以被分层次地封装和实例化，并通过一组可扩展的阶段（phase）来初始化、执行仿真和完成每一个测试，每一个组件只需要在特定的 phase 执行特定的任务。driver 将激励发送给 DUT，激励是由 sequencer 产生并通过启动 sequence 发送给 driver，monitor 负责监视 DUT，收集 DUT 的输入和输出，由于 driver 和 monitor 直接与 DUT 打交道，所以将它们封装在 agent 中，agent 对应接口协议，协议规定数据交换格式和方式；reference model 模拟 DUT 行为，将输出传输给 scoreboard，与 DUT 的输出做比较，从而得知 DUT 的输出和预期结果是否一致。

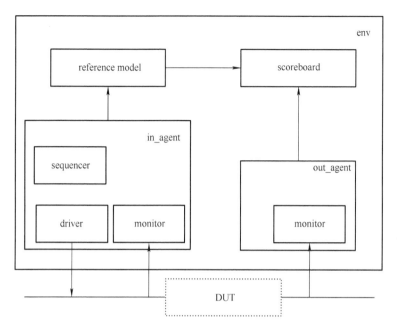

图 5.65　实际验证平台上的组件及其连接关系

5.3.4　验证的方法

1. 动态仿真

动态仿真其实就是通过测试序列和激励生成器给入待验设计适当激励，结合时间的消耗，进而判断输出是否和预期相符合。动态仿真需要仿真器配合，验证人员也需要通过查看比较结果，通过仿真波形比对最终判定测试用例是否通过。如果按照激励生成方式和检查方式的不同，又可以将动态仿真中的验证方式分为直接测试、随机测试、参考模型检查和断言检查。其中直接测试和随机测试有时会通过外置的参考模型进行信号一致性检查，所以参考模型一般都会伴随着直接测试和随机测试。下面只介绍直接测试、随机测试和断言检查。

直接测试即定向测试，指的是激励的值在仿真之前就确定下来，测试用例下一次再使用的时候保持不变，通常用 C/C++/汇编代码来实施测试用例，用来测试子系统和芯片系统级。直接测试可用在模块测试初期或者芯片系统级场景，因为其激励序列的正确性，更适合测试设计的基本功能，不足之处是通过之后的测试用例重复仿真是多余的，而且不会产生新的测试序列，对覆盖率的提升没有帮助。

随机测试是首先给出约束，然后随机产生数值，最后通过激励产生器给出测试序列。约束是决定随机激励能否符合接口协议的关键，根据功能描述文档设置合理且合适的约束。

断言检查就是检查设计的时序，查看其内部逻辑，如果设计行为与断言描述不一致，就会给出检查报告。

2. 静态检查

静态检查不需要仿真、波形激励，验证人员利用工具作为辅助，发现设计的漏洞。静态检查方法主要有语法检查、语义检查、跨时钟域检查和形式验证。

语法检查很简单，容易理解，各种硅前验证的工具一旦需要建立模型（无论是针对动态仿真还是静态检查的模型），都需要其编译器对目标语言进行语法检查。就和大多数编译器一样，静态检查自带语法检查的功能，帮助检查明显的语法错误，例如拼写、声明、引用、例化、连接、定义等常见的一些语法错误。

语义检查是在可行性的基础上做深入检查，利用专用工具 Mentor 以及 Spyglass 协助完成。可用于检查常见的设计错误，影响覆盖率收敛情况，X 值的产生和传播，整体上有助于完善设计代码，提高覆盖率。设计者在发布设计版本前用语义检查工具检查代码，因此不需要验证环境，并且语义检查不必关心设计从功能描述到实现的准确度，故也不需要写断言。

跨时钟域检查。设计一旦复杂起来，就可能不止一个时钟，多个时钟之间通常是异步关系。不同的模块所拥有的驱动时钟不同，就会形成不同的时钟域，需要考虑跨时钟域的问题，对该问题的检查就是所谓的跨时钟域检查，保证所有信号能得到正确的同步。之所以需要实现同步，是为了保证从时钟域 A 进入时钟域 B 的信号被采样时，削弱相对于时钟 B 的延迟，尽可能满足建立或者保持时间，避免不可预期的功能失败。

形式验证包括等价检查和属性检查两种方式。等价检查是检查两个电路的行为是否等价，比如 RTL 级和网表。属性检查是证明设计行为与属性描述一致。形式验证可用数学方法遍历状态空间，在遍历过程中，遇到反例，形式验证工具停下来，报出反例场景，用户核实错误情况，然后考虑修改设计或者进一步约束属性使其更精确地描述设计行为，彻底验证设计。

3. 效能验证

效能验证更多考虑的是功耗问题，效能的验证和评估实际上就是对能量利用率的优化途径。硅前设计阶段的效能验证流程分两部分：

1）功能验证：一般采用 Power Aware（PA），主要包括 Unified Power Format（UPF）或者 Comment Power Format（CPF）方式，通过与仿真器结合，模拟电源域的开关进行设计检查；

2）功耗预测与优化：通过第三方功耗分析工具，结合仿真数据（FSDB/VCD/SAIF）进行功耗预测，并给出分析结果。

4. 性能验证

在特定工作负载下，一个系统的响应能力和稳定性是用性能验证来衡量的，在性能验证中必然会有大量的运算或者数据传输，最后可通过性能报告来分析和优化系统的质量标准，比如资源使用能力和可靠性。

一般性能验证围绕以下几点展开：①验证系统或者子系统的性能与产品要求是否一致；②整个系统中子系统的哪部分会成为瓶颈；③某一时间段，多个子系统并行工作，这样会共享网络和内存资源，所以要测试数据并发量；④再者测试数据吞吐量，一条完整的通信链路，测试其最大吞吐量和传输速率；⑤最后是响应时间，体现在处理器访问寄存器或者读写存储器的回路延迟。

实际项目中，性能测试较难实现并且编写的测试用例和真实情况存在差距，再加上检查性能标准也各不相同，利用其他一些形式帮助性能验证，比如将一些 RTL 仿真较为耗时的测试用例迁移到硬件加速平台，利用 Emulator（一种介于 EDA 和 FPGA 原型环境之间的一种高效硬件仿真器）来完成性能测试。

5.3.5　验证的评估

1. 代码覆盖率

仿真器自带代码覆盖率工具，自动完成代码覆盖率统计，不需要添加额外的硬件代码，运行完所有测试时，工具便会创建相应的数据库，覆盖率数据也可被转换为可读格式。代码覆盖率类型包括行覆盖率、路径覆盖率、翻转覆盖率、状态机覆盖率。

行覆盖率表示哪些代码已经被执行过；路径覆盖率表示在穿过代码和表达式的路径中有哪些已经被执行过；翻转覆盖率表示哪些单位比特变量的值为 0 或 1；状态机覆盖率表示状态机哪些状态和状态转换已经被访问过。

代码覆盖率就是看设计代码有多少被执行过，没有被覆盖到的代码可能隐藏硬件漏洞或者仅就是冗余代码，它仅仅是对硬件设计描述的“实现”，究竟测试得多彻底，而不针对验证计划，即使覆盖率达到了 100%，并不意味着验证的工作已经完成，但这只是必要条件。

2. 断言覆盖率

断言就是检查设计内部逻辑和时序是否与功能描述文档一致，它可以随设计和测试平台一起仿真，也可以被形式验证工具所证实。断言最常用于查找错误，例如两个信号是否应该互斥，或者请求与许可信号之间的时序等，一旦检测遇到问题，仿真就可以立即停止，有些断言可以用于查找感兴趣的信号值或者设计状态，用断言来测量这些关心的信号值或者状态是否发生，在仿真结束时，仿真工具可以自动生成断言覆盖率数据。

断言覆盖率数据及其他覆盖率数据都会被集成在同一个覆盖率数据库中，验证者可对其展开分析。

3. 功能覆盖率

功能覆盖率是和功能设计意图紧密相连的，有时也被称为“描述覆盖率”。有时候设计中的某个功能被遗漏，代码覆盖率并不会被察觉，但是功能覆盖率可以。功能覆盖率流程示意图如图 5.66 所示。

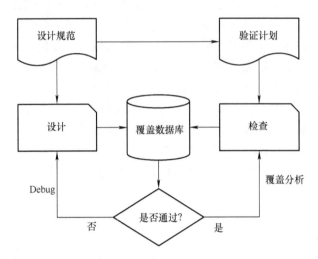

图 5.66　功能覆盖率流程示意图

　　每一次仿真都会产生一个带有覆盖率信息的数据库，把这些信息全部合并在一起就可以得到功能覆盖率，从而用于衡量整体的进展程度，通过分析覆盖率数据可以决定如何修改回归测试集。如果覆盖率在稳步增长，那么添加新种子或者加长测试即可；如果覆盖率增速放缓，那么需要添加额外的约束来产生更多的激励；如果覆盖率停止增长，然而设计某些测试点没有被覆盖到，那么就需要创建新的测试了；如果覆盖率为 100% 但依然有新的设计漏洞，那么覆盖率可能没有覆盖到设计中的某些设计功能区域。

4. 缺陷曲线

　　在一个项目实施期间，可能会漏洞百出。最初，当创建测试程序时，通过观察可能就会发现很多漏洞，当设计逐渐稳定时，需要利用自动化的检查方式来协助发现可能的漏洞；在设计临近流片时，漏洞率会下降，甚至有期望为零，即便如此，验证工作还没有结束。每次漏洞率下降时，就应该寻找各种不同的办法去测试可能的边界情况，漏洞率可能每周都有变化，这跟很多因素都有关，如果漏洞率出现意外的话，可能预示着潜在的问题。

5.3.6　验证案例

　　接下来我们给出一个案例实验，该实验为简单的模块级验证，带读者领略如何搭建验证环境，对验证流程与操作进行详细展示。

　　实验内容是验证一个同向运算放大器，什么是同向运算放大器呢？就是当输入是 2，放大倍数设置为 5，那么放大后的数值是 10，其实本质是一个乘法运算。首先给出设计代码。

```verilog
// param_def. v
`define    NO_WIDTH 8
`define    BASE_NUMBER_WIDTH 8
`define    SCALER_WIDTH 16
`define    WR_DATA_WIDTH 16
`define    RES_WIDTH 24
`define    RD_DATA_WIDTH 32


// amplifier. v
`include "param_def. v"
module amplifier
(
        clk_i,
        rstn_i,
        wr_en_i,
        set_scaler_i,
        wr_data_i,
        rd_val_o,
        rd_data_o,
        scaler_o
);


input          clk_i;
input          rstn_i;
input          wr_en_i; //
input          set_scaler_i; //是否修改 scaler
input [`WR_DATA_WIDTH – 1 :0]    wr_data_i; //输入序号 8 位 输入数字 8 位, 或
sacaler 16 位
outputr          reg                    rd_val_o; // rd_data_o 有效
output reg [`RD_DATA_WIDTH – 1 :0]   rd_data_o; //输出包括 序号[31 :24], 基本数
字[23 :16], 放大后的数字[15 :0]其中第 15 位是正负号
output [`SCALER_WIDTH – 1 :0]    scaler_o; //当前的 scaler
reg    [`SCALER_WIDTH – 1 :0]    scaler;   //max 65 ,535
reg               flag;
reg    [`NO_WIDTH – 1 :0]    no_r;
reg    [`RES_WIDTH – 1 :0]    res_r;
assign scaler_o = scaler;


always @ ( posedge clk_i or negedge rstn_i) begin
```

```verilog
    if(rstn_i == 1'b0) begin
        no_r <= 1'b0;
        res_r <= 1'b0;
        scaler <= 1'b0;
        flag <= 1'b0;
    end

//bug start 1
    else if(wr_en_i && set_scaler_i && wr_data_i == 16'd5) begin
        scaler <= 16'd55;
        no_r <= 1'b0;
        res_r <= 1'b0;
        flag <= 1'b0;
    end
// bug end 1

    else if(wr_en_i && set_scaler_i) begin
        scaler <= wr_data_i;
        no_r <= 1'b0;
        res_r <= 1'b0;
        flag <= 1'b0;
    end

//bug start 2
    else if(wr_en_i && ! set_scaler_i && wr_data_i[7:0] == 8'd123) begin
        scaler <= scaler;
        no_r   <= wr_data_i[15:8];
        res_r <= wr_data_i[7:0] * 100;
        flag <= 1'b1;
    end
// bug end 2

    else if(wr_en_i && ! set_scaler_i) begin
        scaler <= scaler;
        no_r <= wr_data_i[15:8];
        res_r <= wr_data_i[7:0] * scaler;
        flag <= 1'b1;
    end
    else begin
```

```
                scaler < = scaler;
                no_r < = 1 ' b0;
                res_r < = 1 ' b0;
                flag < = 1 ' b0;
            end
        end

    always @ (posedge clk_i or negedge rstn_i) begin
    if(rstn_i = = 1 ' b0) begin
        rd_val_o < = 1 ' b0;
        rd_data_o < = 1 ' b0;
    end
    else if(flag) begin
            rd_val_o < = 1 ' b1;
            rd_data_o < = {no_r,res_r};
        end
        else begin
          rd_val_o < = 1 ' b0;
          rd_data_o < = 1 ' b0;
        end
    end
    endmodule
```

本设计文件中设置两个漏洞，一是当放大倍数设置为 5 时，但实际放大 55 倍；二是当数据输入十进制 123 时，不论放大倍数是多少，都放大 100 倍，结果是 12300。设计这两个漏洞的目的是为了更好地验证我们的验证环境。

搭建验证环境的第一步是根据设计拆分测试功能点，据前述，我们拆分两个功能点，第一，当我们修改放大倍数，设计有没有按照要求修改正确，在 sequence 里直接比较；第二，当我们输入数据时，放大结果是否正确，在 scb（scoreboard，也就是前面章节所说的 checker）里比较。功能点拆分好之后，接下来绘制验证环境结构，已给出，如图 5.67 所示。

验证环境顶层是 uvm_test，里面包含 uvm_env 和各种嵌套的 sequence。uvm_env 又包含四部分组件，分别是 i_agt（agent）、o_agt、mdl（refence model）、scb 以及 TLM 通信管道（图中灰色箭头）；agent 包含的组件需要根据 agent 的模式来决定，如果是 active 模式，agent 包含 sequencer、drv（driver）和 mon（monitor），如果是 passive 模式，agent 仅包含 mon。

详细介绍各个组件的作用及功能。DUT 我们的硬件设计代码，vif（interface）是软件与硬件交互的媒介，由于与硬件交互，所以 vif 带有时钟，drv 将拿到的 transaction 通过 vif 传递给 DUT，transaction 是 sequence 的内容，通过 sequencer 发送

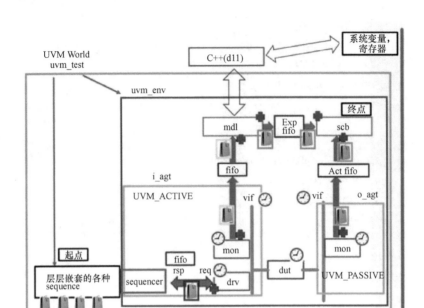

: 需要主动建立连接的地方　　: transaction(sequence_item)

图 5.67　搭建验证环境结构

给 drv，transaction、sequence、sequencer 三者之间的关系可以理解为子弹、弹夹和枪，mon 监测 DUT 的输入输出信号并传给 mdl 和 scb，mdl 通过调用 C 来计算放大结果，这是我们的期望值，scb 用来比较期望值和 DUT 计算出来的实际值，如果不同则报错，里面的各种 fifo 就是用来存放各个阶段的 transaction。

　　怎样去编写验证代码，从而实现验证环境的搭建，这是验证环节中最基础也是最重要的。我们知道 UVM 包含两大类，为 object 和 component，component 类派生自 object 类，但是 component 有更多自己的属性和方法，继承自该类的类均为组件，其生命周期贯穿整个验证流程，并且自动执行 phase 的九大阶段，但是九大阶段根据需要定义，不是必须全部都定义，而 object 生命周期较短。将我们构建的验证环境进行分类，从而有利于代码编写。sequence、sequence_item、config 属于 object 类，sequencer、drv、mon、agt、mdl、scb、env、test 属于 component 类。

　　将环境中需要配置的参数都集合在 ue_config 类中，方便修改。

```
class ue_config extends uvm_object;
    uvm_active_passive_enum i_agt_is_active = UVM_ACTIVE;
    uvm_active_passive_enum o_agt_is_active = UVM_PASSIVE;
    //debug 信息，如果要打印就设置为 1，反之为 0
    bit show_info_drv =0;
    bit show_info_mon =0;
    bit show_info_mdl =0;
    bit show_info_scb =0;
    `uvm_object_utils( ue_config)
endclass : ue_config
```

在环境 ue_env 类中例化 ue_config，再利用 ue_config 的句柄 cfg 给 i_agt 里的变量赋值。

```
function void ue_env::build();
  super.build();
  if(! uvm_config_db#(ue_config)::get(this,"","cfg",cfg)) begin
      cfg = ue_config::type_id::create("cfg");
  end
  i_agt = ue_agent::type_id::create("i_agt",this);
  i_agt.is_active = cfg.i_agt_is_active;
```

transaction 用来传输信息，传输内容尽量和 DUT 相同，但不需要完全相同，因为中间还有 drv 和 mon 作为转换的中介，以下是 transaction 的全部信号，代码中还要加上域的自动化，方便直接使用类的方法，比如 copy、clone 等，这里省略，读者自行完成。

```
class ue_transaction extends   uvm_sequence_item;
  typedef enum{IDLE,SET_SCALER,WR_BASE_NUMBER} trans_type;
  rand        trans_type                      ttype;
  randc bit   [`NO_WIDTH - 1:0]               no; //randc 每个值要过一遍，再去
重复
  randc bit   [`BASE_NUMBER_WIDTH - 1:0] base_number;
  randc bit   [`SCALER_WIDTH - 1:0]           wr_scaler;
  rand  int                                   idle_cycles;//每次执行之后需要休
息的时间
  bit         [`SCALER_WIDTH - 1:0]           rd_scaler;
  bit                                         rd_valid;
  bit         [`RD_DATA_WIDTH - 1:0]          rd_data;
```

sequence 部分，分为以下 5 个步骤编写。

（1）先写一个 ue_base_sequence，#表示这是一个参数类，包含基本的方法。

```
class ue_base_sequence extends uvm_sequence #(ue_transaction);
  ue_transaction m_trans;
  `uvm_object_utils(ue_base_sequence)    //对类注册

  extern function new(string name = "ue_base_sequense");
  extern function int get_rand_number_except(int min_thre,int max_thre,int except_
num);//专门针对特殊值
  extern function int get_rand_number(int min_thre,int max_thre); //定义取值范围
endclass
```

（2）再写其他 sequence，这里我们只写 3 个，分别代表 3 个基本激励，均继承于 ue_base_sequence。

subseq_set_scaler:用于设定放大倍数;

subseq_wr_base_number:用于写 base_number;

subseq_idle:idle 状态。

（3）与 test 配套的顶层 sequence，如与 ue_case0_test 配套的 ue_case0_sequence 使用步骤（2）中的 3 个 sequence，形成嵌套。

```
class ue_case0_sequence extends ue_base_sequnse;
    randc bit    [15:0]              wr_scaler;
    randc bit    [ 7:0]              base_number;
    bit          [ 7:0]              no;
    bit                              idle_cycles;
    int                              bug_base_number;
    int                              bug_scaler;
    subseq_set_scaler                seq_scaler;
    subseq_wr_base_number            seq_base_number;
    subseq_idle                      seq_idle;
    randc int burst_num;
    `uvm_object_utils( ue_case0_sequence)
    extern function new( string name = "ue_case0_sequence");
    extern task body();
endclass : ue_case0_sequence
```

（4）在 test 里指定 default sequence。

```
function void build();
    super. build();
    uvm_config_db#( uvm_object_wrapper)::set( this,"env. i_agt. sqr. main_phase","de-
fault_sequence", ue_case0_sequence::type_id::get());
endfunction
```

（5）在脚本 do 文件里指定仿真的 test。接下来进入第一个测试点的校验，即设定放大倍数，测试其有没有正确实现。主要思路就是 sequence 通过 sequencer 发送一个激励（req）给 drv，drv 收到后发送给 vif，一个时钟后，读取 DUT 的放大倍数，收回 rsp，里面包含读回来的放大倍数 rd_scaler，在 sequence 里比较发送与收回的放大倍数，如果相同，表示设定成功，反之打印错误。

与 test 配套的 sequence 即 ue_case0_sequence 部分：

```
subseq_set_scaler    seq_scaler;
randc bit [15:0] wr_scaler;
wr_scaler = 16'hffff;
'uvm_do_with( seq_scaler,{scaler == local::wr_scaler;})
```

drv 部分：

```
task ue_driver::_set_scaler(ue_transaction t);
    @(vif.cb_drv);
    vif.cb_drv.wr_en_i <= 1'b1;
vif.cb_drv.set_scaler_i <= 1'b1;
    vif.cb_drv.wr_data_i <= t.wr_scaler;
@(vif.cb_drv);//dut 收到信号
@(vif.cb_drv);
    t.rd_scaler = vif.cb_drv.scaler_o;
endtask
```

subseq_set_scaler 部分：

```
virtual task body();
    `uvm_do_with(req,{no = =0;base_number = =0;wr_scaler = =local::scaler;ttype = =
ue_transaction::SET_SCALER;idle_cycles = =0;})
    get_response(rsp);
    if(scaler! = rsp.rd_scaler)
            `uvm_error("SET_SCALER_ERR", $sformatf("subseq_set_scaler err, exp:%
0d act:%0d",scaler,rsp.rd_scaler))
    else
            `uvm_info(get_type_name(),$sformatf("subseq_set_scaler success"), UVM_
LOW)
    endtask : body
```

再接着编写第二个测试点。第二个测试点测试输入数据，能否正确放大，在 scb 中进行比较。我们主线是自顶向下编写，test、env。我们运行 test 时，就会实例化 env 和相关 sequence，整个仿真开始运行。下面是 test 部分：

```
class ue_base_test extends  uvm_test;
    ue_env env;
    `uvm_component_utils(ue_base_test)
    extern function new(string name = "ue_base_test",uvm_component parent = null);
    extern function void build();
    extern function void report();
endclass
```

env 阶段的核心就是建立组件。env 结构组成如图 5.68 所示。build 阶段实例化 4 个组件和 3 个 fifo，connect 阶段通过 TLM 连接各个组件，其中 TLM 部分读者自行学习，这里不再展开。

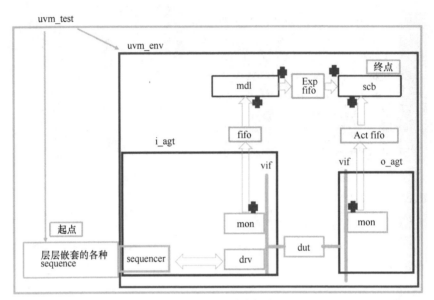

图 5.68　env 结构组成

```
function void ue_env::build();
    super.build();
    if( ! uvm_config_db#( ue_config)::get( this,"" ,"cfg", cfg) ) begin
        cfg = ue_config::type_id::create("cfg");
    end

    i_agt = ue_agent::type_id::create("i_agt",this);
    i_agt. is_active = cfg. i_agt_is_active;

    o_agt = ue_agent::type_id::create("o_agt",this);
    o_agt. is_active = cfg. o_agt_is_active;

    mdl = ue_ref_model::type_id::create("mdl",this);
    scb = ue_scoreboard::type_id::create("scb",this);

    iagt_mdl_fifo = new("iagt_mdl_fifo",this);
    oagt_scb_fifo = new("oagt_scb_fifo",this);
    mdl_scb_fifo = new("mdl_scb_fifo",this);

        `uvm_info(get_type_name(), $sformatf("built"), UVM_LOW)
endfunction :build

function void ue_env::connect();
```

```
        super. connect( );
        i_agt. mon. ap. connect( iagt_mdl_fifo. analysis_export);
        mdl. gp. connect( iagt_mdl_fifo. blocking_get_export);

        o_agt. mon. ap. connect( oagt_scb_fifo. analysis_export);
        scb. act_gp. connect( oagt_scb_fifo. blocking_get_export);

        mdl. ap. connect( mdl_scb_fifo. analysis_export);
        scb. exp_gp. connect( mdl_scb_fifo. blocking_get_export);

        `uvm_info( get_type_name( ), "connected", UVM_LOW)
    endfunction :connect
```

agt 部分：

```
    class ue_agent extends uvm_agent;
        uvm_active_passive_enum is_active;
        ue_driver drv;
        ue_sequencer sqr;
        ue_monitor mon;
        ue_config cfg;
        virtual ue_interface vif;

        `uvm_component_utils( ue_agent)

        extern function new( string name = "ue_agent",uvm_component parent = null);
        extern function void build( );
        extern function void connect( );
        extern function void report( );
    endclass
```

drv 重点部分前面已经叙述，这里不再赘述。然后是 mon 部分，分为 input monitor 和 output monitor，前者负责监测 vif，如果是 wr_base_number，那么收集写入 DUT 的数据，并发送给 mdl，如果是其他放大倍数或者空闲，则不收集；后者也是用于监测 vif，如果数据有效，收集 DUT 输出的数据，传给 scb，如果是无效数据，不理即可。

```
        fork
            while(1) begin
                @ (vif. cb_mon);
                trans_collected = ue_transaction::type_id::create("trans_collected");
                    this. _collect_transfer( trans_collected);//收集 vif 的资料赋值给 trans_collected
            if( monitor_input&&trans_collected. ttype = = ue_transaction::WR_BASE_NUMBER) begin
```

```
            ap. write( trans_collected) ;
            sent_item_num + = 1 ;
            if( show_info)
                    trans_collected. print_info( "mon input" ) ;
        end
        else if( trans_collected. rd_valid) begin
                ap. write( trans_collected) ;
                sent_item_num + = 1 ;
                if( show_info)
                    trans_collected. print_info( "mon output" ) ;
                end
        end
    join
```

mdl 部分在 run_phase 阶段调用 C 算法，计算预期值。

```
import "DPI - C" context function int amplifier( input int base_number, int scaler) ;//DPI 接口
res = amplifier( tr. base_number, tr. rd_scaler) ; //sv 调用 c, 返回结果
```

C 代码：

```
#include < stdio. h >
int cal( int base_number, int scaler) {
    printf( "calculated by c\n" ) ;
    return base_number * scaler;
}
int amplifier( int base_number, int scaler) {
        return cal( base_number, scaler) ;
}
```

scb 分别从 exp_fifo 和 act_fifo 取出数据，进行比较，最后 report_phase 打印结果。

```
task ue_scoreboard: :run( ) ;
    super. run( ) ;
    fork
        while( 1) begin
            ……
            if( tran_exp. rd_data = = tran_act. rd_data) begin
                success_num + = 1 ;
                    ……
            else begin
                failure_num + = 1 ;
                    ……
        end
    join
endtask
```

剩下部分是断言检查和覆盖率，读者自行编写剩余，这里只给出覆盖率和断言的部分示例，如图 5.69 和图 5.70 所示。

```
//采集连续放大的时候
covergroup cg_wr_timing_group(string comment ="") @(posedge clk iff (rstn && !set_scaler_i));
    //type total bins: 8
    //instance total bins  : 8-6(option.weight = 0)=2

    option.comment=comment;
    coverpoint wr_en_i{
          bins burst_1 = ( 0 => 1 => 0);
          bins burst_2 = ( 0 => 1[*2] => 0);
          bins burst_3 = ( 0 => 1[*3] => 0);
          bins burst_4 = ( 0 => 1[*4] => 0);
          bins burst_5 = ( 0 => 1[*5] => 0);
        }
endgroup: cg_wr_timing_group
```

图 5.69 覆盖率部分示例

```
property pro_wr_en_wr_data;
    @(posedge clk) disable iff (!rstn)
    wr_en_i |-> not $isunknown(wr_data_i) ;
endproperty: pro_wr_en_wr_data
assert property(pro_wr_en_wr_data) else `uvm_error("ASSERT", "wr_data_i is unknown while wr_en_i is high")
cover property(pro_wr_en_wr_data)   ;
```

图 5.70 断言部分示例

至此，整个验证环境已经搭建完毕。接下来进入编译仿真环节，我们编写脚本 do 文件，在 Windows 环境下打开 powershell 或者 cmd，输入 vsim - c - do ue_sim. do 命令，即可跑出结果。带 bug 的仿真报告如图 5.71 所示。

根据报告来看，UVM_ERROR 错误有 5 个。

仿真完，会生成 ucdb 文件，打开 questasim，导入该文件。加载 ucdb 文件如图 5.72 所示。

然后在弹出的界面选择 Tools→Coverage Report→HTML，这是为了更直观地查看覆盖率结果。生成 HTML 报告选项如图 5.73所示。

```
# --- UVM Report Summary ---
#
# ** Report counts by severity
# UVM_INFO :   50
# UVM_WARNING :    0
# UVM_ERROR :    5
# UVM_FATAL :    0
# ** Report counts by id
# [ASSERT]     3
# [Questa UVM]     2
# [RNTST]     1
# [SCORE_ERROR]     1
# [SET_SCALER_ERR]     1
# [subseq_idle]    13
# [subseq_set_scaler]     1
# [ue_agent]     8
# [ue_base_test]     1
# [ue_case1_test]     2
# [ue_driver]     3
# [ue_env]     4
# [ue_monitor]     8
# [ue_ref_model]     1
# [ue_scoreboard]     4
# [ue_sequencer]     2
```

图 5.71 带 bug 的仿真报告

选中 HTML 选项，然后就会生成图 5.74 所示的 HTML 报告，我们只需要按照上图勾选，选中我们要查看的断言覆盖率、功能覆盖率以及代码覆盖率，最后单击“ok”按钮即可。

因为我们的断言检查和覆盖率是写在 interface 模块中，所以单击图 5.74 所示的 intf。

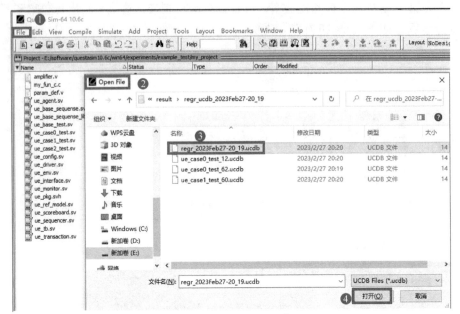

图 5.72　加载 ucdb 文件

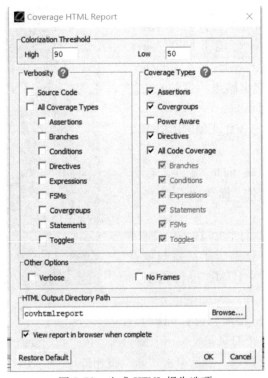

图 5.73　生成 HTML 报告选项

Coverage Summary by Structure:		
Design Scope ◂	Hits % ◂	Coverage % ◂
ue_tb	97.56%	93.33%
intf	97.56%	93.33%

Coverage Summary by Type:						
Total Coverage:					97.56%	93.33%
Coverage Type ◂	Bins ◂	Hits ◂	Misses ◂	Weight ◂	% Hit ◂	Coverage ◂
Covergroups	31	31	0	1	100.00%	100.00%
Directives	5	5	0	1	100.00%	100.00%
Assertions	5	4	1	1	80.00%	80.00%

图 5.74　HTML 报告

由图 5.75 可见，功能覆盖率达到 100%，断言检查只有 80%，原因是我们之前故意写入的两个漏洞。读者点开功能覆盖率还可以看到自己设计的各个要覆盖的功能点。现在我们解决使得断言检查也达到 100%，只需要将 DUT 设计文件里的漏洞注释出来即可。修复 bug 的仿真报告如图 5.76 所示。

Total Coverage:					97.56%	**93.33%**
Coverage Type ◂	**Bins** ◂	**Hits** ◂	**Misses** ◂	**Weight** ◂	**% Hit** ◂	**Coverage** ◂
Covergroups	31	31	0	1	100.00%	**100.00%**
Directives	5	5	0	1	100.00%	**100.00%**
Assertions	5	4	1	1	80.00%	**80.00%**

图 5.75　带 bug 的覆盖率报告

修复之后，仿真报告没有任何错误。

同样，修复之后，断言也达到 100%，总体覆盖率也是 100%，需要注意一点的是，有时候功能覆盖率达到 100%，并不能说明整个设计完全没有问题或者验证完全结束，因为可能验证计划漏掉某个测试点，我们的测试案例并没有写关于该测试点的测试，而所谓目前达到 100%，只能说明现在已列出的测试点已经全部覆盖到，修复 bug 的覆盖率报告如图 5.77 所示。所以在实际工作中，列测试点是一个十分重要的步骤，通常是验证组人员一起讨论，不断检查的过程。我们这个验证案例十分简单，抛砖引玉，希望对读者能有帮助。

```
# --- UVM Report Summary ---
#
# ** Report counts by severity
# UVM_INFO :    51
# UVM_WARNING :    0
# UVM_ERROR :      0
# UVM_FATAL :      0
# ** Report counts by id
# [Questa UVM]        2
# [RNTST]             1
# [subseq_idle]      13
# [subseq_set_scaler]  2
# [ue_agent]          8
# [ue_base_test]      1
# [ue_case1_test]     2
# [ue_driver]         3
# [ue_env]            4
# [ue_monitor]        8
# [ue_ref_model]      4
# [ue_scoreboard]     4
# [ue_sequencer]      2
```

图 5.76　修复 bug 的仿真报告

Total Coverage:					100.00%	**100.00%**
Coverage Type ◂	**Bins** ◂	**Hits** ◂	**Misses** ◂	**Weight** ◂	**% Hit** ◂	**Coverage** ◂
<u>Covergroups</u>	31	31	0	1	100.00%	**100.00%**
Directives	5	5	0	1	100.00%	**100.00%**
Assertions	5	5	0	1	100.00%	**100.00%**

图 5.77　修复 bug 的覆盖率报告

第6章 基于FPGA的数字SoC设计

本章内容包含需求分析、方案设计、功能仿真、逻辑综合、布局布线、比特流生成等内容，涵盖了使用FPGA完成数字SoC设计的全流程。通过本章的学习，我们希望读者能够独立完成一个基于FPGA的数字SoC设计。

6.1 设计需求

我们将要基于ARM公司的Cortex-M0+微处理器（Micro Controller Unit, MCU）设计一个带有串口模块的SoC，并且通过C语言对整个系统进行控制。整个系统包括软件和硬件两大部分。其中，软件部分将使用IAR软件完成，而硬件部分将使用Xilinx VIVADO软件完成。我们将使用VIVADO自带的仿真功能，对系统做行为级仿真。

对于我们设计的串口模块，设定它的时钟频率是100MHz，波特率是115200（波特率的设计误差控制在3%以内）。

6.2 设计方案

6.2.1 SoC整体架构

本设计的SoC整体架构如图6.1所示。

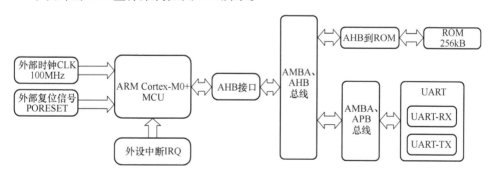

图6.1 SoC整体架构图

图6.1中，ARM Cortex-M0+MCU将读取我们设定的100MHz外部时钟CLK，以及外部复位信号PORESET。利用Cortex-M0+提供的AHB总线接口，接上

AMBA、AHB 总线和 APB 总线，最后把我们设计的串口模块，接到 APB 总线上。此外，AHB 总线上还会挂载一个 ROM，它负责存储编译好的 C 程序（.bin 文件）。

我们需要配置 MCU 和外设两级中断（interrupt）。MCU 的中断（总中断）由软件部分负责，而外设中断将会经由 IRQ 实现。

6.2.2　串口简介

我们这里提及的"串口"，指的是通用异步接收器和发送器（Universal Asynchronous Receiver and Transmitter，UART），故串口也称为 UART。它是一种全双工的异步串口通信协议，传输的数据在串行通信与并行通信之间进行转换，常用于主机与辅助设备通信等。

UART 之间的通信由两条信号线组成，即接收线（RX）和发送线（TX），图 6.2 展示了 UART 通信的具体过程。其中，负责发送的 UART 1 先将数据总线（Data Bus）1 的并行数据转换为一位（bit）接一位的串行数据，再将其传输至负责接收的 UART 2，最后再转化成并行数据，并输出至另一数据总线（Data Bus）2。

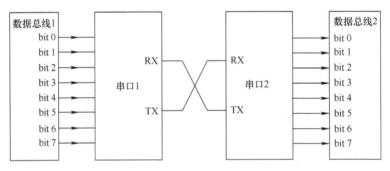

图 6.2　UART 通信过程示意图

同多数串行通信一样，UART 不使用时钟信号来同步接收与发送设备，而是采用相同的波特率保持同步。

接下来，我们需要具体了解一下 UART 的工作原理。UART 将数据包按位传输，而数据包由起始位、数据帧、奇偶校验位和停止位组成。图 6.3 展示了 UART 的一个典型数据包。

起始位 (1bit)	数据帧 (5~9bit)	奇偶校验位 (0~1bit)	停止位 (1~2bit)

图 6.3　UART 的一个典型数据包

其中，每位的意义如下：

1）起始位：UART 在不传输数据时通常保持在高电平（即逻辑"1"），当需要数据传输时，负责发送的 UART 将传输线从高拉低（从"1"到"0"）1 个时钟周期，负责接收的 UART 检测到从高到低的电压转换时，它开始以预先设定的波特率来读取数据帧。

2）数据帧：包含需要传输的数据，紧接着在起始位之后，从最低有效位开始传送。如果使用奇偶校验位，它可以是 5 ~ 8 位。如果不使用奇偶校验位，则数据帧可以是 9 位。

3）奇偶校验位：是负责接收的 UART 判断数据在传输过程中是否发生改变的一种方式。数据位加上这一位后，使得"1"的位数为偶数（偶校验）或奇数（奇校验），UART 由此来校验传输是否正确。

4）停止位：数据包结束的标志，负责发送的 UART 将数据传输线从低拉高（从"0"到"1"），持续 1 到 2 个时钟周期，同时也可以做时钟的校准。

UART 传输数据的过程可以分为以下五步：

1）第一步：负责发送的 UART 从数据总线接收并行的数据；

2）第二步：负责发送的 UART 将起始位、奇偶校验位和停止位添加到数据帧；

3）第三步：整个数据包从起始位到停止位串行发送到负责接收的 UART，且负责接收的 UART 以预置的波特率对数据线进行采样；

4）第四步：负责接收的 UART 丢弃起始位、奇偶校验位和停止位；

5）第五步：负责接收的 UART 将串行数据转换回并行，并将其传输到接收端的数据总线。

为了简化设计流程，在我们的设计中，把奇偶校验位设置为 0bit，并且不考虑包头、包尾和停止位。也就是说，我们设计的串口只负责收发 8bit 数据帧。

下面是用 Verilog HDL 简单实现 UART 功能的代码，分为时钟分频模块、数据发送模块、数据传输模块、总模块，以及仿真测试模块（Testbench）。我们仅列出各个模块的核心代码，对于有一定 Verilog 设计基础的读者来说，补全整个模块并不困难。

1）模块一：时钟分频模块。该模块的作用是对输入的时钟信号进行分频，使之符合我们的需求。

```verilog
module clk_divider
    #(parameter DIVISOR = 6'd0)
    (
    input clk_i,
    input resetn_i,
    output reg clk_en_o //分频后的时钟输出
    );
    reg [5:0] clk_dividor = 0;
    always@(posedge clk_i or negedge resetn_i)begin
```

```
        if( ! resetn_i) begin
            ......
        end else begin
          if( clk_dividor ! = DIVISOR) begin
             clk_dividor < = clk_dividor + 1 ' b1;
             clk_en_o < = 1 ' b0;
        end else begin
             clk_dividor < = 6 ' h0;
             clk_en_o < = 1 ' b1;
             end
          end
        end
endmodule
```

2）模块二：数据发送模块（写模块）。该模块的作用是将输入的并行数据转换为串行数据逐一发送。

```
module uart_tx_op
    (
        input clk_i,
        input resetn_i,
        input clk_en_i, //输入分频后的时钟
        input [7:0]datain_i, //8 位并行数据输入
        input shoot_i, //它为高时才能传输数据
        output reg uart_tx_o, //串行数据
        output reg uart_busy_o //它为高时代表 UART 忙
    );
    ......
reg [7:0] datain_i_x;//存储 8 位并行数据输入 datain_i
parameter idle = 0, start = 1, data = 2, stop = 3;
//状态机的四个状态，依次代表为空闲、起始、数据、停止

//状态机随时钟上升沿或者 resetn_i 下降沿转换
    ......
//各个状态的转换过程
always@ ( * )begin
    case( state)
    idle:next = ( shoot_i)? start:idle;
    start:next = data;
    data:next = ( count = = 7)? stop:data;
```

```
        //当计数器一共记录 8 位数据(从 0 到 7)时进入 stop 状态
        stop:next = idle;
        endcase
    end

    //计数器,记录数据位一次传输数据的位数
    ......
    //uart 是否处于工作状态
        always@ (posedge clk_en_i or negedge resetn_i)begin
        if(! resetn_i||state = = idle)
            uart_busy_o < = 0;
        else
            uart_busy_o < = 1;
        end

    //datain_i 信号逻辑
    always@ (posedge clk_en_i or negedge resetn_i)begin
        if(! resetn_i)
            uart_tx_o < = 1'b1;
        else if(state = = start)begin
            uart_tx_o < = 0;
            datain_i_x < = datain_i; //在起始状态将数据存入 datain_i_x
        end
        else if(state = = data)begin
            uart_tx_o < = datain_i_x[count];
        end //在数据传输状态下将数据按位串行输出
        else uart_tx_o < = 1;//在无数据传输时将 uart_tx_o 拉高
    end
    endmodule
```

3) 模块三:数据传输模块 (读模块)。该模块是将串行数据转换为并行数据并输出,即为读入数据的过程。

```
module uart_rx
    (
        input clk_i,
        input resetn_i,
        input clk_en_i,
        input uart_rx_i,//串行输入
        output reg dataout_valid_o, //接收数据是否有效
```

```
    output reg [7:0] dataout_o //8 位并行输出
  );
  ……
  parameter idle = 0, data = 1, stop = 2, error = 3;
  //状态机的四个状态，依次为空闲、数据传输、停止、错误
  //状态机随时钟上升沿或者 resetn_i 下降沿转换
  ……
  //各个状态的转换过程
always@ ( * ) begin
  case( state)
    idle: next = (! uart_rx_i)? data: idle; //uart_rx_i 代表 uart 是否处于工作状态
    data: next = (count = = 7)? stop: data;
    stop: next = (uart_rx_i)? idle: error;
    //看 uart_rx_i 是否被拉高，如果拉高，代表数据传输结束，进入 idle 状态
    //否则说明这次数据传输出错，进入 error 状态
    error: next = (uart_rx_i)? idle: error;
    //看 uart_rx_i 是否被拉高，如果重新被拉高
    //则再跳出 error 进入 idle 状态，重新做好接收数据的准备
      endcase
end


//计数器
……
//dataout_valid_o 信号逻辑
always@ ( posedge clk_en_i or negedge resetn_i) begin
    if(! resetn_i)
      dataout_valid_o < = 0;
    else if( state = = data)
      dataout_valid_o < = 1;
    else dataout_valid_o < = 0;
//记录是否有数据接收，如果有则 dataout_valid_o 被拉高
end


//dataout_o 信号逻辑
always@ ( posedge clk_en_i or negedge resetn_i) begin
  if(! resetn_i)
    dataout_o < = 8 'b0;
  else if( state = = data) begin
    dataout_o_x[count] < = uart_rx_i; //将输入的串行数据按位存入 dataout_o_x
    end
```

```
     else if (state = = stop)
        dataout_o  < = dataout_o_x;
     //计数器到达上限时,将 dataout_o_x 传入 dataout_o 输出
     else
        dataout_o  < = dataout_o;//其他时候 dataout_o 保持不变
  end
endmodule
```

4）模块四：Testbench。该模块的作用是测试我们设计的 UART，看看它能否实现预期功能。将上述三个模块集合在一个顶层（Top）模块下，对 Top 模块进行测试。在 Top 模块的连线中，我们采取"自发自收"的方式，即 UART 将会发出自己收到的信息，这样即可同时完成对发送和接收模块的测试。

```
`timescale 1ns/1ps //时延单位为 1ns,精度为 1ps
//定义 tb 输入信号和输出信号
  module uart_top_tb( );
  reg clk_i = 0;
  reg resetn_i;
  reg [7:0]datain_i = 8'h00;
  reg shoot_i;
  wire clk_en_o;
  wire uart_tx_o;
  wire uart_busy_o;
  wire dataout_valid_o;
  wire [7:0]dataout_o;

//对 Top 模块进行连线
  uart_top tb1(
    . clk_i( clk_i),
    . resetn_i( resetn_i),
    . datain_i( datain_i),
    . shoot_i( shoot_i),
    . clk_en_o( clk_en_o),
    . uart_tx_o( uart_tx_o),
    . uart_busy_o( uart_busy_o),
    . dataout_valid_o( dataout_valid_o),
    . dataout_o( dataout_o)
  );

  always #5 clk_i = ~ clk_i; //时钟每 5ns 翻转一次
  initial begin
```

```
        clk_i = 1'b0;
        resetn_i = 1'b0; //复位
        shoot_i = 1'b0;
        datain_i = 8'b0;
        #500
        resetn_i = 1'b1;
        shoot_i = 1'b1; //500ns 后 resetn_i 和 shoot_i 拉高，此时可以进行数据传输
        #100
        datain_i = 8'h55;   //为了验证鲁棒性，进行多组测试
        #1000
        datain_i = 8'hde;
        #1000
        datain_i = 8'haa;
        #1000
        datain_i = 8'hbb;
        #1000
        datain_i = 8'hcc;
        #1000
        datain_i = 8'hdd;
        #1000
        datain_i = 8'hee;
        #1000
        datain_i = 8'hff;
        $stop; //到此停止
    end
endmodule
```

6.2.3　AMBA 总线简介

总线是一组由导线组成的线束，其作用是在计算机的各组成部件之间传输信息。AMBA（Advanced Microcontroller Bus Architecture）总线是 ARM 公司研发的一种开放性的片上总线标准。最新的 AMBA 总线，包括 AHB（Advanced High‐performance Bus）总线、ASB（Advanced System Bus）总线、APB（Advanced Peripheral Bus）总线和 AXI（Advanced eXtensible Interface）总线。其中，ASB 总线可以被 AHB 总线所取代。一个包含 AHB 和 APB 的典型系统如图 6.4 所示。在我们的设计中，主要用到的是 AHB 和 APB 总线。因此，接下来我们将详细学习这两种总线协议。

AHB 总线主要用在高性能、高时钟频率的系统模块，可用于连接处理器、DMA 控制器、片内存储器、外部存储器等部件，对系统的性能有较大影响。它可

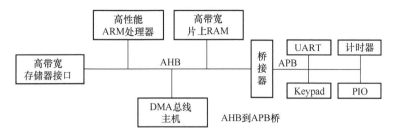

图 6.4　一个包含 AHB 和 APB 的典型系统

以高效地处理仲裁、突发传输、分离传输、流水操作、多主设备等较为复杂的任务。在我们的设计中，使用的是 AHB – Lite 总线，其典型架构如图 6.5 所示。相比于 AHB 总线，AHB – Lite 总线的特点在于只有一个主机，这无疑简化了我们的设计。

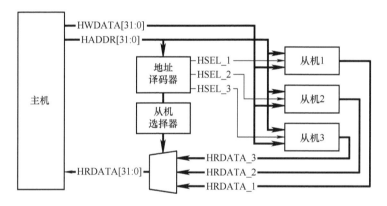

图 6.5　AHB – Lite 总线的典型架构

如图 6.5 所示，以 32 位 AHB – Lite 总线为例，当主机（Master）需要向从机（Slave）发送指令时，主机向从机输出写数据信号 HWDATA 和写地址信号 HADDR，并且通过 HSEL 信号选择对应的从机。HSEL 信号由地址译码器（Decoder）根据事先分配好的从机在内存的地址映射进行分配，负责选择与当前主机配对的从机。当从机完成主机发出的指令后，会向主机发送读信号 HRDATA。对于来自不同从机的数据，从机选择器（Multiplexor）通过地址译码器给出的 HSEL 信号进行筛选，选出符合要求的数据发送给主机。

接下来，我们以 Synopsys 公司的 32 位 AHB – Lite 模块（DW_AHBLite）为例，详细了解 AHB 协议涉及的各个信号。

图 6.6 和图 6.7 分别展示了 AHB – Lite 的主机和从机信号。我们把它们整理在表 6.1 和表 6.2 中。

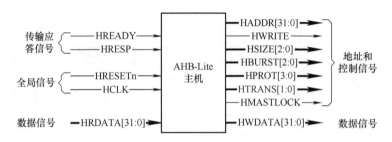

图 6.6　AHB – Lite 的主机信号

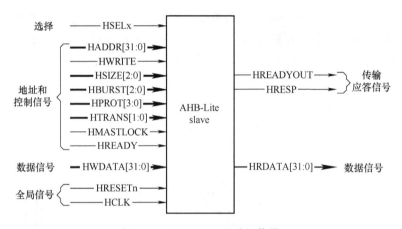

图 6.7　AHB – Lite 的从机信号

表 6.1　AHB – Lite 主机信号表

信号名称	说明	性质
HREADY	传输完成信号。 1：传输完成； 0：传输未完成，总线被占用，继续等待	传输应答 （Transfer response）信号
HRESP	传输响应信号，提供附加信息。共有 OKEY、ERROR、RETRY、SPLIT 四种不同的响应	传输应答信号
HRESETn	低有效的复位信号，用于复位系统和总线	全局信号 （Global signal）
HCLK	AHB 总线时钟，用于提供数据传输需要的时钟信号	全局信号
HRDATA [31:0]	32 位读数据，由从机向主机发送	数据（Data）信号
HADDR [31:0]	32 位地址	地址和控制（Address and control）信号
HWRITE	读写控制信号。 1：写数据； 0：读数据	地址和控制信号

（续）

信号名称	说明	性质
HSIZE［2:0］	传输大小设置，常设为字节（8bit）、半字（16bit）、字（32bit），最大可达 1024bit	地址和控制信号
HBURST［2:0］	突发类型选择，表示当前的传输是单次还是突发	地址和控制信号
HPROT［3:0］	保护控制信号，表示当前传输的类型与模式	地址和控制信号
HTRANS［1:0］	传输类型设置。 00：空闲。主机占用 AHB，但是没有数据传输； 01：忙。突发传输过程中，主设备忙，需要等待一个周期传输数据； 10：非连续。一次传输一个数据或者突发传输第一个数据； 11：连续。主机在突发传输的中间部分，将继续进行突发传输	地址和控制信号
HMASTLOCK	主机锁定信号，表示当前的传输不可分割，常用于多主机场合	地址和控制信号
HWDATA［31:0］	32 位写数据，由主机向从机发送	数据信号

表 6.2　**AHB - Lite 从机信号表**（与主机相同的部分不再赘述）

信号名称	说明	性质
HSELx	从机选择信号，用于选择与主机通信的从机	选择（Select）信号
HREADYOUT	从机传输完成信号。 1：从机传输完成； 0：从机传输未完成，需要延长传输	传输应答信号
HRESP	从机应答信号，表示从机与主机之间的传输是否成功	传输应答信号

在我们的设计中，需要了解 AHB - Lite 的基本数据传输流程。如图 6.8 所示，一次 AHB - Lite 传输包含地址相位（Address phase）和数据相位（Data phase）两个部分。首先，主设备在 HCLK 的上升沿之后，将地址和控制信号传输至 AHB - Lite 总线。其中，地址的传输占用一个时钟周期，而数据的传输可能需要一个或者多个时钟周期，直到 HREADY 信号被拉高，数据传输相位结束。然后，从设备在下一个 HCLK 的上升沿采样，读取主设备发送的地址与控制信号。最后，在从设备完成上述采样后，AHB - Lite 将开始进行响应的准备工作，在后续 HCLK 的上升沿采样从设备发出的响应。

图 6.9 展示了一次主机读过程。在地址相位部分开始传输，读取 32 位地址信

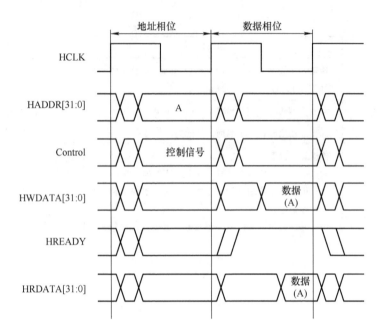

图 6.8　没有等待状态的 AHB – Lite 的基本数据传输流程

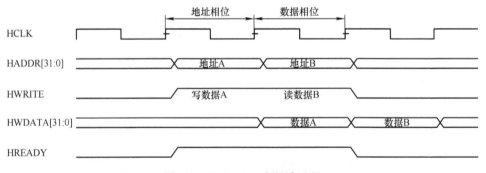

图 6.9　AHB – Lite 主机读过程

号 HADDR 和读写控制信号 HWRITE（因为此时是读取，所以 HWRITE =0）。在下一个 HCLK 的周期，主机进入数据相位部分，此时从机将 32 位写数据 HRDATA 传输给主机。在 HRDATA 传输完成后，从机将拉高 HREADY 信号。

图 6.10 展示了一次主机的写过程，其流程和上面读过程类似，在地址相位阶段，写信号 HWRITE 被拉高。在数据相位阶段，主机将 32 位写数据信号 HWDATA 传输给从机。在 WRDATA 传输完成后，从机将拉高 HREADY。事实上，在实际工程应用中，有时从设备并不能在第一个数据相位就响应主机，此时主机就需要等待从机的响应。如图 6.10 所示，在 HADDR 为 B 时，从机在第一个数据相位中并没有拉高 HREADY，主机就需要等待直至 HREADY 拉高，进而释放总线。

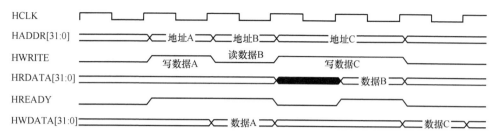

图 6.10　AHB - Lite 主机写过程

　　在学习了 AHB 总线协议后，我们接着学习 APB 总线协议。和 AHB 相比，APB 提供的是低功耗、低复杂度的接口，主要用于连接例如 UART、键盘、鼠标、GPIO 等低带宽和对性能要求不高的外围设备（外设）。APB 的信号仅在时钟的上升沿改变。相比于可以进行流水操作的 AHB 总线，APB 总线没有使用流水线结构，一般需要 2 个周期才能完成一次传输。

　　APB 总线的工作流程可用下面图 6.11 所示的状态图来描述。

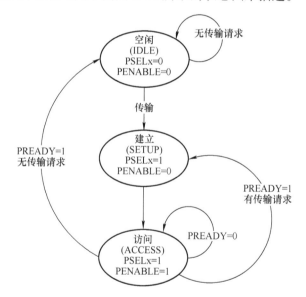

图 6.11　APB 总线工作状态图

　　如图 6.11 所示，APB 总线有空闲（IDLE）、建立（SETUP）、访问（ACCESS）三个状态。其中，系统默认状态为 IDLE，此时片选信号（PSELx）和有效信号（PENABLE）均被拉低。

　　当有传输请求时，进入 SETUP 状态，将 PSELx 信号拉高，PENABLE 此时保持为 0。紧接着下一个时钟到来时直接进入 ACCESS 状态，此时将 PENABLE 拉高，维持之前状态的地址（PADDR）、PSELx、写信号（PWRITE）、写数据

（PWDATA）不变，在 PENABLE 之后传输完成。是否跳出此状态由 PREADY 控制，若 PREADY = 0 则继续保持 ACCESS 状态，若 PREADY = 1 则跳出此状态，如果没有传输要进行，则返回默认状态 IDLE，否则跳回 SETUP 进行传输。

接下来，我们以 Synopsys 公司的 32 位 APB 模块为例，详细了解 APB 协议涉及的各个信号。APB 中唯一的主机就是 APB 桥，也作为更高级系统总线的从机，其模型如图 6.12 所示。

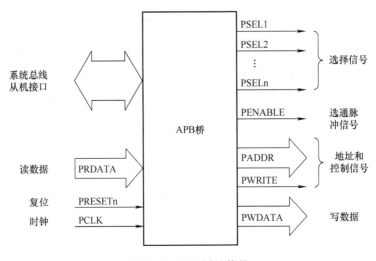

图 6.12　APB 桥的信号

图 6.13 则展示了 APB 从机的信号。由于 APB 少了仲裁器及相应的译码电路，APB 从机比 AHB 从机接口更为简单。

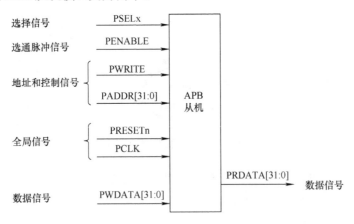

图 6.13　APB 从机的信号

我们把 APB 总线涉及的主要信号（包含主机、从机）整理在表 6.3 中。

表 6.3 APB 总线信号表

信号名称	说明	性质
PCLK	APB 总线时钟，所有信号在 PCLK 的上升沿有效	全局信号
PRESETn	低有效的复位信号，用于复位系统和总线	全局信号
PADDR [31:0]	32 位地址	地址和控制信号
PSELx	片选信号，用于选择和主机通信的从机	选择信号
PENABLE	传输使能信号。 1：当前数据有效； 0：当前数据无效	选通脉冲信号（Strobe）
PWRITE	读写控制信号。 1：写数据； 0：读数据	地址和控制信号
PWDATA [31:0]	32 位写数据，由主机向从机发送	数据信号
PRDATA [31:0]	32 位读数据，由从机向主机发送	数据信号
PREADY	传输完成信号。 1：传输完成； 0：传输未完成，总线被占用，继续等待	传输应答信号

在我们的设计中，需要了解 APB 的基本数据传输流程。我们首先学习主机写过程。主机写过程有无等待和有等待状态两种，分别如图 6.14 和图 6.15 所示。

对于无等待状态的写过程，如图 6.14 所示，在 T1 周期，主机通过地址信号 PADDR 选择从机，使得对应从机的选通信号 PSEL 被拉高，读写状态信号 PWRITE 被拉

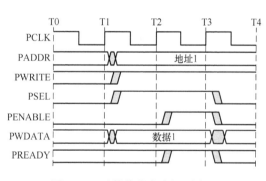

图 6.14 无等待状态主机写过程

高，进入写数据状态，PWDATA 数据写入从机；在 T2 周期，拉高 PENABLE 和 PREADY 信号，同时 PADDR、PWRITE、PWDATA、PSEL 均保持不变，直到传输完成。等传输完成后，PENABLE 和 PSEL 均被拉低。如果同一个外设紧接着继续传输数据，则再次进入 T1 周期，PENABLE 和 PSEL 信号再次有效。

对于有等待状态的写过程，如图 6.15 所示，相比于无等待状态，在 APB 的 ACCESS 状态期间，当 PENABLE =1 时，可以暂时拉低 PREADY 信号。其他信号，比如 PADDR、PWRITE、PWDATA、PSEL 等，均和无等待状态时的情况一致。

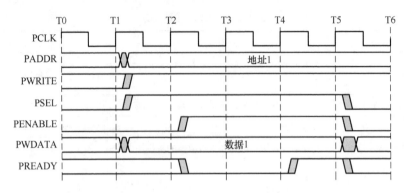

图 6.15　有等待状态主机写过程

我们接下来学习主机读过程，也有无等待和有等待状态两种情况，分别如图 6.16 和图 6.17 所示。主机读过程与前面写过程类似，并且从机必须在读传输结束前提供数据，读者可以尝试自行分析。

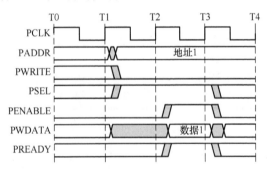

图 6.16　无等待状态主机读过程

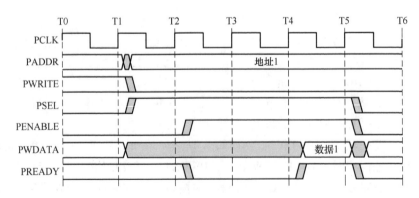

图 6.17　有等待状态主机读过程
（图中 PREADY 信号在两个周期内被拉低，实际工程中可以在多个周期内被拉低）

在详细学习了 AMBA 总线的相关知识后，我们对设计的 UART 模块进行修改，使之可以与 APB 接在一起。我们鼓励读者在修改后的串口中设置 FIFO 模块，以提高系统性能。注意，我们需要保证 UART 与 APB 的时序匹配，这对我们分频器的参数设置提出了要求。

为了和 APB 的接口对应，我们修改了 UART 顶层模块中一部分 API 的命名：

```verilog
module APB_uart_top
(
    input                    pclk,          //UART 模块输入时钟
//我们把原先属于 UART 的分频器独立出来，在 UART 的外部完成了 APB 时钟（hclk）
//到 UART 时钟（pclk）的转换
    input                    presetn,       //低有效的复位信号
    input                    psel,          //UART 模块片选信号
    input                    pwrite,        //APB 提供的读写控制信号
    input                    penable,       //APB 提供的传输使能信号
    input    [31:0]          paddr,         //APB 提供的输入地址
    input    [31:0]          pwdata,        //UART 读入数据
    output   [31:0]          prdata,        //UART 输出数据

    output reg               interrupt,     //中断信号
    input                    rx_pin,        //串行输入
    output                   busy_o,        //它为高时代表 UART 忙
    output                   uart_tx_o      //串行输出
);
```

下面是用 Verilog HDL 实现 APB 挂载 UART 模块的关键代码，剩下的部分读者不妨动手一试，将它们补全：

1）对从设备 UART 地址进行定义。

```verilog
localparam UART_ADDR = 32'h4000_1000;//建议读者对照处理器手册
//进行地址选择，选择合法的外设地址
```

2）根据 APB 总线中的地址信号进行从设备选择，保证当且仅当 APB 选择了 UART 的地址时，UART 模块才启动。

对于写模块，我们做如下处理：

```verilog
always @ (posedge pclk or negedge presetn) begin
    if(! presetn) begin
        prdata <= 32'b0;  //初始化
    end
    else begin
        if(paddr == UART_ADDR) begin
            if(psel && penable) begin //确定 UART 写模块已被选中
                if(pwrite) begin
                    datatx <= pwdata[7:0];
```

```
                                    datain_i <= datatx;    //起始状态，写入数据
                                    shoot_i <= 1'b1;
                        end
                        else begin
                            datain_i <= 8'b0;
                            shoot_i <= 1'b0;
                        end
                end
                else
                    ……
            else
                ……
    end
```

对于读模块，我们做相似的处理：

```
    always @ (posedge pclk or negedge presetn ) begin
        if( ! presetn) begin
            prdata <= 32'b0;
    end
    else begin
            if( paddr == UART_ADDR) begin
                if( psel && ( ~penable ) ) begin
                    if( ~pwrite) begin    //确定 UART 读模块已被选中
                        if( dataout_valid_o) begin
                            datarx <= uart_rx_i;
                            prdata[7:0] <= datarx;
                        end
                        else
                            prdata[7:0] <= 8'b0;
                    end
                    ……
    end
```

3）我们还需要设计中断信号。在本设计中，我们需要考虑 Cortex – M0 + 微控制器（Mirco Controller Unit, MCU）和外设（UART）两个层面的中断。我们将通过 C 语言实现它们。除此之外，对于外设层面的中断，我们还需要设计它的逻辑：当且仅当 UART 开始写数据时，中断信号被拉高。MCU 将负责该信号的清零工作。我们做如下设计：

```
    always @ (posedge pclk or negedge presetn) begin
        if( ! presetn)
            interrupt <= 1'b0;
```

```
        else begin
        if( paddr = = UART_ADDR)
        begin
            if( psel && pwrite)
                interrupt < = 1'b1;  //确保选中 UART 地址、APB 选中 UART 模块
        //并且是写操作时，中断才起效
            else
                interrupt < = 1'b0;
        end
        else
            interrupt < = 1'b0;
        end

    end
```

6.2.4　ARM Cortex – M0 + 微处理器简介

Cortex – M 是 ARM 公司基于 32 位的精简指令集（Reduced Instruction Set Computing, RISC）开发的系列 MCU，包含 Cortex – M0、Cortex – M0 +、Cortex – M1、Cortex – M3 等系列 MCU。Cortex – M 系列微处理设计广泛应用于专用集成电路（Application Specific Integrated Circuit, ASIC）、专用标准产品（Application Specific Standard Parts, ASSP）、可编程门阵列（Field Programmable Gate Array, FPGA）和 SoC 等领域。Cortex – M 系列 MCU 通常在微控制器或者 SoC 中用作电源管理控制器、输入输出控制器、系统控制器、触摸屏控制器和传感器控制器。

Cortex – M0 + 在 Cortex – M0 处理器的基础上保留了完整的 RSIC 指令集，同时进一步降低了功耗并提高了处理器的性能。其有以下主要特点：

1）冯诺依曼架构。Cortex – M0 + 处理器所处理的数据与指令共享同一根总线；

2）ARMv6 – M 架构。Cortex – M0 + MCU 支持 ARM 指令集和 Thumb 指令集；

3）寄存器寻址。Cortex – M0 + MCU 通过指令指定寄存器号执行寄存器中存储的操作数；

4）流水线操作。Cortex – M0 + MCU 通过取指令和预解析、解析和执行两步操作，实现两级流水线；

5）低功耗，高性能。Cortex – M0 + MCU 采用了 90nm 制程的低功耗工艺。当采用最小配置时，功耗仅有 $9\mu A/MHz$。与主流的 8 位或者 16 位处理器相比，功耗降低了 2/3，却能够提供更高的性能；

6）中断处理。Cortex – M0 + MCU 通过嵌套中断向量控制器（Nest Vectored Interrupt Controller, NVIC）处理中断请求，在后文我们将进一步学习它。Cortex –

M0 + 处理器共有 32 个外部中断、一个不可屏蔽中断（Non – Maskable Interrupt，NMI）和多个系统异常，并且每个外部中断的优先级都是可配置的，这为我们的设计提供了较大的灵活性。

Cortex – M0 + MCU 的结构如图 6. 18 所示。完整的 Cortex – M0 + MCU 结构包含：处理器内核模块、NVIC 模块、调试系统模块、内存保护单元（Optional Memory Protection Unit，OMPU）、中断唤醒控制器（Wakeup Interrupt Controller，WIC）、AHB – Lite 总线接口等。

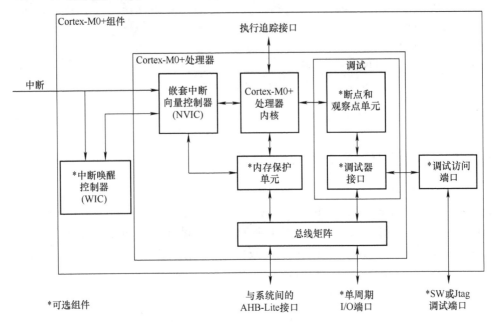

图 6. 18   Cortex – M0 + MCU 结构示意图

我们需要进一步学习这些模块和它们的作用：

1）处理器内核模块。处理器内核模块为 Cortex – M0 + MCU 的核心功能模块，直接对数据进行处理；

2）嵌套中断向量控制器。NVIC 模块连接 32 个外部中断、一个不可屏蔽中断和多个系统异常，对外设发送的中断申请和系统内部中断申请按照预设的优先级进行处理，按照中断优先级向处理器核发送中断请求信号；

3）调试系统模块。调试子系统模块是由 Cortex – M0 + MCU 提供，用于管理调试控制和数据检测。当调试发生时，调试子系统模块将处理器内核模块正在进行的处理进程停止。开发人员将会对此时的寄存器值和标志进行分析；

4）内存保护单元。内存保护单元是提供内存保护的处理器硬件单元，相比于内存管理单元来说，它仅仅提供内存保护功能；

5）中断唤醒控制器。中断唤醒控制器是一种可以检测中断并将 Cortex – M0 +

MCU 从深度睡眠模式中唤醒的外设。值得注意的是只有当系统处于深度睡眠模式时才会启用 WIC。WIC 是 Cortex – M0 + MCU 中的不可编程模块，没有寄存器或者用户界面，完全由硬件信号操作；

6）AHB – Lite 总线接口。AHB – Lite 总线用于进行 Cortex – M0 + MCU 与外部设备进行数据通信。AHB – Lite 总线规范作为 6.2.3 节中提及的 AHB 总线规范的子集，虽然只支持一个总线主设备，但是不需要进行总线仲裁，简化了我们的设计。

在我们的设计中，内核模块将直接作为整体被调用，我们配置的 UART 中断将被 NVIC 调用，AHB – Lite 总线将被调用以连接 APB 总线和 UART 模块。

既然我们已经完成了系统内部各个模块的连线工作，接下来，我们应该如何给新加入的 APB 总线和 UART 模块分配地址呢？我们可以通过地址映射的方式，确定它们在 SoC 当中的位置。我们知道，一个 Cortex – M0 + MCU 具有 32 位的地址线和 32 位系统总线接口，因此可以寻址 4G 的存储空间。ARM 公司将这 4G 的存储空间从架构上划分为 8 个 512M 的区域，分别为代码区域、SRAM 区域、外设区域、RAM 区域、设备区域、内部私有总线区域和保留的存储器空间，其具体的地址分配如图 6.19 所示。

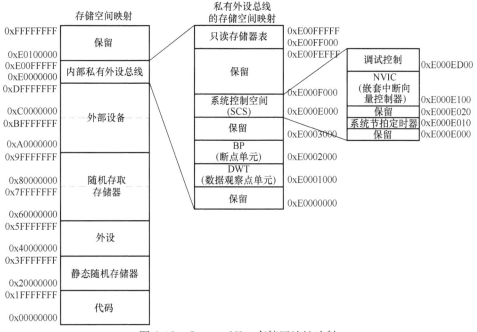

图 6.19　Cortex – M0 + 存储区地址映射

下面，让我们详细了解一下这些区域，看看 Cortex – M0 + 核是如何完成地址分配的。

代码区域的地址分配于 0x00000000 ~ 0x1FFFFFFF。在进行系统开发时，需要通过编写 C 语言代码，进行地址寻址直接访问硬件并实现对硬件的操作。编写完成的代码将会被存储到代码区域中。

外设区域的地址分配于 0x40000000 ~ 0x5FFFFFFF。在系统开发时，常见的外围设备包括 GPIO、UART、I²C 等。本实验我们将会使用 APB 总线实现对于 UART 模块的挂载，因此会直接使用这部分地址。在编写 RTL 代码时，我们需要通过提前预设外围设备的地址来实现外设区域地址的分配，通过设置 APB 总线的地址区域可以完成从 AHB – Lite 总线到 APB 总线再到 UART 模块的数据通信。通过图 6.20可以了解到本次实验中的 APB 总线以及 UART 模块在 Cortex – M0 + 的存储器中的地址映射。

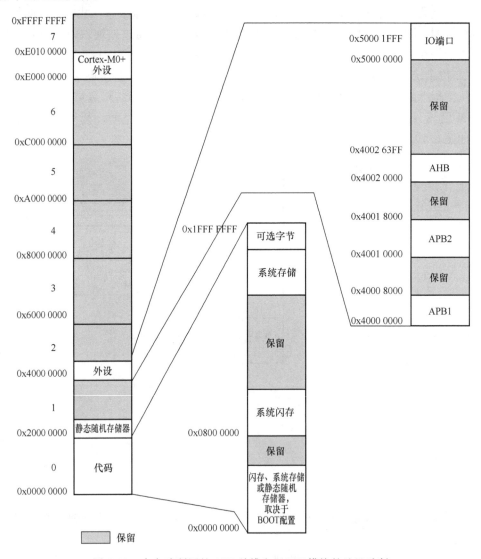

图 6.20　本实验所用的 APB 总线和 UART 模块的地址映射

内部私有总线的地址分配于 0xE0000000 ~ 0xE00FFFFF。在内部私有总线中规定了系统内部模块的地址区域，可以通过编写 C 语言代码，进行直接寻址操作，从而实现对系统内部模块的调用。

6.3 系统设计

6.3.1 系统硬件搭建

现在，我们已经学习了 Cortex – M0 + MCU 的基本知识。一个很自然的问题是，我们应该如何把我们的 APB 和 UART 模块挂载到 MCU 上呢？事实上，通过仔细研究 Cortex – M0 + 的开源代码，做到这一点并不困难。

1. Cortex – M0 + 中的 AHB – Lite 模块

在 Cortex – M0 + 的开源代码中，已经挂载了部分从设备到 AHB – Lite 总线上，我们可以按照同样的方式将我们的 APB 模块挂载到总线上。查询 Cortex – M0 + 的基本手册，我们定义其基地址为 32'h4000_1000（读者当然可以定义其他的数值，只要该地址在合法的外设地址范围内即可），代码如下所示：

```
localparam BASEADDR_ROM            = 32'h0000_0000;
localparam BASEADDR_SRAM           = 32'h2000_0000;
localparam BASEADDR_GPIO0          = 32'h4000_0000;
localparam BASEADDR_GPIO1          = 32'h4000_0800;
localparam BASEADDR_ GPIO2         = 32'h4000_1000;
localparam BASEADDR_ MTB           = 32'hF000_2000;
localparam BASEADDR_MTBSRAM        = 32'hF000_3000;
localparam BASEADDR_SYSROMMTABLE   = 32'hF010_0000;
localparam BASEADDR_UART           = 32'h4000_1000;
//自定义 APB 模块基地址
```

u_ahb_interconnect 模块扮演了 AHB 的角色，我们可以通过地址寻址实现 UART 与主机之间的通信功能。模块的关键例化代码如下：

```
cm0p_ik_ahb_interconnect u_ahb_interconnect(
    //Output
    . HREADYS                 ( sys_hready_mux ),
    . HRESPS                  ( sys_hresp_mux ),
    . HRDATAS                 ( sys_hrdata_mux[31:0] ),
    …        //其他 7 个从设备的选通信号
    . HSELM8                  ( sys_hsel_uart ),
    //挂载 APB 模块
    //Input
```

```
. HCLK                      (HCLK),
. HRESETn                   (HRESETn),
. HADDRS                    (sys_haddr_cortexm0plus[31:0]),
    ...         //主机与其他 7 个从设备读写数据信号
. HRDATAM8                  (sys_hrdata_uart),
//挂载 APB 模块
    ...         //主机向 7 个从设备的传输响应信号
. HREADYOUTM8               (sys_hreadyout_uart),
//挂载 APB 模块,
    ...         //主机收到 7 个从设备的响应信号
. HRESPM8                   ((sys_hresp_uart[0]|sys_hresp_uart[1]));
//挂载 APB 模块,
//如果在 APB 中将 hresp 信号的长度设置为 2 位,那么需要像这里一样,
//使用或运算符进行合并
```

此外,在 u_ahb_interconnect 模块中,我们还需要仿照原有的 7 个从设备的写法,添加 hsel_m8、hsel_m8_r 等信号,修改 hsel_m0、HRDATAS、HRESPS、HREADYS、HSEL8 等信号,让 u_ahb_interconnect 模块"接纳"我们的 APB 模块。通过上述例化过程,我们的 APB 模块就挂载到了 AHB – Lite 总线上。

2. APB – UART 模块

在 APB 上挂载 UART 模块也是同样的过程。

```
localprom BASEADDR_UART          = 32'h4000_1000;
//在 APB 总线上定义 UART 模块的基地址
//可以与上文 APB 模块的基地址重合
```

在这个 APB 模块中,我们定义了四个从机(实际上我们只用了一个从机 UART,剩余的从机接口预留给读者备用)。其中从机 0 即为 UART 模块,例化代码如下所示:

```
DW_apb sysAPB3(
    ...
    . hrdata                    (sys_hrdata_uart),
    . hready_resp               (sys_hreadyout_uart),

    . pclk_en                   (PCLK_EN),
    . paddr                     (sys_apb3_paddr),
    . penable                   (sys_apb3_penable),
    . pwrite                    (sys_apb3_pwrite),
    . pwdata                    (sys_apb3_pwdata),
    ...   //其他 3 个从设备的选通信号
    . psel_s0                   (sys_apb3_psel_s0),
```

```
    …   //其他 3 个从设备的读写信号
    . prdata_s0                        (sys_apb3_prdata_s0));
APB_uart_top  u_uart_top (
    . pclk                             (PCLK),
    . presetn                          (HRESETn),
    . psel                             (sys_apb3_psel_s0),
    . pwrite                           (sys_apb3_pwrite),
    . penable                          (sys_apb3_penable),
    . paddr                            (sys_apb3_paddr),
    . pwdata                           (sys_apb3_pwdata),
    . rx_pin                           (rx),

    . prdata                           (sys_apb3_prdata_s0),
    . interrupt                        (uart_irq),
    . busy_o                           (busy_o),
    . uart_tx_o                        (tx));
```

由于我们的 UART 模块是 APB 的第 0 号外设，因此如果使用的是 DW_apb 模块，我们还需要在 DW_apb_cc_constants.v 这个宏定义文件中，把 START_PADDR_0 定义为 32'h40001000（与我们定义的 UART 地址保持一致），把 END_PADDR_0 定义为 32'h40001fff（我们认为这一段地址空间已经足够大）。我们不妨将 UART 的中断设置为系统的 0 号中断，即在 cm0p_ik_sys 的 u_cm0pmtbintegration 模块的 .IRQ 信号例化时，指定为 {sys_irq[31:1], uart_irq}。

至此，我们的系统的硬件设计全部结束，接下来我们将编写中断控制程序实现串口收发的功能。图 6.21 展示了 VIVADO 中的工程结构，供读者参考。

图 6.21　VIVADO 工程结构图

6.3.2　C 语言控制程序编写

在编写控制程序前，我们先复习一下必要的 C 语言基础知识。阅读下面的代码，思考以下问题：

假设 a 的地址是 0x1000，我们在 32 位的 CPU 上运行下面这段代码。

```c
typedef struct myStruct
{
    uint16_t head;
    uint32_t type;
    uint32_t data[15];
    uint8_t checksum;
} myStruct, * pmyStruct;
int main()
{
    myStruct a;
    a.head = 0x1234;
    a.type = 0xdeadbeef;
    return 0;
}
```

1）问题 1：sizeof（a）= ?

2）问题 2：假设 int b =（int）&a.type -（int）&a.head。那么 b = ?

3）问题 3：如果这个系统是低字节序的（little endian，指最低有效字节被存储在最前面的方式），按位写出存储在 0x1000 ~ 0x1008 中的内容，即：*0x1000 = ? *0x1001 = ? *0x1002 = ? ……。

4）问题 4：如果在 typedef 之前加入了"pragma pack（1）"，重新回答上述 3 个问题。此时，如果我们进行读操作，设定 b = a.type，求 b 的值。

我们可以通过 C 语言代码对 Cortex - M0 + MCU 中的寄存器进行赋值，从而实现不同的功能，其核心思想是"将某值赋予某寄存器"，因此将大量使用指针这一数据结构。Keil 和 IAR 软件将帮助我们实现这一过程。我们这里采用 IAR 进行 C 语言控制代码的编写。我们的代码，经过 IAR 软件编译后生成二进制（bin）文件。该文件将放入 MCU 的 ROM 或 RAM 中，在开机上电时经由 bootloader 加载，实现对于 MCU 的控制。

对于我们的设计而言，IAR 工程应当包含至少两个文件——主文件 main.c、系统启动文件 startup.s。对于中断处理函数 UART_IRQHandler 而言，既可以包含在 main.c 中，又可以单独拿出来作为一个独立的文件。我们这里选择后一种方案。IAR 工程结构如图 6.22 所示。

就像我们写一个最简单的 C 程序一样，主文件 main.c 主要用于提供 main 函

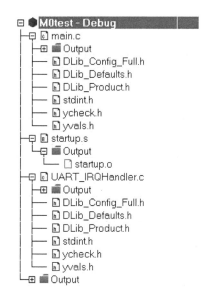

图 6.22 IAR 工程结构

数。我们希望 UART 模块完成读写功能，所以我们要在 main 函数中实现写功能，在中断服务函数中实现读功能。我们可以编写这样的 main 函数：

```
int main( void)
{
    uint32_t UART;

    int i;

    // MCU 中断使能
    *((uint32_t *) 0xE000E100) = 0x00000001;
    //查阅处理器手册，找到总中断地址，使能 0 号中断，与硬件对应

    *((uint32_t *) 0x40001000) = 0x12;
        //往 0x4000_1000 地址(也就是 UART)写数 0x12
        //这个过程相当于 MCU 通过 APB 往 UART 中写数 0x12
        //我们的 UART 一次最多输入 8 位二进制数，也就是 2 位十六进制数
delay();
    *((uint32_t *) 0x40001000) = 0x34; //MCU 通过 APB 往 UART 写数 0x34
delay();
//为了保证程序持续运行，使用一个大循环体占位
    while(1)
```

```
    {
        for(i = 0;i < 9999;i + +);
    }
    return 0;
}
```

我们相信，读者充分理解上述代码并不困难。考虑到波特率的因素，我们在两次写入数据之间，使用 delay 函数进行延迟。假设我们使用的都是十六进制数作为输入，可以使用下式计算延迟时间：

$$延迟时间\ t(\sec) = \frac{1}{波特率}(位数 \times 4 + 2)$$

上式中，数字"2"包含了一位校验位和一位起始位，延迟时间的单位是秒。经过实验，我们认为这样设计的 delay 函数是可以完成任务的：

```
void delay()
{
unsigned int i;
for(i = 0;i < 10000;i + +);
}
```

startup. s 文件是系统的启动文件，主要包括堆和栈的初始化、中断向量表的配置，以及 main 函数的引导程序。注意，对于我们的设计，我们只能在注释有 External Interrupts 的部分（即外部中断部分）进行改动，如果改动其他部分，则可能导致系统缺少必要的启动程序，无法正常启动。我们把中断服务函数 UART_IRQHandler 引用到 startup. s 最底部的 END 之前，和其他终端服务函数放在一起，并且加入第 0 号外部中断（与硬件设计对应）：

```
DCD      UART_IRQHandler                ; 0: UART_IRQHandler
```

最后，我们来设计中断服务函数，MCU 会在中断产生后自动进入我们的中断服务函数。我们不需要在 main 函数中引用它。我们在这里设计最简单的功能，在中断时，读取我们写入的数据：

```
int UART_IRQHandler(void)
{
uint32_t RXdata;
    RXdata = *((uint32_t *) 0x40001000);
    //原理与 main 函数对应部分相似,这里是 UART 读

    return 0;
}
```

在完成上述代码编写后，我们使用 IAR 软件进行编译，并将编译好的 . bin 文件

加入硬件系统的 ROM 模块中保存。这样，我们的代码就可以在系统启动时运行了。

6.4　功能仿真

6.4.1　UART 模块仿真

我们使用 VIVADO 软件进行功能的仿真与测试，下面是具体操作步骤，如图 6.23 ~ 图 6.28 所示。

（1）打开 VIVADO 软件，选择创建工程。

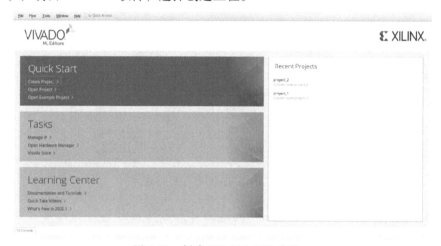

图 6.23　创建 VIVADO 工程步骤一

图 6.24　创建 VIVADO 工程步骤二

（2）单击 "Next" 按钮。

（3）输入工程名称，并选择保存路径，之后单击 "Next" 按钮。

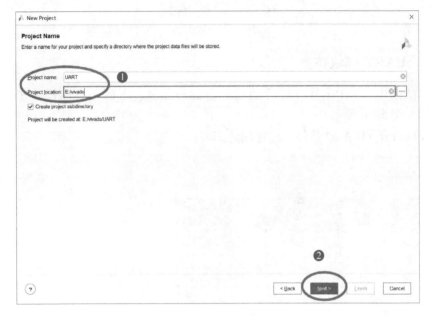

图 6.25　创建 VIVADO 工程步骤三

（4）保持默认，并单击 "Next" 按钮。

图 6.26　创建 VIVADO 工程步骤四

（5）在此面板上需要输入器件型号。对于 UART 模块来说，我们只进行仿真，因而此时任选一个器件，单击"Next"按钮。

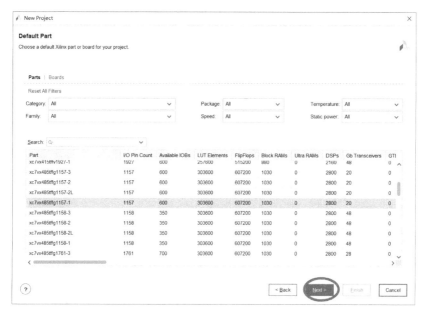

图 6.27　创建 VIVADO 工程步骤五

（6）单击"Finish"按钮。

图 6.28　创建 VIVADO 工程步骤六

（7）下面正式进入设计界面，图 6.29 所示为 VIVADO 主界面。

图 6.29　VIVADO 主界面

（8）添加源文件。VIVADO 添加源文件具体步骤如图 6.30～图 6.32 所示。

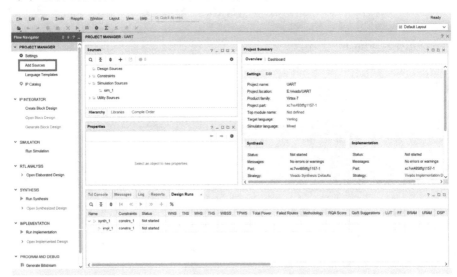

图 6.30　VIVADO 添加源文件步骤一

（9）单击添加或设计源文件，之后单击"Next"按钮。

（10）单击添加已有的源文件代码，本例中为图 6.32 中显示的 4 个模块，之后点击完成。可以看到设计文件已全部添加完毕，如图 6.33 所示。

图 6.31　VIVADO 添加源文件步骤二

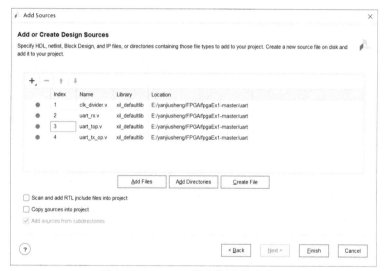

图 6.32　VIVADO 添加源文件步骤三

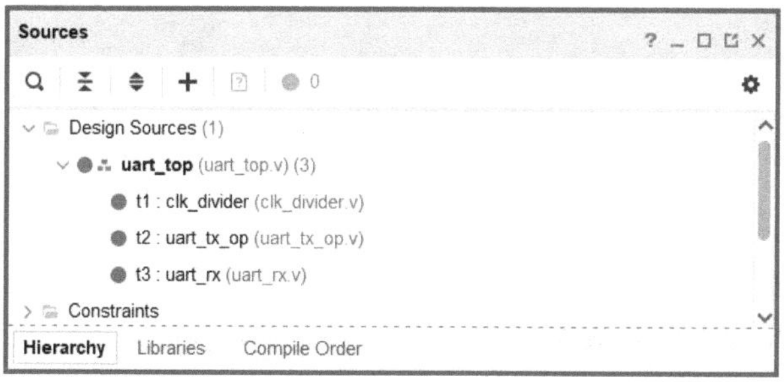

图 6.33　VIVADO 添加源文件后

（11）添加仿真源文件。VIVADO 添加仿真源文件步骤如图 6.34 和图 6.35 所示。

图 6.34　VIVADO 添加仿真源文件步骤一

图 6.35　VIVADO 添加仿真源文件步骤二

（12）选择仿真文件，之后单击"Finish"按钮，可以看到，Testbench 已经添加成功，如图 6.36 所示。

（13）下面运行仿真。VIVADO 仿真运行步骤如图 6.37 和图 6.38 所示。

（14）点击 Run All，开始仿真。

图 6.36　VIVADO 添加仿真源文件后

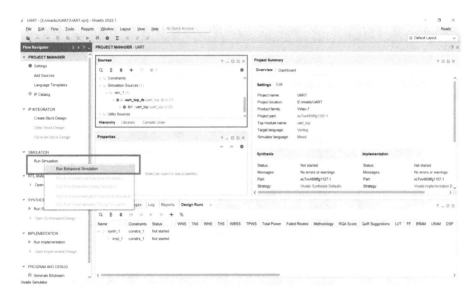

图 6.37　VIVADO 仿真运行步骤一

图 6.38　VIVADO 仿真运行步骤二

（15）在波形界面查看波形图，如图 6.39 所示。从波形图中可以看出，串行与并行模式切换正确，写入的数据被正确读出，我们的 UART 模块工作正常。

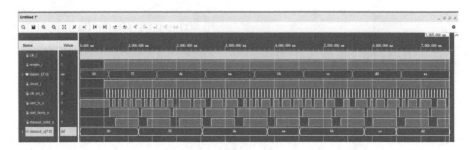

图 6.39　VIVADO 仿真运行结果

6.4.2　挂载于 APB 的 UART 模块仿真

在 UART 模块中已经详细介绍了 VIVADO 的仿真流程，同样的可以得到挂载于 APB 的 UART 模块的数据收发结果，如图 6.40 所示。Testbench 的具体写法此处不再赘述。

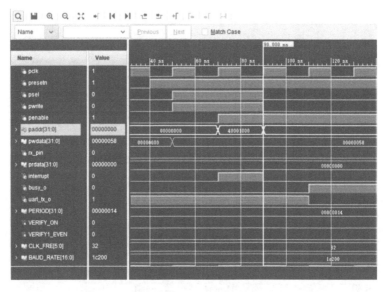

图 6.40　挂载于 APB 的 UART 信号仿真图

从图 6.40 中可以看出，以写操作为例，当且仅当 APB 选中我们设置的 UART 的设备地址 40001000 时，中断信号 interrupt 才起效，UART 才开始工作，与主设备进行通信。我们修改后的 UART 模块工作正常。

6.4.3　基于 Cortex – M0 + 的 SoC 仿真

下面我们将体验基于 FPGA 和 Cortex – M0 + MCU 的 SoC 全流程设计。我们将在 VIVADO 的帮助下完成仿真、综合、布局布线、比特流生成等重要操作。

在仿真整个系统之前,我们需要加入几个宏定义文件。具体方法是,把它们以 Design Sources 的形式加入进来,然后单击右键选择 "Global Include",完成添加,如图 6.41 所示。

还有其他需要加入的文件,我们需要在 Project Manager 的 Settings 中选择 General 下的 Verilog options,将相关模块的路径加入(不能出现中文),如图 6.42 所示。

图 6.41　添加宏定义文件

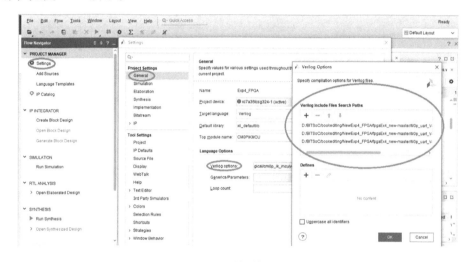

图 6.42　添加其他文件

应当添加的头文件如图 6.43 所示。

然后,加入 Cortex - M0 + 开源代码中的 Testbench,并且在 Project Manager 的 Settings 中,选择 Simulation 选项,做出如图 6.44 所示的设置。

最后,我们设置仿真时间为 5ms(建议设置较长的仿真时间),得到如图 6.45 和图 6.46 所示结果。

图 6.43　头文件添加后

图 6.44　仿真设置

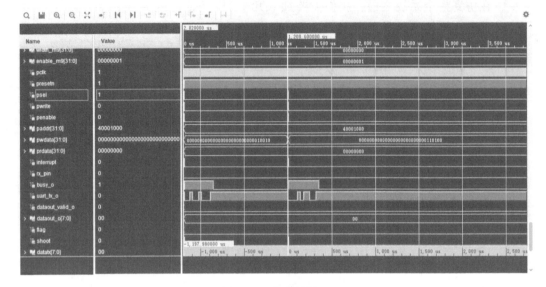

图 6.45 仿真结果一

从图 6.45 中可以看出，在系统初始化完成后，APB 很快就选中了 UART（psel = 1），然后 pwrite 信号被拉高，进行写操作（uart_tx_o 写数据，busy_o 在写过程中被拉高），同时中断信号（interrupt）被拉高，进入中断。在中断服务函数中，APB 再次选中 UART（图 6.46 中 psel 第二次被拉高），pwrite 信号被拉低，进行读操作。最后 psel 再次被拉高（图 6.45 中白线部分），进入新的写过程。由于我们使用的是 MCU 通过 APB 的方式给 UART 数据，因此外部输入 rx_pin 始终为 0，系统工作正常。

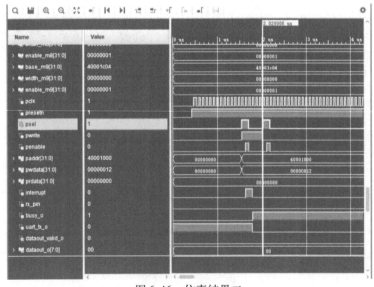

图 6.46 仿真结果二

仔细观察仿真结果，我们 UART 模块的输出信号 prdata 始终为 0。这是因为 pr-data 与外部输入 rx_pin 有关，而我们在进行 C 语言控制时，是直接对 MCU 和 UART 进行操作，因此 rx_pin 始终为 0，进而 prdata 也是 0。此外，我们的 UART 模块中没有 FIFO 等存储结构，传给 UART 的数据没有保存，距离真正的工业级应用还有不小的距离。我们鼓励读者在 UART 中加入 FIFO 等模块，让 UART 具有更强大的功能。

6.5　SoC 综合与布局布线

本节我们讲解 SoC 的综合与布局布线。需要特别说明的是 Cortex – M0 + 代码并非开源，考虑到知识产权问题，本书不提供 Cortex – M0 + 。我们建议读者通过官方渠道获取 Cortex – M0 + 正版授权。或由读者自行获取 ARM 开源发布的 Cortex – M1 MCU，作为一种可行的替代方案。基于 Cortex – M1 MCU 的 SoC 设计流程中新建工程、模块连接、仿真调试、C 代码编写等工作不再赘述。我们相信，经过 Cortex – M0 + 上的练习，读者应当能够比较顺利地把设计迁移到 Cortex – M1 上。

下面我们将进行综合、布局布线、比特流文件生成等设计流程。

（1）在左侧 Project Manager 中，选择 Add Sources 添加源文件，操作界面如图 6.47 所示。添加源文件后，还需再选择 Add or create design constraints，加入选定 FPGA 的引脚约束文件，其操作界面类似依次单击"Next""Finish"按钮，为比特流文件的生成做准备。

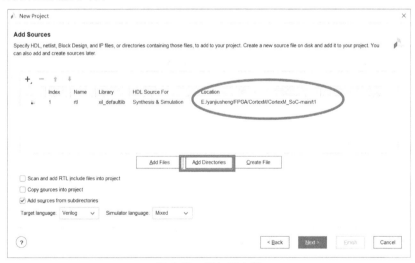

图 6.47　添加源文件

（2）在加入引脚约束文件之后，点击 VIVADO 主界面最左侧 SYNTHESIS 下的 Run synthesis 按钮，VIVADO 将执行综合流程。运行综合按钮如图 6.48 所示。

在综合流程完成后，Open Synthesized Design 按钮将变成可被单击的黑色，我们可以单击这个按钮，查看综合后的时序报告（Report Timing Summary）、调试设置（Set Up Debug）、版图（Schematic）等。我们建议读者体验一下这些按钮的功能，体会一下 VIVADO 强大的综合能力。综合报告列表如图 6.49 所示。

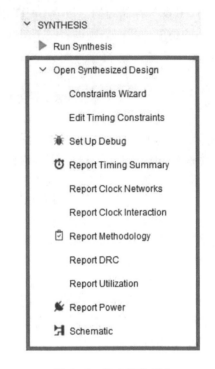

图 6.48　运行综合按钮　　　　图 6.49　综合报告列表

如果我们在综合过程中遇到了报错，或者想查看 VIVADO 给我们返回的信息，可以去页面底部的结果窗口区域找到。其中，Tcl Console 栏允许我们直接输入 Tcl 脚本，并查看运行历史记录。Message 栏将显示当前设计的信息，包括报错 Error、重要警告 Critical Warning、警告 Warning、信息 Info 等。我们应当重点关注该栏中 Error 和 Critical Warning 中的内容，因为这些会直接影响到后续的设计流程能否正常进行。尽管 Warning 不会导致综合失败，但有可能会导致设计的功能错误。对于 Warning 中的内容，我们需要做到"心中有数"，而不是简简单单忽略，因为有时候因我们的失误造成的错误，会反映在 Warning 中。Log 栏显示日志文件；Reports 栏允许我们快速访问生成的报告；Design Runs 栏负责管理当前工程的运行（Runs）。综合结果栏如图 6.50 所示。

图 6.50　综合结果栏

（3）在确认综合没有报错、警告都妥善被处理之后，我们点击 IMPLEMENTATION 下的 Run Implementation 按钮，进行布局布线工作，如图 6.51 所示。

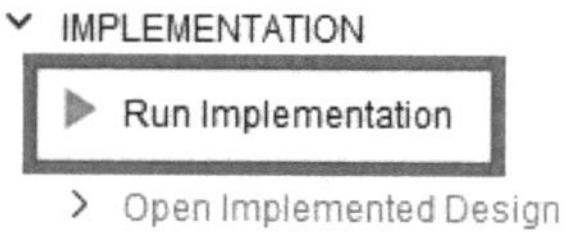

和综合相似，在布局布线工作完成后，Open Implemented Design 栏下的各个按钮都可以单击了。这

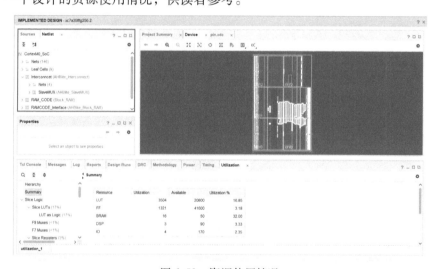

里面的按钮与综合部分相似，都是很有用的功能。比如，如果我们想查看设计到底占用了多少资源（这是衡量设计水平的重要评价指标之一），可以单击"Report Utilization"按钮进行查看；布局布线工作完成后，VIVADO 如果提示我们"Failed timing"，说明存在时序违例的情况，我们可以单击"Report Timing Summary"进行查看。我们同样可以在底部的结果窗口区域查看 VIVADO 给出的信息。图 6.52 展示了一个设计的资源使用情况，供读者参考。

图 6.51　运行实现按钮

图 6.52　资源使用情况

（4）在确认布局布线没有报错、警告都妥善被处理之后，我们单击"PROGRAM AND DEBUG"下的"Generate Bitstream"按钮，生成比特流文件，如图 6.53所示。

（5）在比特流文件生成后，如果读者手边恰好有 FPGA 开发板，可以单击"Open Hardware Manager"按钮，将比特流文件下载到开发板上，进行上板验证工作。比特流文件完成界面如图 6.54 所示。

随着比特流文件成功生成，本实验至此就全部结束了。科学的道路并不总是一帆风顺的，调试的重要性无需多言。读者在进行本实验的时候，或许会遇到各种各样的问题。我们建议使用 IAR 或者 Keil 软件自带的调试器（Debugger）进行调试，将反汇编和波形进行对照，尝试找出问题。SoC 设计并不是很容易的工作，我们衷心祝愿读者能够在实验和调试中有所收获！

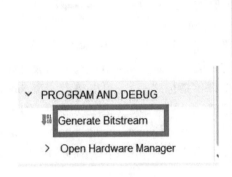

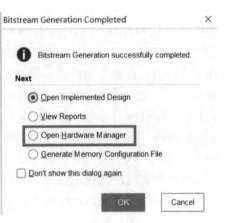

图 6.53　比特流生成按钮　　　　图 6.54　比特流文件完成界面

第7章 AES 加密模块设计

7.1 AES 算法简介

本章的主要内容是用 Verilog HDL 实现一个 AES 加密算法的硬件加速模块，并使用 Synopsys Design Compiler 进行综合生成 ASIC 网表。本章的主要目的是通过一个简单的例子让读者了解基于标准单元库的 SoC 基本设计流程。

7.1.1 AES 加密算法原理

高级加密标准（Advanced Encryption Standard，AES）是美国国家标准与技术研究院（National Institute of Standards and Technology，NIST）在 2001 年发布的，旨在代替 DES 成为广泛使用的标准，是一种常见的对称式加密算法。为了使读者更快地学会使用 AES 算法模块，接下来我们将会对 AES 及其相关背景知识做一个简单的介绍。

1. 什么是密码学

密码是一种用来混淆的技术，使用者系统将正常的（可识别的）信息转变为无法识别的信息。这种无法识别的信息可以通过再加工进行恢复和破解。密码学则是一种研究密码编制和破译技术的科学。密码学具有编码学和破译学两类分支。编码学通过研究密码变化的客观规律，编制密码以保守通信秘密；破译学则通过研究密码变化客观规律，破译密码以获取通信情报。无论是编码学还是破译学，都需要通过研究密码的变化规律以实现各自的目的，因此不同标准的加密解密算法应运而生。

2. 加密算法

目前加密算法种类繁多，在本章中我们只简单介绍对称加密与非对称加密算法。对称加密算法是应用较早的加密算法，又称为共享密钥机密算法。在对称加密算法中，使用的密钥只有一个，发送方与接收方都使用相同的密钥对数据进行加密与解密。其流程如图 7.1 所示。在数据加密过程中，数据发送方将明文（原始数据）和加密密钥一起经过特殊加密处理生成复杂的加密密文进行发送；在数据解密过程中，数据接收方接收密文后若想读取原始数据则需要将加密过程使用的密钥及相同的算法的逆算法对加密的密文进行解密，才能使其恢复成可读明文。

非对称加密算法又称公开加密算法，在非对称加密过程中需要两个密钥。一个称为公开密钥（简称公钥）；另一个称为私有密钥（简称私钥）。由于加密与解密

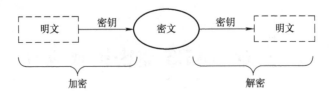

图 7.1   对称加密算法流程

过程使用的密钥不同，因此这种加密方式被称为非对称加密算法，其加密解密流程如图 7.2 所示。在使用非对称加密算法时，若使用公钥对数据进行加密，则只有对应的私钥才能进行密文的解密；若使用私钥对数据进行加密，则只有对应的公钥才能进行密文的解密。

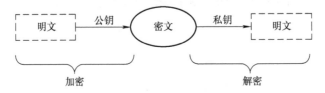

图 7.2   非对称加密算法流程

AES 算法是一种对称的加密算法，该加密算法采用对称分组密码体制，密钥长度的最少支持为 128 位、192 位、256 位，并且密钥长度不同，加密轮数也不同。分组密码有五种工作体制：电码本模式（Electronic Codebook Book，ECB）、密码分组链接模式（Cipher Block Chaining，CBC）、计算器模式（Counter，CTR）、密码反馈模式（Cipher Feedback，CFB）和输出反馈模式（Output Feedback，OFB）。在本章中只介绍最易于实现的 ECB 模式，接下来我们将以 128 位密钥为例对 AES 加密算法基本过程进行介绍。

首先我们对 AES 算法中的处理对象做一个简单规定，规定 128 位的输入明文 P，128 位的密钥 k。明文将以字节为单位进行处理，输入明文和输入密钥都将被分为 16 个字节进行处理，例如明文分组如下所示：

$$P = \text{abcdefkhijklmnop}$$

其中 a 将对应明文矩阵中的位置 P0，e 将对应明文矩阵中的 P4。然后以字节为单位将明文矩阵转化为状态矩阵。对 128 位明文进行加密时，会通过执行 10 轮轮函数生成密文，前 9 轮操作一致，最后一轮则有所不同。AES 加密算法流程如图 7.3 所示。

同样地，对于 128 位密钥也需要将其划分为 16 字节，矩阵的每一列被称为 1 个 32 位比特字。通过密钥编排函数该密钥矩阵被拓展成为 44 个字组成的序列，包含前 4 位的初始密钥和后 40 位的 10 轮加密过程中的轮密钥。密钥拓展如图 7.4 所示。

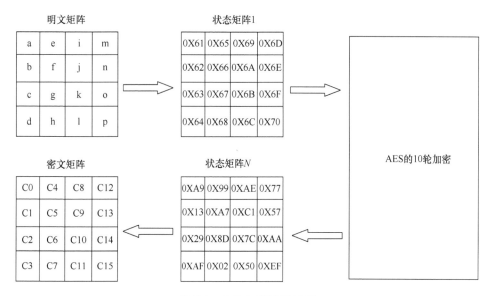

图 7.3　AES 加密算法流程

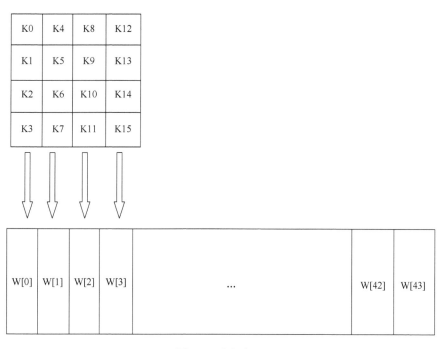

图 7.4　密钥拓展

最终 AES 算法的整体流程如图 7.5 所示，其中各轮轮密相加所需的 W 即为图 7.4 表示的密钥拓展的结果。

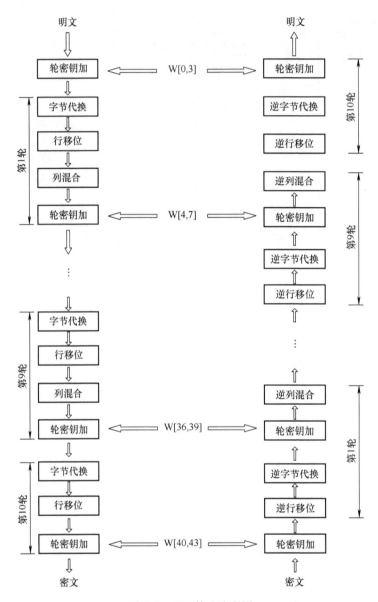

图 7.5　AES 算法流程图

7.1.2　AES 加密模块算法实现

通过前文，我们了解到 AES 算法中加密过程主要分为字节替换、行移位、列混合和密钥拓展；解密过程则为对应过程的逆操作。接下来将对每个步骤进行详细介绍。

1. 字节替换

AES 算法中的字节替换的实质就是查表映射。如图 7.6 所示，状态矩阵中的元素通过特定的映射规则完成字节映射，例如将该字节高四位作为行值，低四位作为列值，取出 S 盒或逆 S 盒中的对应行列位置处的值作为输出即完成字节替换。

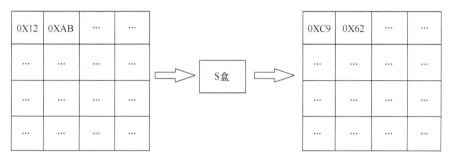

图 7.6　字节替换

2. 行移位

行移位是通过简单的左循环移位操作实现了矩阵内部字节的置换的操作。逆变换则是对应每一步的左移操作进行相应的右移操作。行移位如图 7.7 所示。

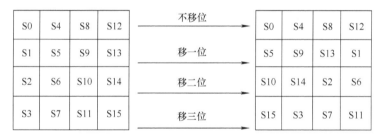

图 7.7　行移位

3. 列混合

列混合是通过矩阵相乘实现矩阵内部变换的操作。如式（7.1）所示，经过行移位操作的矩阵与特定的矩阵相乘即可得到混合后的状态矩阵。

$$
\begin{bmatrix} S'_{00} & S'_{01} & S'_{02} & S'_{03} \\ S'_{10} & S'_{11} & S'_{12} & S'_{13} \\ S'_{20} & S'_{21} & S'_{22} & S'_{23} \\ S'_{30} & S'_{31} & S'_{32} & S'_{33} \end{bmatrix} = \begin{bmatrix} 02 & 03 & 01 & 01 \\ 01 & 02 & 03 & 01 \\ 01 & 01 & 02 & 03 \\ 03 & 01 & 07 & 02 \end{bmatrix} \begin{bmatrix} S_{00} & S_{01} & S_{00} & S_{03} \\ S_{10} & S_{11} & S_{12} & S_{13} \\ S_{20} & S_{21} & S_{22} & S_{23} \\ S_{30} & S_{31} & S_{32} & S_{33} \end{bmatrix} \tag{7.1}
$$

列混合操作的逆过程则是通过乘以该特定矩阵的逆矩阵即可。列混合的过程如图 7.8 所示。

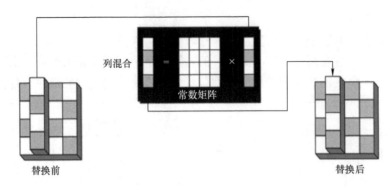

图 7.8　列混合

4. 密钥拓展

密钥拓展是 AES 加密算法的核心，其复杂性直接决定了算法的安全性。当分组长度与密钥长度均为 128 位时，需要将密钥拓展为 11 个 128 位的子密钥。这 11 个子密钥包含 1 个初始密钥和 10 个拓展密钥。每个密钥 k_i 由 4 个 32 位的比特字 $W[4i]$、$W[4i+1]$、$W[4i+2]$、$W[4i+3]$ 组成。密钥拓展的过程如图 7.9 所示，首先需要将密钥矩阵按列划分为四位 $W[0]$、$W[1]$、$W[2]$、$W[3]$。

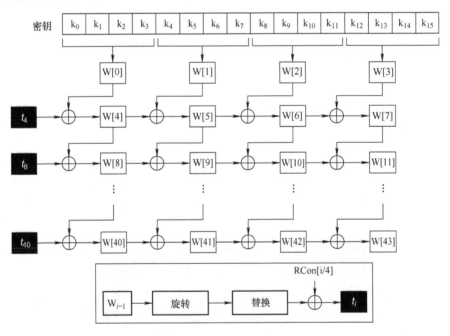

图 7.9　密钥拓展流程图

新的拓展密钥则通过式（7.2）计算：

$$W[i] = \begin{cases} W[i-4] \oplus W[i-1] & i = 4n \\ W[i-4] \oplus T(W[i-1]) & i \neq 4n \end{cases} \quad n = 0,1,\cdots,11 \quad (7.2)$$

其中函数 T 为复杂函数，由字循环、字节代换和轮常量异或三部分组成。其中字循环就是将一个字中的四个字节循环左移一位；字节代换就是对字循环的结果进行 S 盒替换；轮常量异或则是对前两个步骤中的结果与常量进行异或运算。

5. 轮密钥加

轮密钥加过程就是将状态矩阵与子密钥进行逐轮异或运算的过程。其过程如图 7.10所示。前文中的字节替换、行移位、列混合计算过程并没有给加密过程提供安全性，但是通过前三轮操作与轮密钥加中的多次异或运算交替加密的过程，AES 算法变得非常有效且安全。并且，轮密钥加的逆过程与正向过程完全一致。

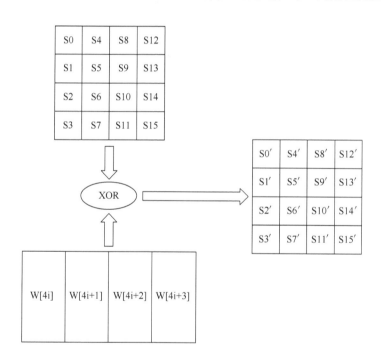

图 7.10　轮密钥加流程图

6. AES 解密过程

通过上述加密过程进行逆向运算即可得到解密过程，解密过程如图 7.11 所示。

以上是对 AES 加密算法原理的简单介绍，现在我们可以利用这些知识开始设计 AES 加密算法的硬件加速模块。

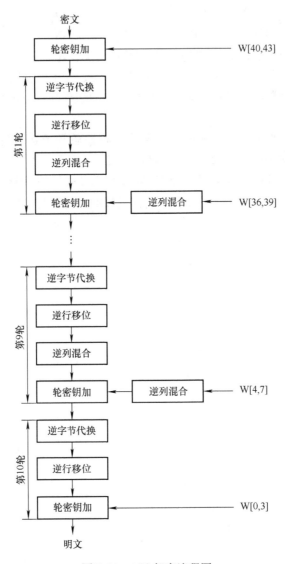

图 7. 11　AES 解密流程图

7. 2　AES 算法硬件加速模块设计

接下来我们要开始用 Verilog HDL 设计一个 AES 算法硬件加密模块，出于实现难度的考虑，该模块能够加密的明文和密钥的长度为 128 位，采用 ECB 方式实现。

7. 2. 1　整体接口设计

在设计一个模块之前，我们首先要根据它的功能设计它的接口，包括时钟接口、复位接口、指令接口和数据接口等，这些接口决定了该模块的工作方式和与外界的通信方式。首先是时钟接口，对于较为复杂的设计，可能会需要多个时钟接口，在本模块中只需要一个时钟接口，模块中的所有子模块都由这一个时钟控制。然后是复位接口的设计，在数字电路设计中，复位设计的方法有同步复位、异步复位和异步复位同步释放等方法，本模块采用低有效的异步复位设计，采用异步复位的主要优点是该方法使用的逻辑资源更少，而且该复位方法不依赖于时钟。对于数据接口，我们对于输入和输出都使用 8 位的接口。由于我们设计的模块中明文和密钥的长度都是 128 位，所以它们分别最少需要 16 个周期才能读入。整体模块的接口描述见表 7.1。

表 7.1　整体模块的接口描述

接口	宽度	方向	描述
CLK	1	输入	时钟信号
RST_	1	输入	复位信号，低有效
DIN	8	输入	数据输入，在时钟上升沿进行采样，明文和密钥都通过该接口进入，从低位到高位输入
CMD	2	输入	指令输入，控制模块读取明文、密钥，开始加密，密文输出
DOUT	8	输出	数据输出，在时钟上升沿进行采样，从低位到高位输出
READY	1	输出	模块就绪的标志位，该位为 1 时模块可以接收数据输入
OK	1	输出	输出数据有效的标志位，该位为 1 时模块的密文输出是有效的

7.2.2　顶层模块设计

完成了接口设计后，我们开始进行硬件加速模块中的子模块结构设计。根据该模块的功能，我们设想模块的工作流程大体为：输入明文→输入密钥→进行加密运算→输出密文。整体流程如图 7.12 所示。

根据模块的工作流程，我们把模块划分成三个部分，分别由三个子模块来实现。我们把三个模块命名为输入模块、加密核模块和输出模块。输入模块负责接收外部传入的数据（包括明文和密钥），并将数据传输到加密核模块中。加密核模块负责利用接收到的明文和密钥进行 10 轮加密运算，并将结果发送到输出模块。输出模块负责接收加密核发送的密文，并将密文发送到下一级。接下来我们将分别设计三个子模块。顶层模块下的子模块结构如图 7.13 所示。

图 7.12　整体流程

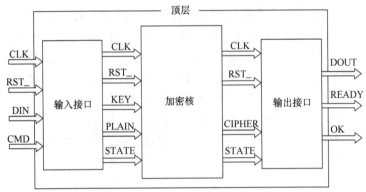

图 7.13 顶层模块下的子模块结构

在顶层模块中，需要分别例化三个子模块，并将子模块的输入输出信号连接起来。例化与连接代码如下所示。

该模块为例化的输入模块。

```
aes_ides u_ides(
    . clk( clk) ,
    . rst_n( rst_n) ,
    . din( din) ,
    . cmd( cmd) ,
    . ready( ready) ,
    . aes_key( aes_key_in) ,
    . aes_dat( aes_dat_in) ,
    . aes_start( aes_conv_start) ,
    . aes_done( aes_conv_done)
);
```

该模块为例化的加密核模块。

```
aes_core u_core(
    . clk( clk) ,
    . rst_n( rst_n) ,
    . aes_key( aes_key_in) ,
    . aes_dat( aes_dat_in) ,
    . aes_start( aes_conv_start) ,
    . aes_done( aes_conv_done) ,
    . aes_encdat( aes_dat_out) ,
    . aes_encvld( aes_enc_vld) ,
    . aes_encrdy( aes_enc_rdy)
);
```

该模块为例化的输出模块。

```
aes_oser u_oser(
    .clk(clk),
    .rst_n(rst_n),
    .dout(dout),
    .ok(ok),
    .aes_encdat(aes_dat_out),
    .aes_encvld(aes_enc_vld),
    .aes_encrdy(aes_enc_rdy)
);
```

7.2.3　输入模块接口设计

在设计输入模块时，同样先设计模块的接口。子模块的时钟信号和复位信号与整体模块一致。数据输入接口为 8 位，指令接口为 2 位，与 TOP 模块一致。接口中还包括两个 128 位的明文和密钥输出接口，这两个接口与加密核模块相连。输入模块的接口描述见表 7.2。

表 7.2　输入模块的接口描述

接口	宽度	方向	描述
CLK	1	input	时钟信号
RST_N	1	input	复位信号，低有效
DIN	8	input	数据输入。在时钟上升沿进行采样，明文和密钥都通过该接口进入，从低位到高位输入
CMD	2	input	指令输入。控制模块读取明文、密钥，开始加密，密文输出
READY	1	output	模块就绪的标志位。该位为 1 时模块可以接受数据输入
AES_KEY	128	output	AES 加密的密钥，输出到加密核模块
AES_DAT	128	output	AES 加密的明文，输出到加密核模块
AES_START	1	output	AES 加密计算开始的标志位。用于控制加密核模块
AES_DONE	1	input	AES 加密计算完成的标志位。由加密核模块输入

7.2.4　输入模块状态机设计

由于输入模块实现的功能较为简单，所以不需要把它拆分成更多子模块，下面直接进行该模块状态机的设计。输入模块的状态机设计需要根据它接收到的指令来进行，当完成一项工作或接收到新指令时进行状态跳转。根据模块的功能，我们设计出 3 条指令。状态机指令描述见表 7.3。

表 7.3 状态机指令描述

指令	编码	描述
CMD_ST	2'h1	命令模块开始进行 AES 加密运算
CMD_SK	2'h2	命令模块开始接收外部发送的密钥
CMD_SP	2'h3	命令模块开始接收外部发送的明文

根据以上指令，我们可以设计出输入模块的状态跳转逻辑。当模块复位后，输入模块一开始处于空闲状态，当收到 CMD_SP 指令后，模块跳转到接收明文状态，开始接收明文，在每个时钟上升沿接收 8 位数据，当接收到的数据满 128 位后，模块回到空闲状态；同样地，当模块收到 CMD_SK 指令后，模块跳转到接收密钥状态，开始接收密钥，在每个时钟上升沿接收 8 位数据，当接收到的数据满 128 位后，模块回到空闲状态。当明文和密钥都已经接收完成后，在接收到 CMD_ST 指令后，模块进入加密状态，在此状态中模块会控制加密核模块开始加密计算。输入模块状态跳转图如图 7.14 所示。

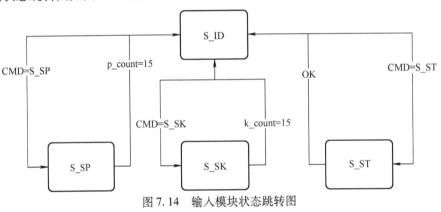

图 7.14 输入模块状态跳转图

状态跳转逻辑代码设计如下。

```
case(curr_state)
    // 在 CMD_SK CMD_SP 完成数据相加 在 state = 1 完成状态跳转
    CMD_ID: begin
        curr_state <= cmd;
        aes_start_r <= (cmd == CMD_ST);
        if (cmd == CMD_SK || cmd == CMD_SP)
            word_counter <= word_counter + 1'b1;
    end
    CMD_ST: begin
        aes_start_r <= 1'b0;
        if (aes_done) begin
```

```
                        curr_state < = CMD_ID;
                    end
            end
        CMD_SK: begin
            word_counter < = word_counter + 1'b1;
            if (word_counter = = 4'd15) begin
                curr_state < = CMD_ID;
            end
        end
        CMD_SP: begin
            word_counter < = word_counter + 1'b1;
            if (word_counter = = 4'd15) begin
                curr_state < = CMD_ID;
            end
        end
        PRECMD: begin
            curr_state < = CMD_ID;
        end
        endcase
    end
end
```

因为输入模块的状态跳转逻辑比较简单，所以我们选择使用一段式状态机的写法实现这个状态机，读者可以尝试把代码改为三段式状态机的写法。在 RTL 代码设计中，有几个寄存器比较关键，在编写关于它们的代码时需要注意。

第一个寄存器是接收数据的计数器 counter，该寄存器的作用是记录当前已接收到的明文/密钥的字节数，在根据这个寄存器的值判断是否已经接收全部 128 位数据时，要注意判断标准是该寄存器是否等于 15 而不是 16，因为在接收最后 8 位数据时，就需要开始状态跳转的操作，如果等该寄存器为 16 再开始状态跳转，则会浪费一个时钟周期，且会收到 8 位无效的信息。另外在设计该寄存器时要设计成 4 位，这样不需要额外设计逻辑将该寄存器清零。

另外两个需要注意的寄存器是 128 位的存储明文/密钥的寄存器，在编写向寄存器中输入数据的代码时，要通过移位寄存器的方式实现功能，具体方法为每次赋值时将寄存器的高 120 位和 8 位数据输入拼接在一起赋给该寄存器，这样就实现了给寄存器赋值的操作。初学者常犯的错误是在不同的周期把数据输入的值赋给寄存器的不同位，将 counter 作为寄存器的索引来实现，但是这样的代码是不可综合的。

数据赋值代码设计如下：

```
// AES Data SR
reg [127:0] aes_key_r;
reg [127:0] aes_dat_r;
// 在这里完成数据存储 16×8，每次输入 8 位，存 16 次数，存成 128 位数据
always @ (posedge clk) begin
    if (curr_state = = CMD_SK || (curr_state = = CMD_ID && cmd = = CMD_SK)) begin
        aes_key_r < = {din, aes_key_r[127:8]};
    end
end

always @ (posedge clk) begin
    if (curr_state = = CMD_SP || (curr_state = = CMD_ID && cmd = = CMD_
SP)) begin
        aes_dat_r < = {din, aes_dat_r[127:8]};
    end
end
```

7.2.5　加密核模块接口设计

在设计加密核模块时，需要首先设计模块的接口。子模块的时钟信号和复位信号与整体模块一致。明文数据输入接口为 128 位，AES 密钥接口同样为 128 位。该模块输出 128 位的加密数据，以及 1 位加密完成信号和 1 位加密有效信号。主要接口在表 7.4 中介绍。

表 7.4　加密核模块的接口描述

接口	宽度	方向	描述
clk	1	input	时钟信号
rst_n	1	input	复位信号，低有效
aes_key	128	input	密钥输入，在时钟上升沿进行采样
aes_dat	128	input	明文输入，在时钟上升沿进行采样
aes_encrdy	1	input	输出模块是否能够接收密文的标志位，该位为 1 时输出模块可以接收加密完成的密文输入
aes_start	1	input	加密核模块可以开始加密的标志位，该位为 1 时加密核模块可以开始加密计算
aes_done	1	output	加密核模块加密完成的标志位，该位为 1 时表示加密核模块加密完成
aes_encdat	128	output	加密完成后的密文
aes_encvld	1	output	加密核模块输出密文有效的标志位，该位为 1 时表示输出密文有效

7.2.6　加密核模块

加密核模块主要完成核心加密工作。加密核模块通过例化 4 个子模块来实现 AES 加密的 4 种操作,即"字节替换""行移位""列混合"和"轮密钥加"。此外,密钥拓展也包含在加密引擎中。AES 加密流程是由多轮加密组成的,每一轮都包含上述的 4 种操作。AES 加密的迭代轮数由密钥的长度决定,16 字节的密钥对应着 10 轮加密操作,24 字节的密钥对应着 12 轮加密操作,32 字节的密钥对应着 14 轮加密操作。密钥长度与加密轮数对应关系见表 7.5。

表 7.5　密钥长度与加密轮数对应关系

密钥长度/字节	16	24	32
加密轮数	10	12	14
扩展后密钥长度	176	208	240

在开始加密轮之前,需要进行一次轮密钥加,这一步被称为第 0 轮。输入加密轮数和每一轮的当前文本和密钥,即可得到下一轮的文本和密钥。轮数自增后可以作为下一轮加密的输入。值得注意的是,第 0 轮是特殊的,它不使用加密核进行加密,而是直接对输入文本和初始密钥进行操作。图 7.15 展示了加密核模块的工作流程。

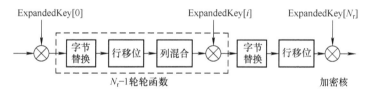

图 7.15　加密核模块工作流程

首先,输入的明文与上一轮扩展得到的密钥相加。随后依次进行字节替换、行移位、列混合和轮密钥加的操作。上述的流程完成后将依次进行 9 轮相同的操作流程。特别地,第 10 轮只进行字节替换和行移位操作,最后与最后一轮的扩展密钥进行相加,即可得到最终的加密输出。

根据 AES 加密算法的计算流程,我们可以初步设计出硬件实现这一算法的基本结构:字节替换、行移位、列混合和轮密钥加这四个步骤可以分别被设计成四个子模块,在不追求很高的时钟频率的前提下,可以将这四个模块都设计成纯组合逻辑,每个模块只有一个输入和一个输出。因为每一轮的计算步骤是将状态矩阵依次进行这四个步骤,所以可以把这四个模块首尾相连,上一级的输出作为下一级的输入,这样就构成了加密运算中的主要组合逻辑。同样地,密钥拓展模块也可以被设计成纯组合逻辑,为每一轮加密运算中的轮密钥加提供拓展后的密钥。

通过上述分析，整个加密核可以被设计成两个主要模块，密钥产生模块和轮变换模块。密钥产生模块主要负责产生本轮需要相加的密钥，轮变换模块主要进行 AES 加密的四种基本操作。密钥首先需要经过密钥产生模块，随后密钥产生模块输出的轮密钥与输入的明文数据一起进入轮变换模块进行计算。加密核基本结构如图 7.16 所示。

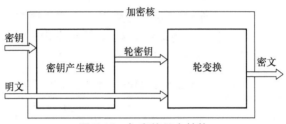

图 7.16　加密核基本结构

将字节替换、行移位、列混合、轮密钥加，以及密钥产生分别设计成单独的子模块，并在加密核模块中将其按加密流程的顺序连接。例化以及连接代码如下所示。

该模块为例化的字节替换模块。

```
aes_sbox u_srd(
    . Din( past_mix),
    . Qout( past_srd)
);
```

该模块为例化的行移位模块。

```
aes_shift_rows u_srow(
    . din( past_srd),
    . qout( past_srow)
);
```

该模块为例化的列混合模块。

```
aes_mix_column u_mixcol(
    . din( past_srow),
    . qout( past_mixcol)
);
```

该模块为例化的密钥拓展模块。

```
aes_convkey u_key(
    . aes_ckey( aes_key_used),
    . aes_rc_in( aes_curr_rc),
    . aes_nkey( aes_next_key),
    . aes_rc_out( aes_next_rc)
);;
```

1. 字节替换模块

在该模块中，Sbox 通过 case 语句对应输入。执行替换操作。它实现了一个字节与另一个字节一一对应的替换功能。为方便编程，本模块实例化了 16 个 Sbox，可以一次替代 16 个字节。字节替换查找表见表 7.6。

表 7.6　字节替换查找表

低字节 高字节	0	1	2	3	4	5	6	7	8	9	A	B	C	D	E	F
0	63	7C	77	7B	F2	6B	6F	C5	30	1	67	2B	FE	D7	AB	76
1	CA	82	C9	7D	FA	59	47	F0	AD	D4	A2	AF	9C	A4	72	C0
2	B7	FD	93	26	36	3F	F7	CC	34	A5	E5	F1	71	D8	31	15
3	4	C7	23	C3	18	96	5	9A	7	12	80	E2	EB	27	B2	75
4	9	83	2C	1A	1B	6E	5A	A0	52	3B	D6	B3	29	E3	2F	84
5	53	D1	0	ED	20	FC	B1	5B	6A	CB	BE	39	4A	4C	58	CF
6	D0	EF	AA	FB	43	4D	33	85	45	F9	2	7F	50	3C	9F	A8
7	51	A3	40	8F	92	9D	38	F5	BC	B6	DA	21	10	FF	F3	D2
8	CD	C7	13	EC	5F	97	44	17	C4	A7	7E	3D	64	5D	19	73
9	60	81	4F	DC	22	2A	90	88	46	EE	B8	14	DE	5E	B	DB
A	E0	32	3A	A	49	6	24	5C	C2	D3	AC	62	91	95	E4	79
B	E7	C8	37	6D	8D	D5	4E	A9	6C	56	F4	EA	65	7A	AE	8
C	BA	78	25	2E	1C	A6	B4	C6	E8	DD	74	1F	4B	BD	8B	8A
D	70	3E	B5	66	48	3	F6	E	61	35	57	B9	86	C1	1D	9E
E	E1	F8	98	11	69	D9	8E	94	9B	1E	87	E9	CE	55	28	DF
F	8C	A1	89	D	BF	E6	42	68	41	99	2D	F	B0	54	BB	16

表 7.6 为单个 Sbox 的查找表，本模块使用了 case 语句实现该查找表并以此完成字节替换，case 语句对应的数字电路由多路选择器实现。在数字电路设计中，这种有很多路的选择器一般由多级 4 选 1 多路选择器或其他基本的多路选择器组合实现。以 FPGA 为例，FPGA 中的一个 LUT6 可以作为一个 4 选 1 多路选择器使用，LUT6 的 6 位输入端口中的 4 位作为数据输入信号，2 位作为数据选择信号，而如果想生成一个 16 选 1 的多路选择器，则需要 2 级 4 选 1 多路选择器级联形成，结构如图 7.17 所示。

对于字节替换的算法，我们有 256 种情况，所以我们需要 4 级 4 选 1 多路选择器，在 FPGA 中生成这样的电路需要约 85（1 + 4 + 16 + 64 = 85）个 LUT6。这样生成的电路中的信号要经过 4 个 LUT6 的延时。

2. 行移位模块

在行移位模块中，通过将最后三行循环移位不同的偏移量来处理。在这个模块中，16 字节的 4×4 矩阵会经过移位行的过程，也就是把每个字节放到新矩阵中的不同位置。行移位模块设计如下。

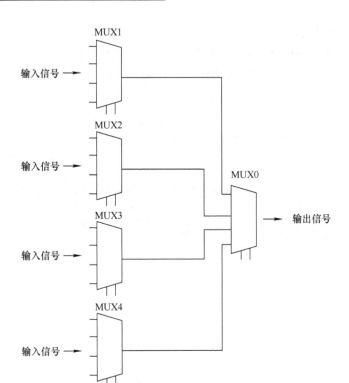

图 7.17　4 选 1 多路选择器级联

```
assign sr = {      sb[127:120], sb[ 87: 80], sb[ 47: 40], sb[7:0],
                   sb[ 95: 88], sb[ 55: 48], sb[ 15:  8], sb[103: 96],
                   sb[ 63: 56], sb[ 23: 16], sb[111:104], sb[ 71: 64],
                   sb[ 31: 24], sb[119:112], sb[ 79: 72], sb[ 39: 32]};
```

3. 列混合模块

在本模块中，列混合是通过矩阵乘法实现的：新状态矩阵 = 列混合矩阵 × 原状态矩阵。这里说的乘法和加法都是基于 GF（2^8）的二元运算。列混合模块设计如下。

```
assign y = {a2[7] ^ b1[7] ^ b3[6],
            a2[6] ^ b1[6] ^ b3[5],
            a2[5] ^ b1[5] ^ b3[4],
            a2[4] ^ b1[4] ^ b3[3] ^ b3[7],
            a2[3] ^ b1[3] ^ b3[2] ^ b3[7],
            a2[2] ^ b1[2] ^ b3[1],
            a2[1] ^ b1[1] ^ b3[0] ^ b3[7],
```

```
                        a2[0] ^ b1[0] ^ b3[7],
                        a3[7] ^ b1[7] ^ b2[6],
                        a3[6] ^ b1[6] ^ b2[5],
                        a3[5] ^ b1[5] ^ b2[4],
                        a3[4] ^ b1[4] ^ b2[3] ^ b2[7],
                        a3[3] ^ b1[3] ^ b2[2] ^ b2[7],
                        a3[2] ^ b1[2] ^ b2[1],
                        a3[1] ^ b1[1] ^ b2[0] ^ b2[7],
                        a3[0] ^ b1[0] ^ b2[7],
                        a0[7] ^ b3[7] ^ b1[6],
                        a0[6] ^ b3[6] ^ b1[5],
                        a0[5] ^ b3[5] ^ b1[4],
                        a0[4] ^ b3[4] ^ b1[3] ^ b1[7],
                        a0[3] ^ b3[3] ^ b1[2] ^ b1[7],
                        a0[2] ^ b3[2] ^ b1[1],
                        a0[1] ^ b3[1] ^ b1[0] ^ b1[7],
                        a0[0] ^ b3[0] ^ b1[7],
                        a1[7] ^ b3[7] ^ b0[6],
                        a1[6] ^ b3[6] ^ b0[5],
                        a1[5] ^ b3[5] ^ b0[4],
                        a1[4] ^ b3[4] ^ b0[3] ^ b0[7],
                        a1[3] ^ b3[3] ^ b0[2] ^ b0[7],
                        a1[2] ^ b3[2] ^ b0[1],
                        a1[1] ^ b3[1] ^ b0[0] ^ b0[7],
                        a1[0] ^ b3[0] ^ b0[7]};
```

4. 轮密钥加

轮密钥加的计算步骤只是密钥和的异或运算，所以在加密核中并没有单独被设计成一个模块。另外，判断本轮是否为第 10 轮，也包含在这一句中。同时，需要判断当前是否是加密的最后一轮，这将影响到与本轮的拓展密钥相加的结果。若是前 9 轮，则轮密钥的输出为列混合模块；若是第 10 轮（最后一轮），则轮密钥的输出为移位模块。判断的代码如下所示。

```
assign round_out = (aes_core_step = = AES_LASTSTEP) ? past_srow : past_mixcol;
```

5. 密钥拓展

在加密核模块中，添加轮密钥后，进行密钥拓展操作，为每一轮产生新的密钥。其中 ki 为上一轮密钥，ko 为产生的下一轮的密钥。密钥拓展模块设计如下。

```
function [7:0] rcon;
input [9:0] x;
    casex (x)
```

```
        10 ' bxxxxxxxx1 : rcon = 8 ' h01 ;
        10 ' bxxxxxxxx1x : rcon = 8 ' h02 ;
        10 ' bxxxxxxx1xx : rcon = 8 ' h04 ;
        10 ' bxxxxxx1xxx : rcon = 8 ' h08 ;
        10 ' bxxxxx1xxxx : rcon = 8 ' h10 ;
        10 ' bxxxx1xxxxx : rcon = 8 ' h20 ;
        10 ' bxxx1xxxxxx : rcon = 8 ' h40 ;
        10 ' bxx1xxxxxxx : rcon = 8 ' h80 ;
        10 ' bx1xxxxxxxx : rcon = 8 ' h1b ;
        10 ' b1xxxxxxxxx : rcon = 8 ' h36 ;
      endcase
    endfunction

    SubBytes SBK ( {ki[23:16], ki[15:8], ki[7:0], ki[31:24]}, so) ;

    assign ko[127:96] = ki[127:96] ^ {so[31:24] ^ rcon( Rrg) , so[23: 0]} ;
    assign ko[ 95:64] = ki[ 95:64] ^ ko[127:96] ;
    assign ko[ 63:32] = ki[ 63:32] ^ ko[ 95:64] ;
    assign ko[ 31: 0] = ki[ 31: 0] ^ ko[ 63:32] ;
  endmodule
```

　　在设计好各种加密运算中的子模块后，下一步设计流程是如何把这些组合逻辑放置在合适的时序逻辑中让它们高效运行。对于这种需要多次使用同一段组合逻辑的电路，我们一般的设计思路是让同一段组合逻辑运行多次，经过多个时钟周期后产生最后的输出，具体到电路中的结构就是将一个寄存器作为组合逻辑的输入，在每个时钟上升沿将该轮的输入放入寄存器，经过组合逻辑的运算得到输出，再将这个输出作为下一轮的输入赋值给该寄存器，这样重复多次后就可以得到最终的结果。对于我们的 AES－128 加密来说，就是将四个子模块作为组合逻辑，将状态矩阵作为输入处的寄存器，每个时钟上升沿将加密逻辑的输出赋值给状态矩阵寄存器，经过 10 个时钟周期就可以得到最终的结果。这样设计的优点主要有两个：

　　1）节约电路面积。这种设计方法只需要在实际的电路中设计一块主要的组合逻辑，重复利用这段电路就可以得到最终结果。

　　2）提高时钟频率。这种设计方法产生的电路在每个时钟周期只需要经过一段组合逻辑，这样产生的延时不会过高。

　　另一种设计这段逻辑的思路是生成多段重复的组合逻辑，并把它们首尾相连，这样把最初的输入放在组合逻辑的入口后就马上可以得到最终的结果，如图 7.18 所示。但是这样设计会耗费很大的电路面积，而且会产生很长的延时，因为这样设计会导致两级寄存器之间的组合逻辑链很长，又必须在一个时钟周期内完成全部的运算，就会限制系统的时钟频率。这种方法的优点是只需要一个周期就可以获得最终结果，但是由于以上问题，一般情况下不采用这种设计方式。

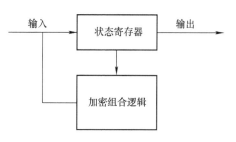

图 7.18　重复的组合逻辑

7.2.7　输出模块接口设计

在设计输出模块时，同样先设计模块的接口。子模块的时钟信号和复位信号与整体模块一致。数据输出接口为 8 位，与 Top 模块一致，数据输入接口为 128 位，与加密核模块的密文输出一致。接口中还包括两个标志位信号用来表示当前加密密文的状态。其他负责控制的接口在表 7.7 中介绍。

表 7.7　输出模块的接口描述

接口	宽度	方向	描述
clk	1	input	时钟信号
rst_n	1	input	复位信号，低有效
aes_encdat	128	input	密文数据输入，在时钟上升沿进行采样，与加密核模块的密文数据输出接口相连
aes_encvld	1	input	加密核模块输出密文有效的标志位，该位为 1 时表示输出密文有效
dout	8	output	AES 密文数据输出，与顶层模块相连
ok	1	output	输出数据有效的标志位，该位为 1 时模块的密文输出是有效的。该标志位将在有效密文数据输出的整个过程中保持为高
aes_encrdy	1	output	输出模块是否能够接收密文的标志位，该位为 1 时输出模块可以接受加密完成的密文输入

7.2.8　输出模块设计

输出结构主要是将 128 位的密文每次分成 8 位，根据加密核模块的输入信号"aes_encvld"来控制数据输出工作的开始，同时控制了"OK"信号的输出。"OK"信号为高时表示当前的数据为有效的密文输出。另外，当密码测试输出结束时，将输出模块是否能够接收密文的标志位信号"aes_encrdy"置为高电平。

代码中 output_cnt 寄存器是接收数据的计数器 counter，该寄存器的作用是记录当前已接收到的密文的字节数，在根据这个寄存器的值判断是否已经接收全部 128 位数据时，要注意判断标准是该寄存器是否等于 15 而不是 16，因为在接收最后 8 位数据时，就需要开始状态跳转的操作，如果等该寄存器为 16 再开始状态跳转，则会浪费一个时钟周期，且会收到 8 位无效的信息。另外在设计该寄存器时要设计成 4 位，这样不需要额外设计逻辑将该寄存器清零。当 output_cnt 寄存器中的值等于 15 时，aes_encdat_sr 寄存器中将已经存好 128 位密文数据，此时停止数据存储操作，并且将 aes_encrdy 信号拉高，标志着输出模块可以进行新一轮密文的输出工作。

代码设计如下。

```
// State logic
always @ ( posedge clk or negedge rst_n) begin
    if ( ~ rst_n) begin
        output_busy < = 1 ' b0;
        output_cnt < = 0;
    end else begin
        if ( output_busy) begin
            output_cnt < = output_cnt + 1 ' b1;
            if ( output_cnt = = 4 ' d15) begin
                output_busy < = 1 ' b0;
            end else begin
                output_busy < = 1 ' b1;
            end
        end else begin
            if ( aes_encvld) begin
                output_busy < = 1 ' b1;
            end
        end
    end
end
// Output SR
always @ ( posedge clk) begin
    if ( output_busy) begin
        aes_encdat_sr < = {8 ' b0, aes_encdat_sr[ 127:8] };
    end else begin
        if ( aes_encvld) begin
            aes_encdat_sr < = aes_encdat;
        end
    end
end


// Output combinational
assign ok = output_busy;
assign aes_encrdy = ~ output_busy;
assign dout = aes_encdat_sr[ 7:0];
```

现在我们已经完成了三个子模块的设计，只需要在顶层模块中将这三个模块连接起来就可以完成整个 AES 硬件加速模块的设计了。在完成所有的设计工作之后，接下来要对模块的功能进行仿真，对于一个大型的数字电路系统，一般需要分别对各模块进行仿真，确保功能正确后再进行整体的仿真，但是由于我们的系统比较简单，所以接下来直接对整个模块进行功能仿真。

7.3　AES 算法硬件加速模块仿真

完成 RTL 设计后需要对模块进行功能仿真，通过功能仿真可以验证模块的功能是否正确。

7.3.1　Testbench 编写

进行功能仿真首先需要编写仿真激励文件，即 Testbench。AES 加密模块的 Testbench 如下，当 cmd 信号设定为不同值时，分别给出密钥和明文的激励输入，然后将 cmd 设定为表示开始加密的值，控制模块进行加密操作。等待一段时间后停止仿真。

```
`timescale 1ns/1ns
module tb_AES_top;

reg            clk;
reg            rst_n;
reg  [7:0]     din;
reg  [1:0]     cmd;
wire [7:0]        dout;
wire              ready;
wire              ok;

always
#5 clk  =  ~ clk;

initial begin
    clk  < = 0;
    rst_n  < = 0;
    cmd  < = 2'b00;
din  < = 8'h00;
#10      rst_n  < = 1;
// input the original key
#10      cmd  < = 2'b11;
……                // original key
```

```
// input the plaintext
#10          cmd < = 2 ' b01;
……                    // plaintext

// begin encryption
#20      cmd < = 2 ' b10;
#120   cmd < = 2 ' b00;
#200   $stop;
end

AES_top u_AES_top (
    . clk      ( clk ),
    . rst_n    ( rst_n ),
    . din      ( din ),
    . cmd        ( cmd ),
    . dout     ( dout ),
    . ready    ( ready ),
    . ok        ( ok )
);
endmodule
```

7.3.2　ModelSim 仿真

完成 testbench 编写后，就可以开始进行仿真。

本次仿真使用的工具为 ModelSim，ModelSim 是专门针对 HDL 硬件描述语言的仿真软件，可以用来实现对设计的 VHDL、Verilog HDL 或是两种语言混合的程序进行仿真，同时也支持 IEEE 常见的各种硬件描述语言标准。

使用 ModelSim 对 AES 加密模块进行功能仿真的具体操作如下：

（1）打开 ModelSim 软件，在上方工具栏中选择 File→New→Project，新建一个工程，如图 7.19 所示。

（2）在 Project Name 中填写工程名称，在 Project Location 中选择工程保存路径，如图 7.20 所示。注意提前建立好文件夹存放工程文件。其余保持默认，单击"OK"按钮。

（3）单击 Add Existing File，将编写好的设计文件和仿真激励文件添加到工程中，如图 7.21 所示。

（4）单击"Browse..."按钮选择文件。建议提前将所有文件添加到 ModelSim 工程所在文件夹下。选择文件路径如图 7.22 所示。

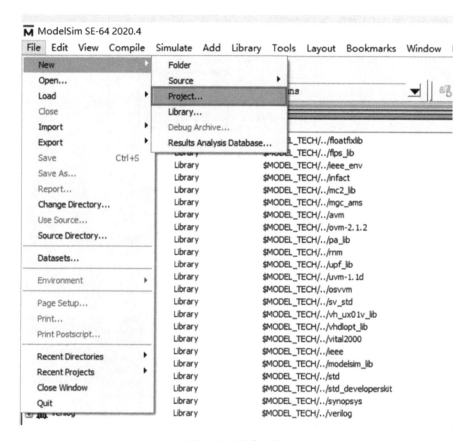

图 7.19　新建工程

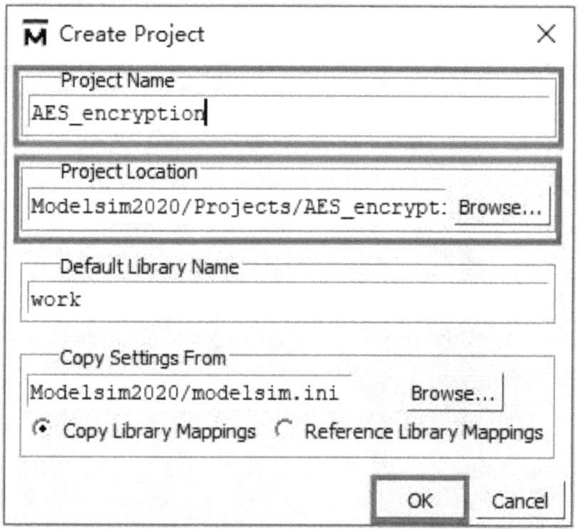

图 7.20　填写工程名称及选择保存路径

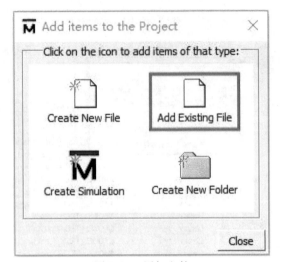

图 7.21　添加文件

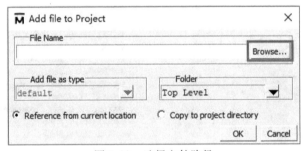

图 7.22　选择文件路径

（5）选择所有仿真所需的文件，单击"打开"按钮，如图 7.23 所示。

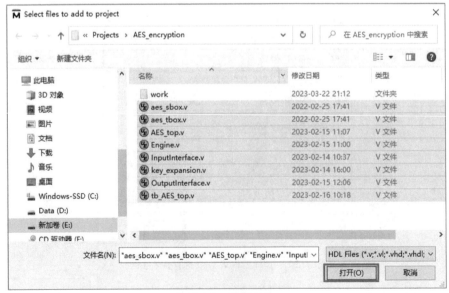

图 7.23　选择文件

（6）可以在 File Name 中看到刚才添加的所有文件，单击"OK"按钮。确定添加文件如图 7.24 所示。再单击"close"按钮。关闭文件添加窗口如图 7.25 所示。

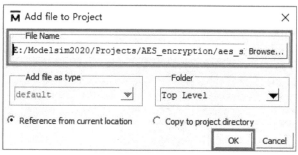

图 7.24　确定添加文件

（7）可以看到所有文件都已被添加到工程中。单击上方工具栏 Compile 中的 Compile All，对所有文件进行编译。文件添加完成如图 7.26 所示，单击编译如图 7.27 所示。

（8）查看下方 Transcript，若没有报错，即表示所有文件均成功通过编译。单击上方工具栏中的 Simulate。文件编译完成如图 7.28 所示，单击仿真如图 7.29 所示。

（9）若 ModelSim 为 10.7 之前的版本，则将 Enable optimization 选项取消勾选，仿真设置如图 7.30 所示。若 ModelSim 为 10.7 及之后的版本，则跳过此步骤。

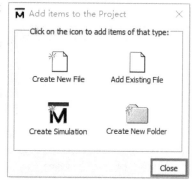

图 7.25　关闭文件添加窗口

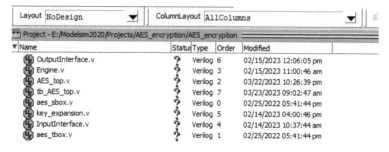

图 7.26　文件添加完成

图 7.27　单击编译

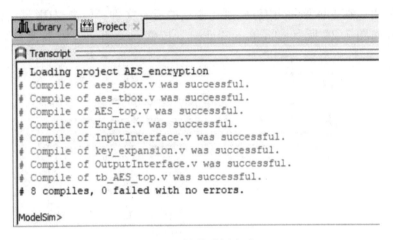

图 7.28　文件编译完成

图 7.29　单击仿真

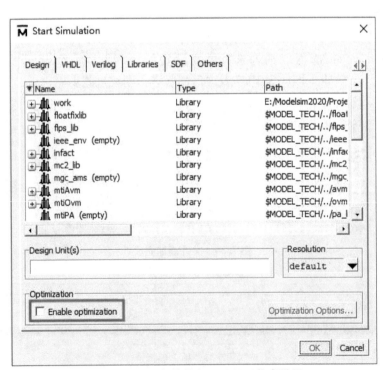

图 7.30　10.7 之前版本 ModelSim 仿真设置

（10）若 ModelSim 为 10.7 及之后的版本，则单击"Optimization Options..."
按钮，在弹出的页面中选择 Apply full visibility to all modules（full debug mode），然
后单击"OK"按钮，设置步骤如图 7.31 和图 7.32 所示。若 ModelSim 为 10.7 之
前的版本，则跳过此步骤。

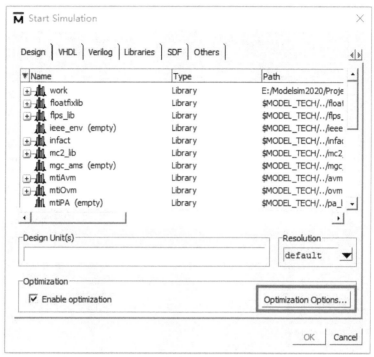

图 7.31　10.7 及之后版本 ModelSim 仿真设置步骤一

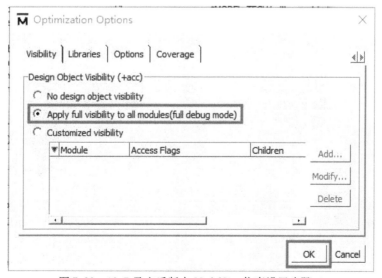

图 7.32　10.7 及之后版本 ModelSim 仿真设置步骤二

（11）单击"work"前的加号，展开工作区如图 7.33 所示。

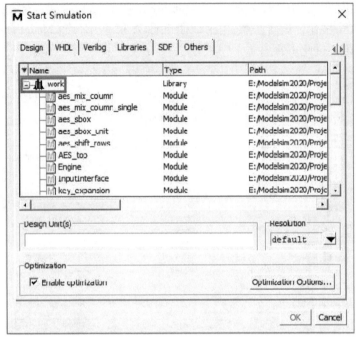

图 7.33 展开工作区

（12）选择仿真激励文件 Testbench，单击"OK"按钮，如图 7.34 所示。

图 7.34 选择激励文件

（13）选中 Objects 中的信号，鼠标右键单击 Add Wave。添加信号波形如图 7.35 所示。

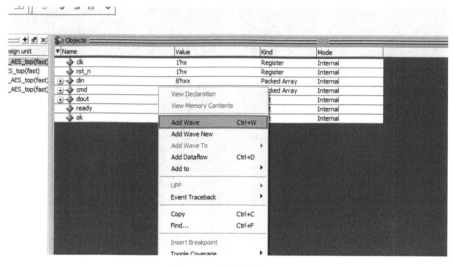

图 7.35　添加信号波形

（14）弹出的页面会显示刚刚添加的信号的波形。单击上方工具栏中的 Run All。运行仿真如图 7.36 所示。

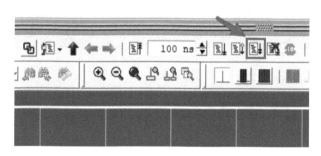

图 7.36　运行仿真

（15）可以看到波形显示如图 7.37 所示。

7.3.3　仿真结果分析

如图 7.38 所示，当 cmd 为 3 时，按字节依次输入密钥，当 cmd 为 1 时，按字节依次输入明文。

如图 7.39 所示，当 cmd 为 2 时，进行加密操作，经过一段时间，按字节依次输出加密后的密文。在密文输出的同时，ok 信号拉高表示此时的输出有效。ready 信号仅在 cmd 为 0，即模块未工作时有效，而在数据输入和进行加密时均被拉低，表示无效。

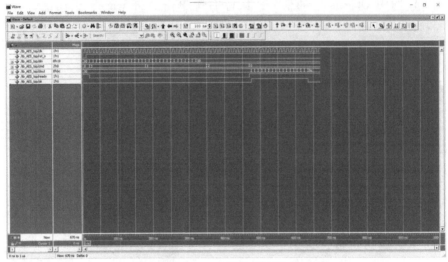

图 7.37   显示仿真波形

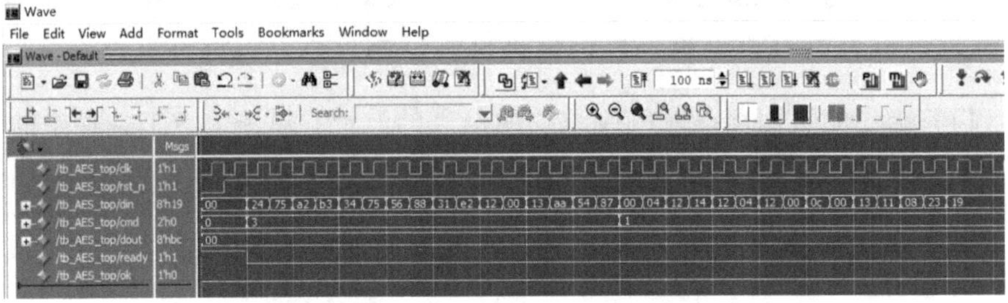

图 7.38   输入信号仿真波形图

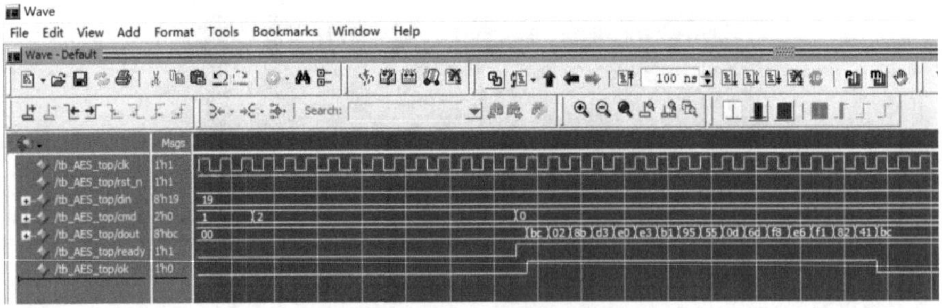

图 7.39   输出信号仿真波形图

7.3.4   ModelSim 仿真中可能出现的问题

1. 进入仿真后看不到信号

如图 7.40 所示，进入仿真后，可以看到右侧 Objects 中没有显示模块的顶层信号。

出现上述现象的原因是 10.7 之前版本的 ModelSim 没有取消勾选 Enable optimi-

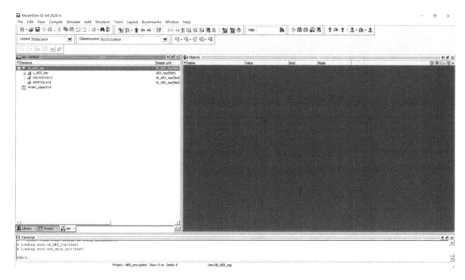

图 7.40 进入仿真不显示模块信号

zation 选项，或 10.7 及之后的版本没有修改 Optimization Options...，即上述仿真流程中的第（9）步或第（10）步操作有误。

此外，若 10.7 及之后版本的 ModelSim 在仿真时取消勾选了 Enable optimization 选项而非修改 Optimization Options...，进入仿真时会出现如下错误，如图 7.41 所示。

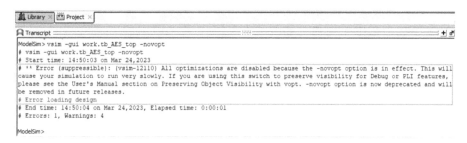

图 7.41 仿真设置报错

当出现上述报错时，可首先检查是否是仿真设置操作与软件版本不符。

2. 停止仿真

由于 testbench 中添加了停止仿真的命令，如下所示：

```
// begin encryption
#20    cmd < = 2 'b10;
#120   cmd < = 2 'b00;
#200   $stop;  // stop simulating
end
```

因此在仿真流程第（14）步中，单击 Run All 后，当运行到"stop"命令时会自动停止仿真，若在 Testbench 中未添加"stop"命令，则需要在合适的时间手动停止仿真，可通过单击工具栏中的"stop"实现，如图 7.42 所示。

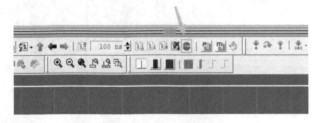

图 7.42　停止仿真按键"stop"

若停止后发现仿真时间不够，可再次单击 Run All 继续仿真，并在合适的时间单击 stop 停止仿真。

7.3.5　其他 ModelSim 常用操作

查看模块内部信号或子模块信号。进入仿真后，右侧 Objects 中默认显示的是顶层模块的信号。若想查看模块内部信号或子模块信号，可在左侧 Instance 中展开模块结构，选中子模块，如图 7.43 所示。此时右侧 Objects 中显示的即为该子模块的信号，然后采用同样的方法将信号添加到波形图中，如图 7.44 所示。

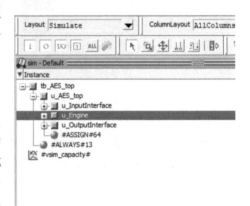

图 7.43　"Instance"选中子模块

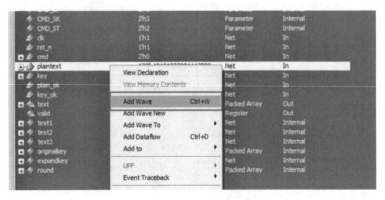

图 7.44　添加波形

此时可在波形图中看到刚才添加的信号，但有时刚添加的信号没有显示波形，此时可单击上方工具栏中的 Restart 清空之前的仿真结果，再单击 Run All 重新运行仿真，如图 7.45 所示。

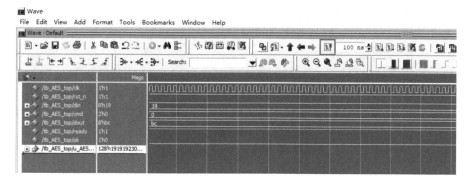

图 7.45　"Restart"清空仿真结果

7.4　AES 算法硬件加速模块综合

完成功能仿真，确定模块功能正确后，就可以进行逻辑综合生成门级网表。这里使用的逻辑综合工具是 Synopsys 公司的 Design Compiler。

通过前面章节的学习可以了解到使用 Design Compiler 进行逻辑综合的基本知识，在这里不再赘述。本节仅对于 AES 加密模块在逻辑综合中所用到脚本文件进行简单介绍，然后详细介绍综合的具体操作步骤。

7.4.1　脚本文件介绍

AES 加密模块进行逻辑综合时用到的脚本文件包括 synopsys_dc. setup、aes_syn. scr、top_level. con，下面分别进行介绍。

1. synopsys_dc. setup

脚本文件内容如下：

```
set search_path [list   /opt/tech_lib/smic180/digital/sc/synopsys \
                /opt/tech_lib/smic180/digital/sc/symbols/synopsys \
                /opt/tech_lib/smic180/digital/io/synopsys \
                ../rtl_ref
                ]

set target_library {slow. db}
set link_library [list { * } $target_library SP018N_V1p0_typ. db]
set symbol_library {smic18. sdb}
#set synthetic_library
```

```
set hdlin_translate_off_skip_text "TRUE"
set edifout_netlist_only "TRUE"
set verilogout_no_tri true
set sh_enable_line_editing true

history keep 10000
alias h history
```

synopsys_dc. setup 文件为 Design Compiler 启动环境的配置文件。synopsys_dc. setup 文件一般有三个，一个在 synopsys 的安装目录下；一个在用户目录下；一个在当前的工作目录下。前两个文件尽量不要改动，最后一个文件则可以根据当前综合的需要进行修改和编写。

上述内容即为本次综合所使用的配置文件，位于工作目录下。是根据本次综合的需要进行编写的，主要执行以下命令。

(1) 设置库文件路径主要用到的命令

set search_path 命令用于设置库文件路径，综合工具会根据该命令指定的路径寻找各种库文件。

(2) 设置库文件主要用到的命令

1) set target_library 命令用于设置目标库，即综合时所要映射的库。目标库是把 RTL 映射成门级网表时参考的库文件，也就是与工艺对应的标准单元库，包含有单元电路的延迟信息。

2) set link_library 命令用于设置链接库。链接库包含了目标库，在此基础上多出了 IO 库文件和 IP 库文件等。

3) set symbol_library 命令用于设置单元显示的图形库，一般在查看图形化界面时使用。

除了上述三个库文件外，工具还会自动加载 gtech. db 和 standard. sldb 这两个库，分别包含了 GTECH 逻辑单元和基本 DW。

(3) 设置综合环境主要用到的命令

这一部分主要是一些通用的设置，包括编译的一些选项，连线、端口和模块的命名规范以及是否允许使用 latch 等。本次综合主要使用到的命令包括 set hdlin_translate_off_skip_text、set edifout_netlist_only、set verilogout_no_tri 以及 set sh_enable_line_editing 等。

2. aes_syn. scr

脚本文件内容如下：

```
#import design
remove_design  – all
#read_ddc . /unmapped/TOP_PAD. ddc
```

```
read_verilog { Engine. v InputInterface. v OutputInterface. v key_expansion. v aes_sbox. v aes_
tbox. v AES_top. v AES_PAD. v }
    current_design TOP_PAD_opt
    #set constraints
    reset_design
    source  − e . / top_level. con
    set_operating_conditions slow
    set_ideal_network [ get_ports RST_ ]
    set_dont_touch [ get_cells P * ]
    #compile
    compile  − map_effort high
    compile  − incr  − map high
    sh mkdir . / result
    write  − format ddc  − h  − o . / result/TOP_PAD. ddc
    report_constraint
    sh mkdir . / rpt
    report_timing  − nworst 10  > . / rpt/timing. rpt
    report_area  > . / rpt/area. rpt
    report_power  > . / rpt/power. rpt
    # fix hold
    set_fix_hold clk
    compile  − incr  − only_design_rule
    remove_attribute [ current_design ] max_area
    report_constraint  − all
    # finishing and save
    set verilogout_no_tri true
    change_names  − rules verilog  − hierarchy
    remove_unconnected_ports [ get_cells  − hier { * } ]
    write  − f ddc  − hierarchy  − output . / result/TOP_PAD. ddc
    write  − f verilog  − hierarchy  − output . / result/TOP_PAD. v

    # Write out the constraints  − only sdc file
    write_sdc . / result/TOP_PAD. sdc
    write_sdf . / result/TOP_PAD. sdf
```

　　aes_syn. scr 文件为存放 Design Compiler 运行命令的脚本文件，综合过程中，Design Compiler 会依次执行该文件中的命令。本次综合主要使用以下几个命令：

　　（1）读取设计文件主要用到的命令

　　1）read_verilog 命令用于读取 verilog 语言编写的设计文件。此外，还有 read_

vhdl 等命令用于读取不同类型的设计文件。

2）current_design 命令用于指定模块的顶层文件。

（2）设置约束文件主要用到的命令

1）source 可以认为起到将 top_level. con 文件中的命令插入此处的作用，也即在此处开始执行 top_level. con 文件中的命令。top_level. con 文件中的命令主要是对时序和面积等进行约束，具体内容将在后面详细分析。

2）set_dont_touch 命令用于指定不需要综合工具进行优化的对象，这些对象可以是单元电路、子模块等。当添加该命令后，综合工具在综合时会忽略施加在这些对象上的限制条件。

（3）执行映射优化主要用到的命令

compile 命令用于将 RTL 映射成门级网表，同时对逻辑进行优化。compile 命令通常需要执行两到三次，并且在完成 compile 之后可以加上 - incr 参数使其进一步优化。

（4）输出综合报告主要用到的命令

1）report_timing 命令用于输出时序报告，后面需要指定时序报告输出的位置。

2）report_area 命令用于输出面积报告，后面需要指定面积报告输出的位置。

3）report_power 命令用于输出功耗报告，后面需要指定功耗报告输出的位置。

（5）输出综合结果主要用到的命令

1）write - f ddc 命令用于输出存有综合结果的文件，后面需要指定综合结果文件输出的位置。

2）write - f verilog 命令用于输出存有门级网表的文件，后面需要指定门级网表文件输出的位置。

3）write_sdc 命令用于输出存有延时约束信息的文件，后面需要指定延时约束文件输出的位置。

4）write_sdf 命令用于输出存有标准延时格式信息的文件，后面需要指定标准延时格式文件输出的位置。

3. top_level. con

脚本文件内容如下：

```
#timing constraints
####define clock
create_clock  - period 40. 0  - name clk [ get_ports " CLK" ]
set_dont_touch_network [ get_clocks clk ]
set_ideal_network        [ get_ports " CLK" ]
set_clock_uncertainty    1. 3 [ all_clocks ]
set_clock_latency  - source 1    [ all_clocks ]
set_clock_latency  - max 2 [ all_clocks ]
set_clock_transition    0. 5 [ get_clocks clk ]
```

```
####define IOs ' delay
set all_in_ex_clk [ remove_from_collection [ all_inputs ] [ get_ports " CLK " ] ]
set_input_delay 6  – clock clk  – max    $all_in_ex_clk
set_output_delay 6  – clock clk  – max [ all_outputs ]
set_input_delay 4  – clock clk  – min [ get_ports " DIN * CMD * RST_" ]
set_output_delay 4  – clock clk  – min [ all_outputs ]

#environment constraints
set_load 10 [ all_outputs ]
set_input_transition 0. 5 [ all_inputs ]

set_wire_load_model  – name smic18_wl50
set_wire_load_mode top

#area constraint
set_max_area 0

#remove assign
set_fix_multiple_port_nets  – all  – buffer_constants
```

top_level. con 文件用来存放进行电路优化时对时序和面积等进行约束的命令。本次综合主要使用以下几个命令。

（1）设置时钟主要用到的命令

1）create_clock 命令用于指定一个时钟，在综合过程中，所有电路的优化都以该时钟为基准进行路径延迟的计算。

2）set_dont_touch_network 命令用于告知综合工具，在综合过程中不对时钟网络进行处理。

3）set_clock_uncertainty 命令用于指定时钟网络的时钟偏移，以便在综合过程中模拟实际时钟的偏移现象。

4）set_clock_latency 命令用于指定时钟网络中的外部延迟。

5）set_clock_transition 命令用于指定时钟信号的传输延时，即信号从 10% VDD 上升到 90% VDD 所需的时间，或信号从 90% VDD 下降到 10% VDD 所需的时间。

（2）设置输入输出延时主要用到的命令

1）set_input_delay 命令用于指定输入信号允许的到达时间。该命令主要有 – max 和 – min 两个参数，其中 – max 用于指定输入的最大延迟，以便满足时序单元建立时间（setup time）的要求，而 – min 用于指定输入的最小延迟，以便满足时序单元保持时间（hold time）的要求。

2）set_output_delay 命令用于指定输出信号允许的到达时间。

（3）设置环境约束主要用到的命令

1）set_load 命令用于指定输出端口上的负载。该命令设定的值会影响到端口 net 上的电容，从而影响相应的路径延时。

2）set_input_transition 命令用于指定某一输入信号的传输延时。

（4）设置面积约束主要用到的命令

set_max_area 命令用于限制综合的面积，这里的面积指的是等效面积，可以定义为两输入与非门的数量或者实际的面积。可以将 max_area 设置为 0，此时综合后的电路面积显然无法满足要求，因此 Design Compiler 会尽量对面积进行优化，使电路达到可能的最小面积。

7.4.2　设计文件修改

在先前的顶层文件上再加一层 I/O pad 模块 AES_PAD.v，用于实现最终模块的 I/O 引脚。代码如下：

```verilog
module TOP_PAD_opt( CLK, RST_, CMD, DIN, READY, OK, DOUT );
  input [1:0] CMD;
  input [7:0] DIN;
  output [7:0] DOUT;
  input CLK, RST_;
  output READY, OK;

  wire[1:0] _CMD;
  wire[7:0] _DIN;
  wire[7:0] _DOUT;
  wire _CLK, _RST_;
  wire _READY, _OK;

  AES_top chip_core(
    .clk( _CLK),
    .rst_n( _RST_),
    .cmd( _CMD),
    .din( _DIN),
    .ready( _READY),
    .ok( _OK),
    .dout( _DOUT)
    );

  PIDN     PCLK(.PAD(CLK),. C(_CLK));
  PIDN     PRST_(. PAD(RST_),. C(_RST_));
```

```
        PIDN
PCMD0(.PAD(CMD[0]),.C(_CMD[0])),PCMD1(.PAD(CMD[1]),.C(_CMD[1]));
        PIDN    PDIN0(.PAD(DIN[0]),.C(_DIN[0])),
                PDIN1(.PAD(DIN[1]),.C(_DIN[1])),
                PDIN2(.PAD(DIN[2]),.C(_DIN[2])),
                PDIN3(.PAD(DIN[3]),.C(_DIN[3])),
                PDIN4(.PAD(DIN[4]),.C(_DIN[4])),
                PDIN5(.PAD(DIN[5]),.C(_DIN[5])),
                PDIN6(.PAD(DIN[6]),.C(_DIN[6])),
                PDIN7(.PAD(DIN[7]),.C(_DIN[7]));
PO16N   PREADY(.PAD(READY),.I(_READY));
PO16N   POK(.PAD(OK),.I(_OK));
PO16N   PDOUT0(.PAD(DOUT[0]),.I(_DOUT[0])),
                PDOUT1(.PAD(DOUT[1]),.I(_DOUT[1])),
                PDOUT2(.PAD(DOUT[2]),.I(_DOUT[2])),
                PDOUT3(.PAD(DOUT[3]),.I(_DOUT[3])),
                PDOUT4(.PAD(DOUT[4]),.I(_DOUT[4])),
                PDOUT5(.PAD(DOUT[5]),.I(_DOUT[5])),
                PDOUT6(.PAD(DOUT[6]),.I(_DOUT[6])),
                PDOUT7(.PAD(DOUT[7]),.I(_DOUT[7]));
    endmodule
```

I/O pad 模块是芯片引脚处理模块，可以将芯片引脚的信号经过处理送给芯片内部，也可以将芯片内部输出的信号经过处理送到芯片引脚。I/O pad 模块可以控制输入输出信号的电平、驱动电流等，同时还包含了检测功能。

I/O pad 包括很多类型，例如输入输出 pad、时钟复位 pad 等。在 I/O pad 模块中例化信号时，又可以对每种类型的信号引脚做结构、工作模式等方面的配置。I/O pad 模块中的配置是与后端流程中的 pad 放置相对应的。

7.4.3　Design Compiler 综合操作

这里对于 Design Compiler 逻辑综合操作的演示在装有 CentOS 7 版本 Linux 系统的虚拟机中进行。关于虚拟机和 Linux 系统的相关操作和问题不是本节的重点内容，此处不再赘述。仅对 Design Compiler 操作描述如下。

（1）在桌面新建 work 文件夹，如图 7.46 所示。所有仿真操作均在 work 文件夹下进行，work 文件夹即为本次综合的工作目录。

（2）在 work 文件夹下新建 rtl_ref 文件夹和 syn_ref 文件夹，如图 7.47 所示，分别用来存放模块设计文件和综合脚本文件。

（3）将模块设计文件和综合脚本文件分别添加到相应文件夹下，最终形成的文件结构如下：

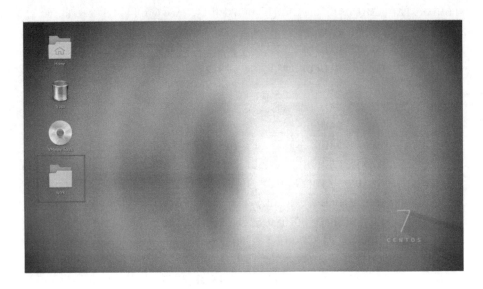

图 7.46　新建 work 文件夹

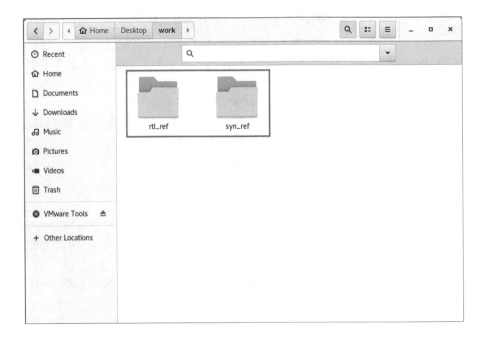

图 7.47　新建 rtl_ref 文件夹和 syn_ref 文件夹

```
work
    rtl_ref
        AES_PAD. v
        aes_sbox. v
        aes_tbox. v
        AES_top. v
        Engine. v
        InputInterface. v
        key_expansion. v
        OutputInterface. v
    syn_ref
        aes_syn. scr
        top_level. con
        . synopsys_dc. setup
```

（4）在 syn_ref 文件夹下打开终端，输入命令 "dc_shell － f aes_syn. scr ｜ tee aes_syn. log"，按下回车执行综合命令。终端输入并执行综合命令如图 7.48 所示。

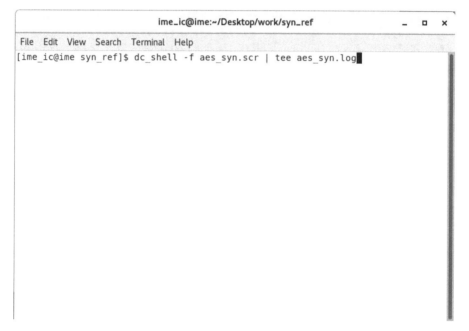

图 7.48　终端输入并执行综合命令

（5）Design Compiler 会依次执行脚本文件中的命令，并实时在终端中显示命令和运行结果，当某条命令被成功执行后，会在终端返回一个 "1"。所有命令执行完毕后，检查终端，若没有出现报错，则表示逻辑综合已经完成。综合结束如

图 7.49 所示。

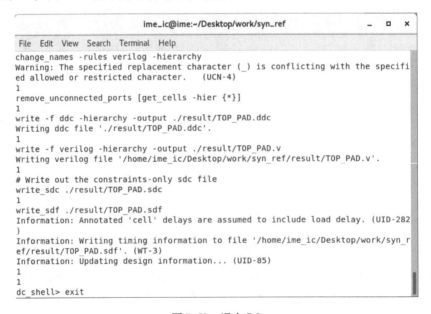

```
ime_ic@ime:~/Desktop/work/syn_ref                    _  □  ×
File  Edit  View  Search  Terminal  Help
change_names -rules verilog -hierarchy
Warning: The specified replacement character (_) is conflicting with the specifi
ed allowed or restricted character.   (UCN-4)
1
remove_unconnected_ports [get_cells -hier {*}]
1
write -f ddc -hierarchy -output ./result/TOP_PAD.ddc
Writing ddc file './result/TOP_PAD.ddc'.
1
write -f verilog -hierarchy -output ./result/TOP_PAD.v
Writing verilog file '/home/ime_ic/Desktop/work/syn_ref/result/TOP_PAD.v'.
1
# Write out the constraints-only sdc file
write_sdc ./result/TOP_PAD.sdc
1
write_sdf ./result/TOP_PAD.sdf
Information: Annotated 'cell' delays are assumed to include load delay. (UID-282
)
Information: Writing timing information to file '/home/ime_ic/Desktop/work/syn_r
ef/result/TOP_PAD.sdf'. (WT-3)
Information: Updating design information... (UID-85)
1
1
dc_shell> ▌
```

图 7.49　综合结束

（6）在终端中输入命令"exit"退出 Design Compiler。退出终端。此时可以看到逻辑综合的结果已经按照脚本文件的要求存放在 syn_ref 文件夹下。图 7.50 所示为退出 DC，图 7.51 所示为综合结果及报告。

```
ime_ic@ime:~/Desktop/work/syn_ref                    _  □  ×
File  Edit  View  Search  Terminal  Help
change_names -rules verilog -hierarchy
Warning: The specified replacement character (_) is conflicting with the specifi
ed allowed or restricted character.   (UCN-4)
1
remove_unconnected_ports [get_cells -hier {*}]
1
write -f ddc -hierarchy -output ./result/TOP_PAD.ddc
Writing ddc file './result/TOP_PAD.ddc'.
1
write -f verilog -hierarchy -output ./result/TOP_PAD.v
Writing verilog file '/home/ime_ic/Desktop/work/syn_ref/result/TOP_PAD.v'.
1
# Write out the constraints-only sdc file
write_sdc ./result/TOP_PAD.sdc
1
write_sdf ./result/TOP_PAD.sdf
Information: Annotated 'cell' delays are assumed to include load delay. (UID-282
)
Information: Writing timing information to file '/home/ime_ic/Desktop/work/syn_r
ef/result/TOP_PAD.sdf'. (WT-3)
Information: Updating design information... (UID-85)
1
1
dc_shell> exit
```

图 7.50　退出 DC

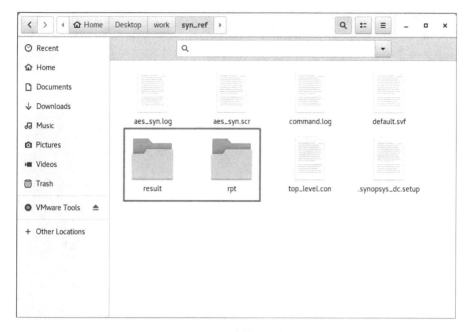

图 7.51　综合结果及报告

结果文件夹的结构如下：

```
result
    TOP_PAD. ddc
    TOP_PAD. sdc
    TOP_PAD. sdf
    TOP_PAD. v
rpt
    area. rpt
    power. rpt
    timing. rpt
```

在下一节中将对上述结果文件进行介绍。

7.4.4　综合结果分析

1. result

result 文件夹中存放的是逻辑综合的结果。

（1）TOP_PAD. ddc 存放综合结果，之后如果需要查看此次综合的结果可以直接加载该文件，而无需重新综合。

（2）TOP_PAD. sdc 存放延时约束信息，用于给后端的布局布线提供参考。

（3）TOP_PAD. sdf 存放标准延时格式信息，可用于静态时序分析和后仿真。

（4）TOP_PAD. v 存放逻辑综合生成的门级网表。

2. rpt

rpt 文件夹中存放的是逻辑综合生成的面积、功耗和时序报告。下面分别对这些报告进行分析。

（1）area. rpt 文件为综合生成的面积报告，如图 7.52 所示。

```
********************************
Report : area
Design : TOP_PAD_opt
Version: O-2018.06-SP1
Date   : Thu Mar 16 18:42:06 2023
********************************

Library(s) Used:

    slow (File: /opt/tech_lib/smic180/digital/sc/synopsys/slow.db)
    SP018N_V1p0_typ (File: /opt/tech_lib/smic180/digital/io/synopsys/SP018N_V1p0_typ.db)

Number of ports:                    2897
Number of nets:                    21013
Number of cells:                   18135
Number of combinational cells:     17418
Number of sequential cells:          672
Number of macros/black boxes:          0
Number of buf/inv:                  2619
Number of references:                  3

Combinational area:            439624.173663
Buf/Inv area:                  205073.053200
Noncombinational area:          49536.748909
Macro/Black Box area:               0.000000
Net Interconnect area:       11529992.014648

Total cell area:               489160.922572
Total area:                  12019152.937220
1
```

图 7.52   面积报告

报告首先指出所用的工艺库信息，然后给出设计中用到的 port、net、组合逻辑单元、时序逻辑单元等单元的数量。最后报告给出组合逻辑部分、非组合逻辑部分以及其他硬件电路部分所使用的面积和整个设计所占用的总面积。

（2）power. rpt 文件为综合生成的功耗报告，如图 7.53 所示。

报告首先指出所用的工艺库，以及线负载模型模式等信息。"Global Operating Voltage"给出了综合所用的电压值，"Power – specific unit information"给出了报告中各数值的单位信息。

之后的信息是全局动态功耗"Total Dynamic Power"和漏电功耗"Cell Leakage Power"。全局动态功耗包括 cell 内部功耗"Cell Internal Power"和外部电容负载充放电功耗"Net Switching Power"，其中，cell 内部功耗又包括短路功耗和内部开关功耗。漏电功耗又可理解为静态功耗。

最后，报告按存储器、寄存器、组合逻辑等不同类型，将整个电路分组进行了各种功耗的总结整理。

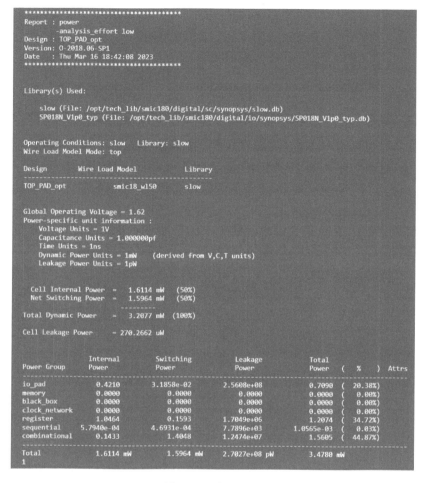

图 7.53　功耗报告

（3）timing. rpt 文件为综合生成的时序报告。

重点介绍一下时序报告。在时序报告中，首先会给出逻辑综合的工作条件和使用的工艺库等信息，如下所示。

Operating Conditions：slow　Library：slow

Wire Load Model Mode：top

其中，"Wire Load Model Mode"表示综合采用的线负载模型模式，线负载模型用于估计线延时，这里将模式设置为 top，表示按最大的块来估计线延时，也即按照延时最大的情况进行估计，是一种最保守的估计模式。

之后，报告会给出每个 path 的时序信息，每个 path 的时序信息主要包括四个部分。

第一部分的内容是路径信息，包括时钟路径的起点和终点、路径所属的时钟组等，如图 7.54 所示。

```
16   Startpoint: chip_core/u_InputInterface/plain_ok_reg
17            (rising edge-triggered flip-flop clocked by clk)
18   Endpoint: chip_core/u_Engine/text_reg[32]
19            (rising edge-triggered flip-flop clocked by clk)
20   Path Group: clk
21   Path Type: max
```

图 7.54　路径信息

从报告信息可知，该路径的起点是寄存器 plain_ok_reg，终点是寄存器 text_reg [32]，这两个寄存器均是由时钟 clk 上升沿驱动。此外，报告还指出了该 path 的分组。而"Path Type"为 max，则表示报告检查的是路径的建立时间是否满足要求。

第二部分的内容是路径延迟，即 Design Compiler 计算所得的实际延时，如图 7.55 所示。

```
27   Point                                              Incr    Path
28   -------------------------------------------------------------------
29   clock clk (rise edge)                              0.00    0.00
30   clock network delay (ideal)                        3.00    3.00
31   chip_core/u_InputInterface/plain_ok_reg/CK (DFFRHQX1)
32                                                      0.00    3.00 r
33   chip_core/u_InputInterface/plain_ok_reg/Q (DFFRHQX1)
34                                                      0.92    3.92 f
35   chip_core/u_InputInterface/plain_ok (InputInterface)
36                                                      0.00    3.92 r
37   chip_core/U4/Y (INVX1)                             0.44    4.37 f
38   chip_core/U3/Y (INVX1)                             1.86    6.22 r
39   chip_core/u_Engine/plain_ok (Engine)               0.00    6.22 r
40   chip_core/u_Engine/U1191/Y (INVX1)                 1.92    8.15 f
41   chip_core/u_Engine/U1187/Y (INVX1)                 2.31   10.45 r
42   chip_core/u_Engine/U1180/Y (INVX1)                 1.72   12.18 f
43   chip_core/u_Engine/U897/Y (CLKINVX3)               2.31   14.49 r
44   chip_core/u_Engine/U913/Y (NOR2X1)                 1.43   15.92 f
45   chip_core/u_Engine/U911/Y (INVX1)                  1.13   17.05 r
46   chip_core/u_Engine/U36/Y (NOR2X1)                  1.22   18.27 f
47   chip_core/u_Engine/U491/Y (INVX1)                  2.14   20.42 r
48   chip_core/u_Engine/U603/Y (INVX1)                  1.85   22.26 f
49   chip_core/u_Engine/U596/Y (INVX1)                  2.25   24.52 r
50   chip_core/u_Engine/U533/Y (INVX1)                  1.85   26.36 f
51   chip_core/u_Engine/U484/Y (INVX1)                  2.32   28.68 r
52   chip_core/u_Engine/U428/Y (CLKINVX3)               2.91   31.60 f
53   chip_core/u_Engine/U302/Y (INVX1)                  2.71   34.31 r
54   chip_core/u_Engine/U679/Y (OAI21XL)                0.84   35.15 f
55   chip_core/u_Engine/U678/Y (AOI32X1)                0.95   36.10 r
56   chip_core/u_Engine/U675/Y (OAI211X1)               0.63   36.73 f
57   chip_core/u_Engine/text_reg[32]/D (DFFRX1)         0.00   36.73 f
58   data arrival time                                         36.73
```

图 7.55　路径延迟

报告给出了该 path 中信号经过每一个节点产生的延时。其中，"Incr"列表示的是上一个节点到此节点的延时，而"Path"列表示信号从起始点到此节点的总延时。

从报告信息可知，该 path 延时以时钟上升沿为起点，时钟信号经过理想的时钟网络延时到达起点寄存器的时钟端。然后，数据信号经过一段时间从起点寄存器的 D 端到达 Q 端，之后依次到达组合逻辑的每一个节点，最终到达终点寄存器的

D 端，完成了信号在该 path 上的传输。同时，Design Compiler 计算出信号在该 path 上的总延时，即"data arrival time"。

第三部分的内容是路径要求，主要反映了约束文件和工艺对时序的要求，如图 7.56 所示。

```
60    clock clk (rise edge)                        40.00    40.00
61    clock network delay (ideal)                   3.00    43.00
62    clock uncertainty                            -1.30    41.70
63    chip_core/u_Engine/text_reg[32]/CK (DFFRX1)   0.00    41.70 r
64    library setup time                           -0.33    41.37
65    data required time                                    41.37
```

图 7.56　路径要求

报告中第一行表示的是时钟周期，即从一个时钟上升沿到下一个时钟上升沿的时间，是由综合前对时钟进行约束时的设置决定的；报告中第二行表示理想的时钟网络延时，即下一个时钟上升沿到来的延时；报告中第三行表示时钟偏移，其数值同样是综合前对时钟进行约束时设置的；报告中第四行描述了寄存器 DFFRX1 时钟输入引脚的时序路径和时序信息；报告中第五行表示建立时间的要求。

理想状态下，信号应该在一个时钟周期内完成传输。时钟信号的延时相当于增加了信号传输允许的时间。而由于时钟偏移的不确定性，即时钟下一个上升沿可能在理想到达时间的基础上产生偏移，因此需要考虑最坏的情况，即时钟下一个上升沿会以最大的时钟偏移量提前到达。建立时间的存在又要求信号提前到达，因此建立时间和时钟偏移一样，都是减少了信号传输允许的时间。综上所述，信号传输允许的时间为时钟周期加上时钟延时再减去时钟偏移和建立时间，即报告最后一行中"data required time"的值。

第四部分的内容是时序总结，将要求的时间和数据实际到达的时间进行对比，观察是否满足时序要求，如图 7.57 所示。

```
66    -----------------------------------------------------------
67    data required time                                    41.37
68    data arrival time                                    -36.73
69    -----------------------------------------------------------
70    slack (MET)                                            4.64
```

图 7.57　时序总结

报告信息中的"slack"为时钟裕量，其值为要求时间"data required time"和实际到达时间"data arrival time"的差值。当 slack 为正值时，表示电路满足时序要求，若 slack 较大，表示电路还有可优化的空间，可以用牺牲一些时序的代价来换取面积和功耗一定程度的降低；而当 slack 为负值时，则表示该 path 时序违例，此时需要修改综合设置，对时序进行进一步优化，甚至需要返回修改 RTL 代码，使电路满足时序要求。

每一个 path 都会得出一个 slack，slack 值最小的 path 被称为 critical path，即关键路径。

参 考 文 献

［1］LEBLEBICI Y, KANG S M. CMOS digital integrated circuits: analysis and design ［M］. New York: McGraw – Hill, 1996.

［2］RABAEY J M, CHANDRAKASAN A P, NIKOLIC B. Digital integrated circuits ［M］. Englewood Cliffs: Prentice hall, 2002.

［3］KILTS S. Advanced FPGA design: architecture, implementation, and optimization ［M］. Manhattan: Wiley, 2007.

［4］AUTOMATION D , COMMITTEE S . IEEE Standard for Verilog Hardware Description Language ［C］// IEEE Std 1364 – 2005 (Revision of IEEE Std 1364 – 2001). Piscataway, NJ: IEEE, 2006.

［5］IEEE Computer Society. Design Automation Standards Committee, Board I S . IEEE Standard Verilog Hardware Description Language ［C］// IEEE Std 1364 – 2001. Los Alamitos, CA: IEEE Computer Society, 2001.

［6］杨海钢, 孙嘉斌, 王慰. FPGA 器件设计技术发展综述 ［J］. 电子与信息学报, 2010, 32 (3): 714 – 727.

［7］KILTS S. 高级 FPGA 设计: 结构、实现和优化 ［M］. 孟宪元, 译. 北京: 机械工业出版社, 2009.

［8］刘斌. 芯片验证漫游指南: 从系统理论到 UVM 的验证全视界 ［M］. 北京: 电子工业出版社, 2018.

［9］GANGADHARAN S , CHURIWALA S . Constraining Designs for Synthesis and Timing Analysis ［M］. Berlin: Springer, 2014.

［10］BRYANT R E , O' HALLARON D R. Computer Systems: A Programmer's Perspective ［M］. 2nd Edition. New York: Pearson Education, 2011.

［11］何宾, 李天凌. ARM Cortex – M0 + 嵌入式系统原理及应用 ［M］. 北京: 清华大学出版社, 2022.

［12］AUTHORS U. Announcing the Advanced Encryption Standard (AES) ［J］. Fips Pub, 2001, 29 (8): 2200 – 2203.